普通高等教育信息与电子技术类系列教材

嵌入式系统案例教程

丁德红 丁一 彭进香 编著

科学出版社

北京

内 容 简 介

　　本书由浅入深地介绍 STM32F429 的相关知识。全书共分 17 章，主要介绍 STM32F429 常用开发环境的使用和芯片性能与特点，以及 μC/OS-III 操作系统的相关内容。

　　本书配套的开发板为 ALIENTEK 阿波罗 STM32F429，书中有详细原理图及所有实例的完整代码，且代码有详细的注释并经过严格测试。本书中的源码已生成 HEX 文件，读者只需通过串口/仿真器下载到开发板即可观察实验现象，体验实验过程。

　　本书既可作为高等院校计算机科学、软件工程、物联网、电子技术、通信工程等专业的教材，也可作为 IT 从业人员的自学参考用书。

图书在版编目（CIP）数据

嵌入式系统案例教程/丁德红，丁一，彭进香编著. —北京：科学出版社，2020.2

（普通高等教育信息与电子技术类系列教材）

ISBN 978-7-03-063609-6

Ⅰ. ①嵌… Ⅱ. ①丁… ②丁… ③彭… Ⅲ. ①微型计算机-系统设计-案例-高等学校-教材 Ⅳ. ①TP360.21

中国版本图书馆 CIP 数据核字（2019）第 272214 号

责任编辑：赵丽欣　王会明 / 责任校对：王　颖
责任印制：吕春珉 / 封面设计：东方人华平面设计部

科 学 出 版 社 出版

北京东黄城根北街 16 号
邮政编码：100717
http://www.sciencep.com

天津翔远印刷有限公司 印刷

科学出版社发行　各地新华书店经销

*

2020 年 2 月第 一 版　开本：787×1092　1/16
2020 年 2 月第一次印刷　印张：18 1/2
字数：428 000

定价：48.00 元

（如有印装质量问题，我社负责调换〈翔远〉）

销售部电话 010-62136230　编辑部电话 010-62134021

前　言

嵌入式系统涉及系统最底层、芯片级的信息处理与软硬件控制，是物联网和人工智能的基础。嵌入式系统与通常意义上的控制系统在设计思路和总体架构方面有许多不同之处，而这些不同之处恰恰是传统控制教学中较少涉及的，鉴于此编者编写了本书。

在现代信息化社会，嵌入式系统在人们日常工作和生活中所占的份额已超过传统意义上的控制系统。嵌入式系统作为一门理论与实践密切结合的综合性专业课程必将随着信息产业的发展而逐渐趋于成熟。

自 2000 年来，作者一直从事嵌入式系统开发工作。2015 年起，作者开始承担"嵌入式系统"课程的授课。通过研究各种相关教材，发现目前市场上的教材主要介绍以下几种单片机：

现有教材介绍最多的是 51 系列单片机，这种 8 位单片机虽然经典，但是其缺点也很明显；MSP430 系列单片机是德州仪器（TI）1996 年开始推向市场的一种 16 位超低功耗的混合信号处理器，采用了精简指令集 RISC 结构，功耗低，速度快，寻址方式多，指令少而灵活；PIC 系列单片机是美国微芯公司（Microchip）的产品，CPU 采用精简指令集结构，同时采用哈佛（Harvard）双总线结构，它能并行处理程序存储器和数据存储器的访问；AVR 单片机由 Atmel 公司推出，取消机器周期，以时钟周期为指令周期，实行流水作业，指令以字为单位，且大部分指令为单周期指令；国产宏晶 STC 单片机综合了 51 系列单片机和 AVR 单片机的优点。

目前，市场上介绍 STM32 单片机的教材相对较少。STM32 单片机由意法半导体（ST）公司推出，性价比很高。本书主要介绍 STM32F429 的相关知识。全书共分 17 章。第 1 章介绍开发环境，第 2 章介绍硬件平台及体系结构，第 3 章介绍 FPU 测试（Julia 分形），第 4 章介绍 DSP 测试，第 5 章介绍手写识别，第 6 章介绍 T9 拼音输入法，第 7 章介绍 USB 读卡器，第 8 章介绍网络通信，第 9 章介绍内存管理，第 10～17 章主要介绍 μC/OS-III 的原理及实现。

本书由丁德红、丁一、彭进香编著，吉林大学秦贵和、湖南大学邝继顺审阅了全书。本书得到了广州市星翼电子科技有限公司刘洋，以及湖南文理学院郭杰荣、梅晓勇的支持和帮助；湖南文理学院文研、罗永坚、唐咏梅、谭慧敏、赵钰洁、贺娇娇、吴环、朱怡、梅娜、石云华、刘郧阳、邓军等做了大量的排版校对工作，在此一并表示感谢。

本书得到湖南省科技计划（项目编号：2016GK2019）、湖南省教育厅一般项目（项目编号：16C1089）的支持，在此深表感谢。

本书适合有 C/C++语言基础的读者学习，书中配有精选案例或程序片段，有助于读者反复揣摩、练习提高。书中的完整案例均在 Keil5 环境下调试通过，在使用时教师可以进行编程演示。书中提到的各种资源均可与作者联系索取（编者邮箱：3181338441@qq.com）。

由于作者水平有限，书中难免有不足之处，欢迎读者批评指正。

丁德红

2019 年 4 月

目　　录

第1章 开发环境

1.1 MDK5 简介与安装

1.1.1 MDK5 的简介

MDK 源自德国的 Keil 公司，是 RealView MDK 的简称。在全球有超过 10 万的嵌入式开发工程师使用 MDK，目前新版本为 MDK5.2。该版本使用 μVision5 集成开发环境（integrated development environment，IDE），是目前针对 ARM 处理器，尤其是 Cortex-M 内核处理器的最佳开发工具。MDK5 兼容 MDK4 和 MDK3 等，之前使用 MDK4 和 MDK3 等开发的项目同样可以在 MDK5 上进行开发（但是头文件方面需重新添加）；同时，其加强了针对 Cortex-M 微控制器开发的支持，并且对传统的开发模式和界面进行升级。MDK5 由 MDK Core 和 Software Packs 两个部分组成。其中，Software Packs 可以独立于工具链进行新芯片支持和中间库的升级，如图 1.1 所示。

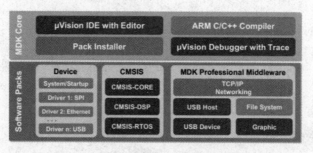

图 1.1　MDK5 的组成

从图 1.1 可以看出，MDK Core 又分为 μVision IDE with Editor（编辑器）、ARM C/C++ Compiler（编译器）、Pack Installer（包安装器）和 μVision Debugger with Trace（调试跟踪器）4 部分。从 MDK4.7 版本开始，μVision IDE with Editor 中增加了代码提示和语法动态检测等实用功能，相对于以往的 IDE 改进很大。

Software Packs 又分为 Device（芯片支持）、CMSIS（ARM Cortex 微控制器软件接口标准）和 MDK Professional Middleware（中间库）3 部分，通过包安装器来安装最新的组件，从而支持新的器件、提供新的设备驱动库及最新例程等，加速产品开发进度。

1.1.2 MDK5 的安装

MDK5 安装包可以从 http://www.keil.com/demo/eval/arm.htm 下载。而芯片支持、设备驱动、CMSIS 等组件，可以通过单击 MDK5 的 Build Toolbar（编译工具栏）的最后一个图标调出包安装器来进行安装。也可以从 http://www.keil.com/dd2/pack 下载，然后进行安装。
具体安装步骤已经在资源中提供，读者可通过本书前言中的联系方式索取下载。

在 MDK5 安装完成后，为了使 MDK5 支持 STM32F429 的开发，还要安装 STM32F429
的芯片支持包 Keil.STM32F4××_DFP.2.9.0.pack（STM32F4 系列的芯片包）。这个包及
MDK5.2 安装软件已经在资源中提供。

下面介绍安装步骤。

1）双击 MDK5 应用程序，如图 1.2 所示。

图 1.2　双击 MDK5 应用程序

2）进入安装界面后，按照提示操作直至安装完成。

3）安装相应的支持包。例如，要安装 F1 系列芯片的支持包，则双击 F1 系列芯片支持
包，如图 1.3 所示。

图 1.3　双击 F1 系列芯片支持包

4）弹出安装向导对话框后，根据提示单击 Next 按钮即可，如图 1.4 所示。

图 1.4　F1 系列芯片支持包安装向导

5）F1 系列芯片支持包安装完成后，打开 MDK5 软件，单击"魔术棒"按钮 🪄，弹出
Options for Target 'mcu-stm32f103c8x'对话框，选择 Device 选项卡，则可以在对话框右下方
列表框中看到已经安装好的 F1 系列芯片支持包，如图 1.5 所示。

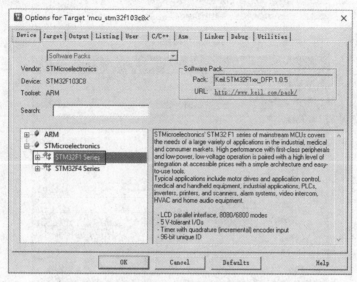

图 1.5　查看安装好的 F1 系列芯片支持包

1.2　工程模板和工程结构

1.2.1　工程模板

新建基于 HAL 库的工程模板。说明：本节新建的工程模板在资源中已经提供，读者在
学习过程中遇到问题时，可以直接利用这个模板进行对比学习。

1）在新建工程之前，建议在计算机的某个目录下新建一个文件夹，所建立的工程都可
以存储在这个文件夹下，这里新建一个文件夹 Template 作为工程的根目录文件夹。为了方
便存储工程需要的其他文件，还需新建 4 个子文件夹 CORE、HALLIB、OBJ 和 USER。读
者也可以根据需要自行创建所需文件夹。新建的文件夹目录结构如图 1.6 所示。

图 1.6　新建的文件夹目录结构

2）打开 MDK5，选择 Project→New μVision Project 命令，弹出 Create New Project 对话
框，将工程建立在 USER 文件夹中，并命名为 Template，单击"保存"按钮，如图 1.7 和
图 1.8 所示。此后，工程文件将保存到 USER 文件夹下。

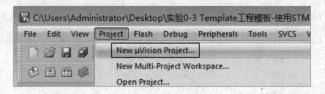

图 1.7　新建工程

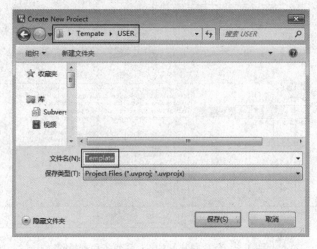

图 1.8　定义工程名称

弹出 Select Device for Target 'Target 1'对话框，用于选择芯片型号，这里选择 STMicroelectronics→STM32F4 Series→STM32F429→STM32F429IG→STM32F429IGTx，如图 1.9 所示（注意，安装对应的芯片包后才会显示这些内容）。单击 OK 按钮，弹出 Manage Run-Time Environment 对话框，如图 1.10 所示。

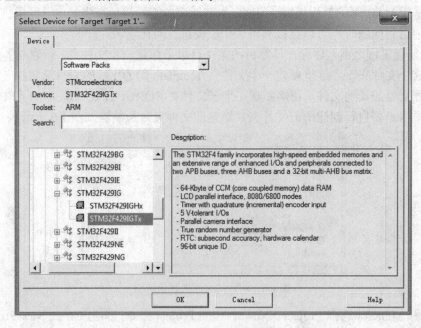

图 1.9　选择芯片型号

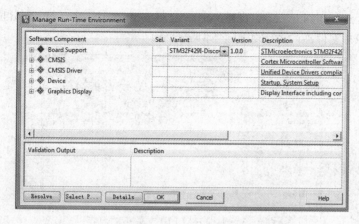

图 1.10　Manage Run-Time Environment 对话框

　　这是 MDK5 新增的一个功能，在这个对话框中，用户可以添加自己需要的组件，便于构建开发环境，这里不做介绍。在图 1.10 所示的对话框中，直接单击 Cancel 按钮，得到图 1.11 所示的界面。

　　3）打开 USER 文件夹，查看其内容，如图 1.12 所示。

图 1.11　工程初步建立

图 1.12　USER 文件夹内容

　　说明：Template.uvprojx（注意，MDK5.2 生成的工程文件的扩展名是.uvprojx）是工程文件，不能轻易删除。DebugConfig、Listings 和 Objects 3 个文件夹是 MDK 自动生成的文件夹。其中，DebugConfig 文件夹用于存储调试配置文件，Listings 和 Objects 文件夹用于存储 MDK 编译过程中的一些中间文件。这里将 Listings 和 Objects 文件夹删除，用 OBJ 文件夹来存储编译中间文件。

　　4）从 STM32CubeF4 包中复制新建工程需要的关键文件到工程文件夹中。首先，将 STM32CubeF4 包中的源码文件复制到工程文件夹下。打开 STM32CubeF4 包，定位到 \STM32Cube_FW_F4_V1.10.0\Drivers\STM32F4xx_HAL_Driver，将 Src、Inc 文件夹复制到 HALLIB 文件夹中。其中，Src 存储固件库的.c 文件，Inc 存储对应的.h 文件，每个外设对应一个.c 文件和一个.h 头文件。操作完成后，工程 HALLIB 文件夹的内容如图 1.13 所示。

　　5）将 STM32CubeF4 包中相关的启动文件及一些关键头文件复制到 CORE 文件夹中。打开 STM32CubeF4 包，定位到\STM32Cube_FW_F4_V1.11.0\Drivers\CMSIS\Device\ST\STM32F4xx\Source\Templates\arm，将 startup_stm32f429xx.s 文件复制到 CORE 文件夹中。再定位到\STM32Cube_FW_F4_V1.11.0\Drivers\CMSIS\Include，将其中的 5 个头文件

cmsis_armcc.h、core_cm4.h、core_cmFunc.h、core_cmInstr.h、core_cmSimd.h 复制到 CORE 文件夹中。CORE 文件夹的内容如图 1.14 所示。

图 1.13　工程 HALLIB 文件夹的内容

图 1.14　CORE 文件夹的内容

6）复制工程模板需要的其他头文件和源文件到工程文件夹。首先，定位到\STM32Cube_FW_F4_V1.11.0\Drivers\CMSIS\Device\ST\STM32F4xx\Include，将其中的 3 个文件 stm32f4xx.h、system_stm32f4xx.h 和 stm32f429xx.h 复制到 USER 文件夹中。这 3 个头文件是 STM32F4 工程非常关键的头文件。然后，定位到\STM32Cube_FW_F4_V1.11.0\Projects\STM32F429I-Discovery\Templates，其中的文件如图 1.15 所示，从 Src 和 Inc 文件夹中复制需要的文件到 USER 文件夹，具体操作如下。

打开 Inc 文件夹，将其中的 3 个头文件 stm32f4xx_it.h、stm32f4xx_hal_conf.h 和 main.h 全部复制到 USER 文件夹中。打开 Src 目录，将其中的 4 个源文件 system_stm32f4xx.c、stm32f4xx_it.c、stm32f4xx_hal_msp.c 和 main.c 全部复制到 USER 文件夹中。相关文件复制到 USER 目录之后，USER 目录中的文件如图 1.16 所示。

7）前面 6 个步骤已经将需要的文件复制到工程目录中了。下面需要复制 ALIENTEK 编写的 SYSTEM 文件夹内容到工程目录中。说明：SYSTEM 文件夹是 ALIENTEK 为开发板用户编写的一套非常实用的函数库，包括系统时钟初始化、串口输出、延时函数等。当然，读者也可以自行决定是否需要 SYSTEM 文件夹。对于 STM32F429 的工程模板，如果没有加入 SYSTEM 文件夹，那么读者需要自己定义系统时钟初始化。对于库函数版本程序和寄存器版本程序，SYSTEM 文件夹是有所区别的，这里新建的是库函数工程模板，所以读者只需从提供资源中的任何一个实验复制 SYSTEM 文件夹即可。操作过程如图 1.17 和图 1.18 所示。

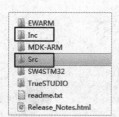

图 1.15　固件库包 Templates 中的文件　　　　图 1.16　USER 文件夹中的文件

复制 SYSTEM 文件夹到工程根目录

图 1.17　复制实验 0-1 的 SYSTEM 文件夹

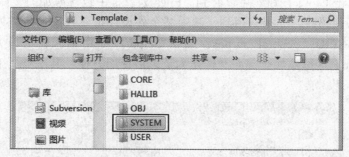

图 1.18　复制 SYSTEM 文件夹后的 Template 文件夹

至此，工程模板所需要的文件均已复制完成。下面需要在 MDK 中将这些文件添加到工程。

8）将前面复制的文件添加到工程。右击 Target1，在弹出的快捷菜单中选择 Manage Project Items 命令，如图 1.19 所示，弹出 Manage Project Items 对话框。

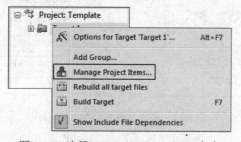

图 1.19　选择 Manage Project Items 命令

9）选择 Project Items 选项卡，在 Project Targets 列表框中将 Target 修改为 Template，在 Groups 列表框中删除 Source Group1，并新建 4 个分组，分别为 USER、SYSTEM、CORE 和 HALLIB。单击 OK 按钮，如图 1.20 和图 1.21 所示。

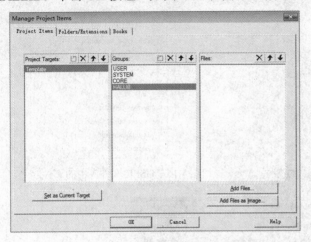

图 1.20　新建分组　　　　　　　　　　图 1.21　新建分组效果

10）向新建 Group 中添加所需要的文件。右击 Template，在弹出的快捷菜单中选择 Manage Project Items 命令，弹出 Manage Project Items 对话框，选择 Project Items 选项卡，在 Groups 列表框中选择需要添加文件的分组，这里选择 HALLIB，单击 Add Files 按钮，定位到新建的目录\HALLIB\Src 中，将其下所有文件选中（使用 Ctrl+A 组合键），单击 Add 按钮，再单击 Close 按钮。可以看到，Files 列表框中包含添加的文件，如图 1.22 所示。说明：在写代码时，如果只用到了其中某个外设，可以只添加所需外设的库文件。例如，只用到 GPIO（general purpose input output，通用输入输出口），可以只添加 stm32f4xx_gpio.c。这里添加全部库文件是为了之后使用方便，其缺点是工程大，编译速度慢。

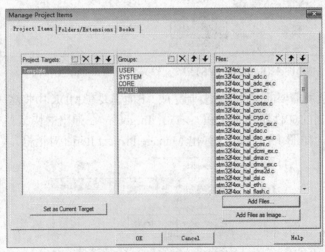

图 1.22　添加文件到 HALLIB 分组

需要指出的是，stm32f4xx_hal_dsi.c、stm32f4xx_hal_iptim.c 和 stm32f4xx_hal_msp_template.c

3 个文件不需要引入工程。stm32f4xx_hal_dsi.c 文件的内容是 mipi 接口相关函数，STM32F429 没有这个接口，所以可以不引入这个文件。stm32f4xx_hal_iptim.c 文件的内容是低功耗定时器相关函数，STM32F429 没有这个功能，所以不需要引入。stm32f4xx_hal_msp_template.c 文件的内容是一些空函数，一般也不需要引入。删除某个文件的方法是选中该文件，如选中 stm32 f4xx_hal_dsi.c，单击 Cancel 按钮，如图 1.23 所示。使用同样的方法删除文件 stm32f4xx_hal_iptim.c 和 stm32f4xx_hal_msp_template.c 即可。

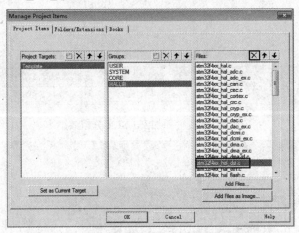

图 1.23　删除 HALLIB 分组中不需要的源文件

11）用同样的方法向 CORE、USER 和 SYSTEM 分组添加需要的文件。CORE 分组需要添加的文件为一些头文件及启动文件 startup_stm32f429xx.s（注意，默认添加的文件类型为.c，添加.h 头文件和 startup_stm32f429xx.s 启动文件时，需要选择文件类型为 All files）。USER 分组需要添加的文件为 USER 文件夹中所有的.c 文件，即 main.c、stm32f4xx_hal_msp.c、stm32f4xx_it.c 和 system_stm32f4xx.c。SYSTEM 分组需要添加 SYSTEM 文件夹下所有子文件夹内的.c 文件，包括 sys.c、usart.c 和 delay.c 3 个源文件。添加文件到 USER 和 CORE 分组的操作过程如图 1.24～图 1.27 所示。

①选中需要添加文件的分组

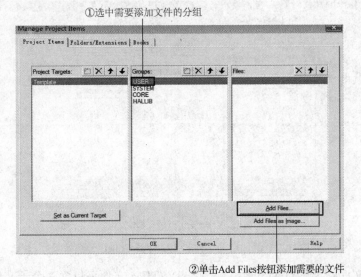

②单击Add Files按钮添加需要的文件

图 1.24　添加文件到 USER 分组的操作

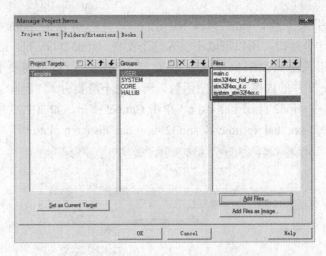

图 1.25　文件添加到 USER 分组效果

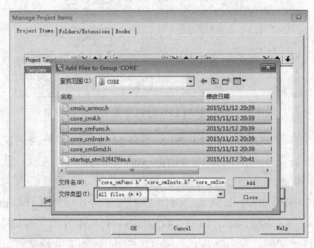

图 1.26　添加.h 头文件和启动文件到 CORE 分组

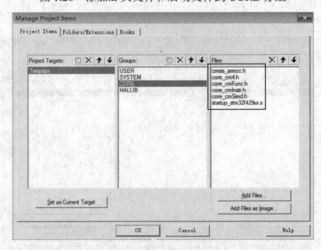

图 1.27　添加启动文件和头文件到 CORE 分组效果

　　最后添加文件到 SYSTEM 分组。注意，SYSTEM 文件夹包含 3 个子文件夹 sys、delay 和 usart。在添加文件时，需要分别定位到 3 个子文件夹内部，依次添加其中的.c 文件即可，效果如图 1.28 所示。

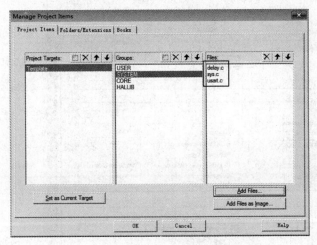

图 1.28　添加文件到 SYSTEM 分组效果

12）添加所有文件到工程中之后，单击 OK 按钮，返回 MDK 工程主界面，如图 1.29 所示。

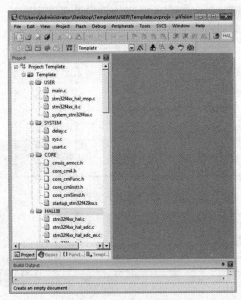

图 1.29　MDK 工程主界面

13）在 MDK 中设置头文件存储路径。如果没有设置头文件存储路径，那么在操作过程中，工程会报错，提示找不到头文件路径。具体操作步骤如图 1.30 和图 1.31 所示。添加头文件路径的效果如图 1.32 所示。

注意，路径必须添加到头文件所在目录的最后一级。例如，在 SYSTEM 文件夹的 3 个子文件夹中都有.h 头文件，这些头文件在工程中都会用到，所以必须将这 3 个子文件夹都包含进来。需要添加的头文件路径包括\CORE、\USER、\SYSTEM\delay、\SYSTEM\usart、SYSTEM\sys 及\HALLIB\Inc。HAL 库存储头文件的子目录是\HALLIB\Inc，不是 HALLIB\Src，很多读者此处出错导致报错。

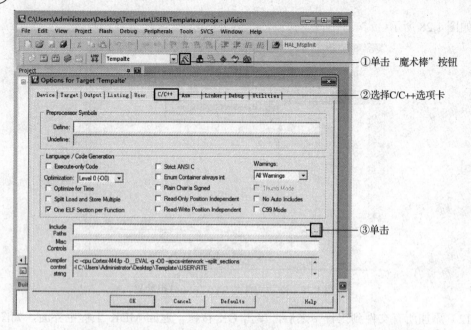

①单击"魔术棒"按钮

②选择C/C++选项卡

③单击

图 1.30　进入路径配置界面

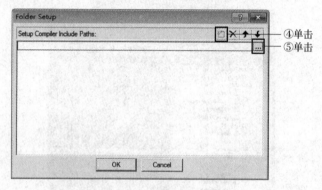

④单击

⑤单击

图 1.31　添加头文件路径

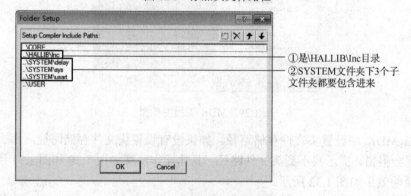

①是\HALLIB\Inc目录

②SYSTEM文件夹下3个子
文件夹都要包含进来

图 1.32　添加头文件路径效果

14）对于 STM32F429 系列的工程，还需要添加全局宏定义标识符。全局宏定义标识符就是在工程中任何地方可见的标识符。添加方法是，单击"魔术棒"按钮，弹出 Options for Target 'Template'对话框，选择 C/C++选项卡，在 Define 文本框中输入"USE_HAL_DRIVER,

STM32F429xx", 如图 1.33 所示。注意, 这里是两个标识符 USE_HAL_DRIVER 和
STM32F429xx, 它们之间用逗号分隔。读者也可以直接打开资源中新建的工程模板, 从中
复制。

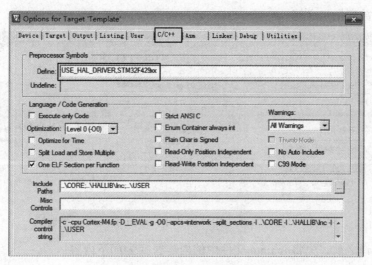

图 1.33 添加全局宏定义标识符

15) 编译工程。在编译之前首先要选择中间文件编译后的存放目录。MDK 默认编译后
的中间文件存放目录为 USER 文件夹下的 Listings 和 Objects 子文件夹中, 这里为了和
ALIENTEK 工程结构保持一致, 重新选择存放到 OBJ 文件夹中。操作方法是, 单击 "魔术
棒" 按钮, 弹出 Options for Target 'Template'对话框, 选择 Output 选项卡, 单击 Select Folder
for Objects 按钮, 如图 1.34 所示。弹出 Browse for Folder 对话框, 选择 OBJ 文件夹, 如图 1.35
所示。

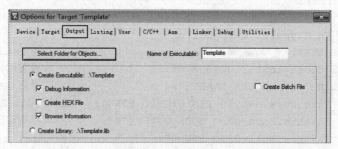

图 1.34 单击 Select Folder for Objects 按钮

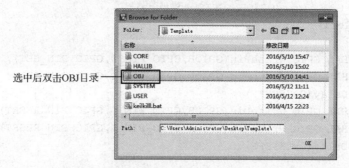

图 1.35 选择 OBJ 文件夹为中间文件存放目录

设置完成后，单击 OK 按钮，返回 Option for Target 'Template'对话框。勾选 Create HEX File 复选框和 Browse Information 复选框，如图 1.36 所示。勾选 Create HEX File 复选框的作用是要求编译之后生成 HEX 文件。勾选 Browse Information 复选框的作用是方便查看工程中的一些函数变量定义等。

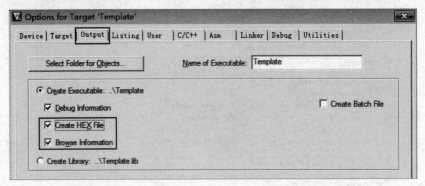

图 1.36　勾选 Create HEX File 和 Browse Information 复选框

16）在编译之前，先将 main.c 文件中的内容替换为如下内容：

```c
#include "sys.h"
#include "delay.h"
#include "usart.h"
void Delay(__IO uint32_t nCount);
void Delay(__IO uint32_t nCount)
{
    while(nCount--){}
}
int main(void)
{
    GPIO_InitTypeDef GPIO_Initure;
    HAL_Init();                                      //初始化 HAL 库
    Stm32_Clock_Init(360,25,2,8);                    //设置时钟，180MHz
    __HAL_RCC_GPIOB_CLK_ENABLE();                    //开启 GPIOB 时钟
    GPIO_Initure.Pin=GPIO_PIN_0|GPIO_PIN_1;          //PB1，PB0
    GPIO_Initure.Mode=GPIO_MODE_OUTPUT_PP;           //推挽输出
    GPIO_Initure.Pull=GPIO_PULLUP;                   //上拉
    GPIO_Initure.Speed=GPIO_SPEED_HIGH;              //高速
    HAL_GPIO_Init(GPIOB,&GPIO_Initure);
    while(1)
    {
        HAL_GPIO_WritePin(GPIOB,GPIO_PIN_0,GPIO_PIN_SET);    //PB1 置 1
        HAL_GPIO_WritePin(GPIOB,GPIO_PIN_1,GPIO_PIN_SET);    //PB0 置 1
        Delay(0x7FFFFF);
        HAL_GPIO_WritePin(GPIOB,GPIO_PIN_0,GPIO_PIN_RESET);  //PB1 置 0
        HAL_GPIO_WritePin(GPIOB,GPIO_PIN_1,GPIO_PIN_RESET);  //PB0 置 0
        Delay(0x7FFFFF);
    }
}
```

上面这段代码,可以在资源中找到已经建好的工程模板 USER 目录下面的 main.c 文件,直接复制使用。

17）单击"编译"按钮 ▦,编译工程,可以看到工程编译通过,没有任何错误和警告,如图 1.37 所示。

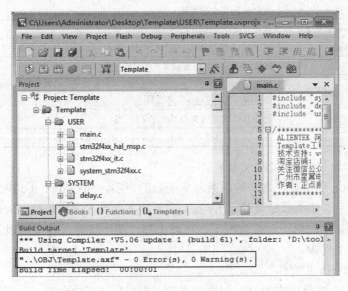

图 1.37　编译工程

有时编译之后可能会有一个警告,内容是"warning: #1-D: last line of file ends without a newline"。这时,只需在 main()函数结尾加一个回车换行符即可,这是 MDK 自身的漏洞。

至此,一个基于 HAL 库的工程模板建立完成,同时在工程的 OBJ 文件夹下生成了对应的 HEX 文件。若将 HEX 文件下载到开发板,会看到两个 LED 不停闪烁的现象。

另外,系统初始化之后需进行中断优先级分组组号的设置。默认情况下,调用 HAL 初始化函数 HAL_Init()之后会设置分组为组 4。本书所有实验使用的是分组 2,所以需修改 HAL_Init()函数,重新设置分组为组 2。具体方法:打开 HALLIB 分组下的 stm32f4xx_hal.c 文件,搜索函数 HAL_Init(),找到函数体,其中默认有一行代码:

```
HAL_NVIC_SetPriorityGrouping(NVIC_PRIORITYGROUP_4);
```

将入口参数 NVIC_PRIORITYGROUP_4 修改为 NVIC_PRIORITYGROUP_2 即可。

1.2.2　工程结构

任何一个 MDK 工程,无论它多复杂,都是由.c 源文件和.h 头文件,以及类似.s 的启动文件或 LIB 文件等组成的。在工程中,它们通过各种包含关系组织在一起,最终被用户代码调用或引用。所以,必须了解这些文件的作用,以及它们之间的包含关系,进而理解工程的运行流程,这样才能在项目开发中得心应手。

（1）HAL 库关键文件

HAL 库关键文件描述如表 1.1 所示。

表 1.1　HAL 库文件描述

文件	描述
stm32f4xx_hal_ppp.c/.h	基本外设的操作 API，ppp 代表任意外设。其中 stm32f4xx_hal_cortex.c/.h 比较特殊，它包含一些 Cortex 内核的通用函数声明和定义，如中断优先级 NVIC 配置、系统软复位及 Systick 配置等
stm32f4xx_hal_ppp_ex.c/.h	拓展外设特性的 API
sm32f4xx_hal.c	包含 HAL 通用 API（如 HAL_Init、HAL_DeInit、HAL_Delay 等）
stm32f4xx_hal.h	HAL 的头文件，它应被用户代码所包含
stm32f4xx_hal_conf.h	HAL 的配置文件，主要用来选择使能何种外设，以及设置一些时钟相关参数。其应该被用户代码所包含
stm32f4xx_hal_def.h	包含 HAL 的通用数据类型定义和宏定义
stm32f4xx_ll_ppp.c/.h	在一些复杂外设中实现底层功能，它们在 stm32f4xx_hal_ppp.c 中被调用

（2）stm32f4xx_it.c/stm32f4xx_it.h 文件

stm32f4xx_it.h 中主要包含一些中断服务函数的声明。stm32f4xx_it.c 中包含一些中断服务函数的实现，而这些函数定义除了 Systick 中断服务函数 SysTick_Handler() 外，基本是空函数，没有任何控制逻辑。一般情况下，可以去掉这两个文件，将中断服务函数写在工程的任何一个可见文件中。

（3）stm32f4xx.h 头文件

stm32f4xx.h 头文件内容很少，却非常重要，它是所有 STM32F4 系列的顶层头文件。使用 STM32F4 任何型号的芯片，都需要包含这个头文件。同时，因为 STM32F4 系列芯片型号非常多，ST 为每种芯片型号定义了一个特有的片上外设访问层头文件，如对于 STM32F429 系列，ST 定义了一个头文件 stm32f429xx.h，stm32f4xx.h 顶层头文件会根据工程芯片型号选择包含对应芯片的片上外设访问层头文件。打开 stm32f4xx.h 头文件可以看到，其中有如下几行代码：

```
#if defined(STM32F405xx)
  #include "stm32f405xx.h"
…
#elif defined(STM32F429xx)
  #include "stm32f429xx.h"
…
#else
  #error "Please select first the target STM32F4xx device used in your
      application"
#endif
```

这几行代码非常好理解，以 STM32F429 为例，如果定义了宏定义标识符 STM32F429xx，那么头文件 stm32f4xx.h 将会包含头文件 stm32f429xx.h。实际上，在新建工程时，在 C/C++ 选项卡中输入的全局宏定义标识符中就包含标识符 STM32F429xx。所以，头文件 stm32f429xx.h 一定会被整个工程所引用。

（4）stm32f429xx.h 头文件

由上述内容可知，stm32f429xx.h 是 STM32F429 系列芯片通用的片上外设访问层头文件，只要进行 STM32F429 开发，就必然要使用该文件。打开该文件可以看到，其中主要包含一些结构体和宏定义标识符。这个文件的主要作用是寄存器定义声明及封装内存操作。

（5）system_stm32f4xx.h/system_stm32f4xx.c 文件

头文件 system_stm32f4xx.h 和源文件 system_stm32f4xx.c 主要是声明和定义了系统初始化函数 SystemInit() 及系统时钟更新函数 SystemCoreClockUpdate()。SystemInit() 函数的作用是进行时钟系统的一些初始化操作及中断向量表偏移地址设置，但它并没有设置具体时钟值，这是其与标准库的最大区别。在使用标准库时，SystemInit() 函数会配置好与系统时钟配置相关的各个寄存器，在启动文件 startup_stm32f429xx.s 中设置系统复位后，直接调用 SystemInit() 函数进行系统初始化。SystemCoreClockUpdate() 函数是在系统时钟配置进行修改后，调用 SystemInit() 函数来更新全局变量 SystemCoreClock 的值。开放全局变量 SystemCoreClock 可以在用户代码中直接使用这个变量来进行一些时钟运算。

（6）stm32f4xx_hal_msp.c 文件

MSP 全称为 MCU support package。名称中带有 MspInit 的函数的作用是进行 MCU 级别硬件初始化设置，并且它们通常会被上一层初始化函数所调用。这样做的目的是方便用户代码在不同型号的 MCU 上移植。stm32f4xx_hal_msp.c 文件定义了两个函数 HAL_MspInit() 和 HAL_MspDeInit()。这两个函数分别被文件 stm32f4xx_hal.c 中的 HAL_Init() 和 HAL_DeInit() 所调用。HAL_MspInit() 函数的主要作用是进行 MCU 的硬件初始化操作。例如，要初始化某些硬件，可以将与硬件相关的初始化配置写在 HAL_MspDeinit() 函数中。这样，系统启动并调用 HAL_Init() 之后，会自动调用硬件初始化函数。实际上，在工程模板中直接删除 stm32f4xx_hal_msp.c 文件不会对程序运行产生任何影响。

（7）startup_stm32f429xx.s 启动文件

STM32 系列所有芯片工程都会有一个.s 启动文件。不同型号的 STM32 芯片，启动文件是不一样的。因为本书所用开发板是 STM32F429 系列，所以需要使用与之对应的启动文件 startup_stm32f429xx.s。启动文件的一个重要作用主要是进行堆栈的初始化，以及中断向量表与中断函数定义等。启动文件的另一个重要作用是在系统复位后引导系统进入 main() 函数。打开启动文件 startup_stm32f429xx.s，可以看到下面几行代码：

```
    ; Reset handler
Reset_Handler    PROC
      EXPORT Reset_Handler          [WEAK]
      IMPORT SystemInit
      IMPORT __main
             LDR R0, =SystemInit
             BLX R0
             LDR R0, =__main
             BX R0
             ENDP
```

Reset_Handler 会在系统启动时执行，这几行代码的作用是在系统启动之后，首先调用 SystemInit() 函数进行系统初始化，然后引导系统进入 main() 函数执行用户代码。

HAL 库工程模板中各个文件之间的包含关系如图 1.38 所示。

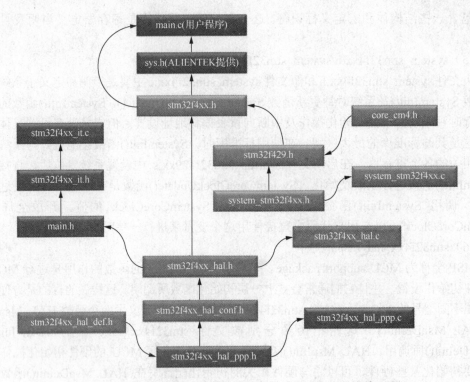

图 1.38   HAL 库工程模板中各个文件之间的包含关系

从图 1.38 可以看出，顶层头文件 stm32f4xx.h 直接或间接包含其他工程的必要头文件。所以，在用户代码中，只需要包含顶层头文件 stm32f4xx.h 即可。在 ALIENTEK 提供的 SYSTEM 文件夹内部的 sys.h 头文件中，默认包含 stm32f4xx.h 头文件。所以，在用户代码中，只需要包含 sys.h 头文件即可，当然也可以直接包含顶层头文件 stm32f4xx.h。

1.3   程序下载与调试

本节介绍 STM32F429 的代码下载和调试。调试包括软件仿真和硬件调试（在线调试）。通过本节的学习，读者将了解 STM32F429 程序下载的方法，并利用 ST-LINK 对 STM32F429 进行下载与在线调试。

注意，为了让读者能够更好地学习调试，编者将 1.2 节新建工程模板中的 main.c 文件内容进行了简单的修改。修改后的工程模板已在资源中提供。

1.3.1   STM32 串口程序下载

STM32F429 的程序下载方法有多种，如 USB、串口、JTAG、SWD 等。其中，最简单也最经济的程序下载方法就是通过串口下载代码。本节介绍如何利用串口为 STM32F429（以下简称 STM32）下载代码。

STM32 的串口程序下载一般是通过串口 1 进行的。本书使用的实验平台是 ALIENTEK 阿波罗 STM32F429 开发板，其不是通过 RS232 串口下载代码的，而是通过自带的 USB 串口来下载的。因此，看起来像是 USB 下载（只需一根 USB 线，并不需要串口线），但实际上，是通过 USB 转成串口，然后进行下载的。

　　下面介绍如何在实验平台上利用 USB 串口下载代码。

　　首先要在开发板上进行设置，将 RXD 和 PA9（STM32 的 TXD）、TXD 和 PA10（STM32 的 RXD）通过跳线帽连接起来，这样可以使 CH340G 和 MCU 的串口 1 连接。ALIENTEK 这款开发板自带一键下载电路，因此不需要设置 BOOT0 和 BOOT1 的状态。但是，为了使下载完成后可以按复位键执行程序，建议将 BOOT1 和 BOOT0 都设置为 0。设置完成如图 1.39 所示。

图 1.39　开发板串口下载跳线设置

这里简单说明一键下载电路的原理，STM32 串口下载的标准方法有两个步骤：

1）把 B0 接 V3.3（保持 B1 接 GND）。

2）按复位键。

通过上述两个步骤，就可以利用串口下载代码了。下载完成之后，如果没有设置从 0x08000000 开始运行，则代码不会立即运行，此时，还需要把 B0 接回 GND，再按一次复位键，才会开始运行所下载的代码。所以，在整个过程中，需要跳动 2 次跳线帽，按 2 次复位键，比较烦琐。一键下载电路则利用串口的 DTR 和 RTS 信号，分别控制 STM32 的复位和 B0，配合上位机软件（FlyMcu），设置 DTR 的低电平复位，RTS 高电平进入 BootLoader。这样，B0 和 STM32 的复位完全可以由下载软件自动控制，从而实现一键下载。下载完成后，在 USB_232 处插入 USB 线，并连接计算机，如果之前没有安装 CH340G 的驱动（如果已经安装驱动，则应该能在设备管理器中看到 USB 串口；否则要先卸载之前的驱动，完成后重启计算机，重新安装本书提供的驱动），则需要先安装 CH340G 的驱动，方法为找到资源中的 CH340 驱动，进行安装即可，如图 1.40 所示。

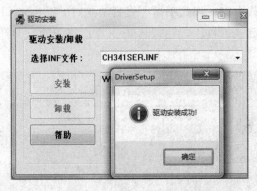

图 1.40　CH340 驱动安装

在驱动安装成功之后，先拔掉 USB 线，再将其重新插入计算机，此时计算机会自动为 USB 安装驱动。在安装完成之后，可以在计算机的设备管理器中找到 USB 串口（如果找不到，则重启计算机），如图 1.41 所示。在图 1.41 中可以看到，USB 串口被识别为 COM3。这里需要注意的是，不同计算机对 USB 串口的识别可能不一样，可能是 COM4、COM5 等，但是 USB-SERIAL CH340 是不变的。

图 1.41　USB 串口

在安装了 USB 串口驱动之后，就可以开始使用串口下载代码了，这里串口下载软件选择的是 FlyMcu。该软件是 MCUISP 的升级版本（FlyMcu 新增对 STM32F4 的支持），用户可以在 www.mcuisp.com 免费下载。本书的资源中也附带了这个软件，版本为 V0.188。要下载的 HEX 文件以 1.2 节新建的工程为例。因为在工程建立时已经设置了生成 HEX 文件，所以编译时已经生成了 HEX 文件，现在只需要找到这个 HEX 文件下载即可。用 FlyMcu 软件打开 OBJ 文件夹，找到对应的 HEX 文件 Template.hex，打开该文件并进行相应的设置，设置内容如图 1.42 矩形框部分所示（此设置仅为建议设置）。

在图 1.42 所示窗口中，"编程后执行"复选框在具有一键下载功能的条件下是很有用的。勾选该复选框后，可以在下载程序完成时自动运行该程序。否则，需要按复位键才能运行下载的程序。

"编程前重装文件"复选框也比较有用，当勾选该复选框后，FlyMcu 会在每次编程之前，重新装载 HEX 文件。这在代码调试时是比较有用的。注意，不要勾选"使用 RamIsp"复选框，否则，可能无法正常下载。

选择"DTR 的低电平复位，RTS 高电平进 BootLoader"选项，FlyMcu 就会通过 DTR 和 RTS 信号来控制板载的一键下载功能电路，以实现一键下载功能。如果不选择此选项，则无法实现一键下载功能。注意，在 BOOT0 接 GND 的条件下，必须选择该选项。

在装载了 HEX 文件之后，要下载代码还需要选择串口。FlyMcu 有智能串口搜索功能，每次打开 FlyMcu 软件，其会自动搜索当前计算机上可用的串口，并选中一个作为默认串口（一般是用户最后一次关闭时所选择的串口）。也可以通过单击"搜索串口"按钮来自动搜索当前可用串口。串口波特率可以通过 bps 选项卡设置，对于 STM32F4，其自带的 BootLoader 程序对高波特率的支持性能不佳，因此推荐设置波特率为 76800b/s（高的波特率将导致极低的下载成功率）。最终找到 CH340 虚拟的串口，如图 1.42 所示。

从 USB 串口的安装过程可知，开发板的 USB 串口被识别为 COM3（如果读者的计算机识别为其他串口，则选择相应的串口即可），所以这里选择 COM3，波特率设置为 76800。设置完成后，可以通过单击"开始编程"按钮，一键下载代码到 STM32 上，下载成功界面如图 1.42 所示。

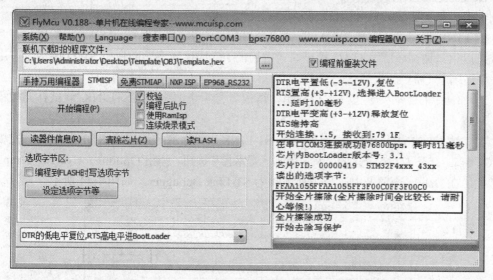

图 1.42　下载成功界面

在图 1.42 中，第 1 个矩形框中显示 FlyMcu 对一键下载电路的控制过程，即控制 DTR 和 RTS 电平的变化，控制 BOOT0 和 RESET，从而实现自动下载。第 2 个矩形框这里需要特别注意，因为 STM32F4 的每次下载都需要整片擦除，而 STM32F4 的整片擦除速度是非常慢的（STM32F1 比较快），需等待几十秒钟才可以执行完成。但是，ST-LINK 下载不存在这个问题，所以，最好使用 ST-LINK 下载。

另外，下载成功后，会有"共写入×××KB，耗时×××毫秒"的提示，并且从 0x80000000 处开始运行后，打开串口调试助手（XCOM V2.0，资源中已经提供），选择串口号，这里为 COM3（读者需根据实际情况选择），设置波特率为 115200，会发现从 ALIENTEK 阿波罗 STM32F429 开发板返回的信息，如图 1.43 所示。

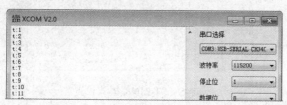

图 1.43　程序开始运行后返回的信息

接收到的数据和期望的数据是一样的，证明程序没有问题。至此，下载代码成功，并且从硬件上验证了代码的正确性。

1.3.2　使用 ST-LINK 下载与调试程序

1.3.1 节介绍了如何通过串口为 STM32 下载程序，并在 ALIENTEK 阿波罗 STM32F429 开发板上验证了程序的正确性。这个程序比较简单，所以不需要进行硬件调试。如果程序工程比较大，难免存在一些漏洞，这时需要通过硬件调试来解决问题。

串口只能下载代码，并不能实时跟踪调试，而利用调试工具，如 ST-LINK、JLINK 和 ULINK 等就可以实时跟踪程序，从而找到程序中的漏洞，使开发事半功倍。这里以 ST-LINK 为例，介绍如何在线调试 STM32F429。

ST-LINK 支持 JTAG 和 SWD，同时 STM32F429 也支持 JTAG 和 SWD。所以，有两种方式可以用来调试，使用 JTAG 调试时，占用的 I/O 线比较多，而使用 SWD 调试时占用的 I/O 线很少，只需要两根即可。

ST-LINK 的驱动安装方法比较简单，请读者参考资源中的《STLINK 调试补充教程》自行安装。

在安装 ST-LINK 的驱动之后，接上 ST-LINK，并用灰排线连接 ST-LINK 和开发板的 JTAG 接口，打开 1.2 节新建的工程，单击"魔术棒"按钮，弹出 Options for Target 'Template' 对话框，在 Debug 选项卡中选择仿真工具为 ST-Link Debugger，如图 1.44 所示。

图 1.44　Debug 选项卡设置

在 Debug 选项卡中如果勾选 Run to main()复选框，只要单击"仿真"按钮，就会直接运行到 main()函数；如果未勾选这个复选框，会先执行 startup_stm32f429xx.s 文件中的 Reset_Handler，再跳到 main()函数。

单击 Settings 按钮，在弹出的对话框中设置 ST-LINK 的参数，如图 1.45 所示。

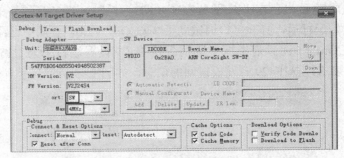

图 1.45　ST-LINK 模式设置

图 1.45 中，使用 ST-LINK 的 SW 模式调试。因为 JTAG 需要占用比 SW 模式更多的 I/O 口，而在开发板上这些 I/O 口可能被其他外设用到，从而造成部分外设无法使用。所以，

建议在调试时,选择 SW 模式。Max 设置为 4MHz(需要更新固件,否则最大只能到 1.8MHz)。这里,如果 USB 数据线质量较差,那么在调试时可能会出现问题,此时,可以通过降低 Max 的频率来调试。

单击 OK 按钮,完成设置。下面还需要在 Utilities 选项卡中设置下载时的目标编程器,如图 1.46 所示。

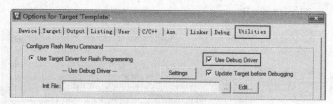

图 1.46 Flash 编程器选择

在图 1.46 中,勾选 Use Debug Driver 复选框,即和调试一样,选择 ST-LINK 来为目标器件的 Flash 编程,然后单击 Settings 按钮,进行图 1.47 所示的设置。

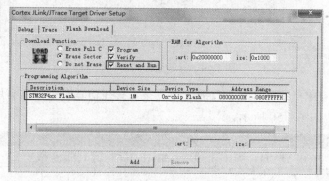

图 1.47 编程设置

这里 MDK5 会根据新建工程时选择的目标器件,自动设置 Flash 算法。因为使用的是 STM32F429IGT6,Flash 容量为 1MB,所以 Programming Algorithm 中默认会有 1M 型号的 STM32F4xx Flash 算法。这里的 1M Flash 算法,不仅仅针对 1MB 容量的 STM32F429,对于小于 1M Flash 的型号,也是采用这个 Flash 算法的。最后,可勾选 Reset and Run 复选框,以实现在编程后自动运行,其他保持默认设置即可,如图 1.47 所示。在设置完之后,单击 OK 按钮,再次单击 OK 按钮,回到 IDE 界面,编译工程。之后就可以通过 ST-LINK 下载和调试程序。

配置好 ST-LINK 之后,使用其下载程序的步骤非常简单,单击"下载"按钮即可。下载完成之后,程序可以直接在开发板执行,如图 1.48 所示。

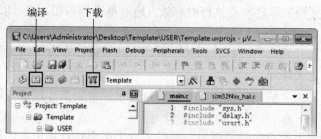

图 1.48 "编译"和"下载"按钮

下面介绍用 ST-LINK 进行程序仿真的方法。单击"仿真"按钮 ，开始仿真（如果开发板的代码未更新过，则会先更新代码，再仿真，也可以通过单击"下载"按钮，只下载代码，而不进行仿真。注意，开发板上的 B0 和 B1 都要设置到 GND，否则代码下载后不会自动运行），因为勾选了 Run to main()复选框，所以程序会直接运行到 main()函数的入口处，如果在 uart_init(115200)处设置了一个断点，单击"执行到断点处"按钮 ，程序将会快速执行到该处，如图 1.49 所示。

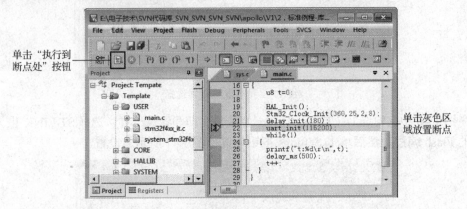

图 1.49   程序运行到断点处

另外，此时 MDK5 界面出现了 Debug 工具条，其在仿真时是非常有用的。Debug 工具条部分按钮的功能如图 1.50 所示。

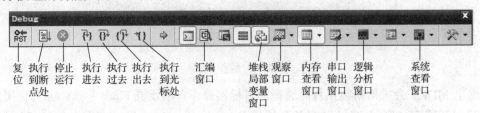

图 1.50   Debug 工具条部分按钮的功能

下面简单介绍 Debug 工具条相关按钮的功能。

复位：其功能等同于硬件上的复位键。单击该按钮相当于实现了一次硬复位。单击该按钮之后，代码会重新从头开始执行。

执行到断点处：该按钮用来快速执行到断点处，当并不需要观看每步是怎么执行的，而是想快速地执行到程序的某个地方看结果时，可单击该按钮，前提是在需要查看的地方设置了断点。

停止运行：此按钮在程序一直执行时有效，通过单击该按钮，就可以使程序停止下来，进入单步调试状态。

执行进去：该按钮用来实现执行到某个函数中的功能，在没有函数的情况下，此按钮的功能等同于执行过去按钮。

执行过去：在遇到有函数的地方，通过该按钮可以单步执行过这个函数，而不进入该函数。

执行出去：在进入函数单步调试后，有时可能不必再执行该函数的剩余部分，通过该按钮可一步执行完函数余下的部分，并跳出函数，回到函数被调用的位置。

执行到光标处：该按钮可以迅速地使程序运行到光标处，与"执行到断点处"按钮的功能相似，但是两者是有区别的，即断点可以有多个，但是光标所在处只有一个。

汇编窗口：通过该按钮，可以查看汇编代码，对于分析程序很有用。

堆栈局部变量窗口：通过该按钮，可以打开 Call Stack+Locals 窗口，其中显示当前函数的局部变量及其值，方便查看。

观察窗口：MDK5 提供两个观察窗口（下拉选择），单击该按钮，会弹出一个显示变量的窗口，输入想要观察的变量/表达式，即可查看其值。该窗口是很常用的一个调试窗口。

内存查看窗口：MDK5 提供 4 个内存查看窗口（下拉选择），单击该按钮，会弹出一个内存查看窗口，可以在其中输入要查看的内存地址，并观察这一片内存的变化情况。该窗口是很常用的一个调试窗口。

串口输出窗口：MDK5 提供 4 个串口输出窗口（下拉选择），单击该按钮，会弹出一个类似串口调试助手界面的窗口，用来显示串口输出的内容。

逻辑分析窗口：该图标下面有 3 个选项（下拉选择），一般选择第一个选项，打开逻辑分析窗口（Logic Analyzer）。通过 SETUP 按钮新建一些 I/O 口，就可以在逻辑分析窗口观察这些 I/O 口的电平变化情况，并以多种形式显示出来，比较直观。

系统查看窗口：该按钮可以提供各种外设寄存器的查看窗口（下拉选择），选择对应外设，即可调出该外设的相关寄存器表，并显示这些寄存器的值，方便查看设置是否正确。

Debug 工具条上的其他几个按钮使用比较少，这里不再介绍。

注意，串口输出窗口和逻辑分析窗口仅在软件仿真时可用，而 MDK5 基本不支持对 STM32F4 的软件仿真（故本书没有对软件仿真进行介绍），所以，本书中基本不用这两个窗口。但是，MDK5 是支持对 STM32F1 的软件仿真的，因此在 STM32F1 开发时会用到这两个窗口。

在仿真界面中调出堆栈局部变量窗口，如图 1.51 所示。

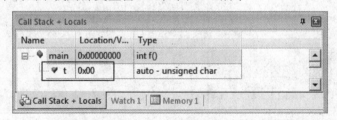

图 1.51　堆栈局部变量查看窗口

从图 1.51 可以看出，此时 t 的值为 0x00。选择 Peripherals→System Viewer→USART 命令，可以看到，有很多外设可以查看，这里查看的是串口 1 的情况，因此选择 USART1 命令，如图 1.52 所示。

此时，IDE 界面右侧出现一个图 1.53（a）所示的界面。

图 1.53（a）是 STM32 串口 1 的默认设置状态，从中可以看到所有与串口相关的寄存器全部表示出来了。单击"执行过去"按钮，执行完串口初始化函数，得到图 1.53（b）所示的串口信息。对比这两个图可知，在 uart_init(115200); 这个函数中大概执行了哪些操作。

通过图 1.53（b）可以查看串口 1 的各个寄存器设置状态，从而判断代码是否有问题，只有此处的设置正确，才有可能在硬件上正确地执行。同样，这种方法也可以适用于很多其他外设，读者可以在使用过程中慢慢体会。这一方法无论是在排错还是在编写代码时，都是非常有用的。

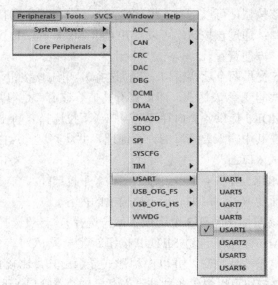

图 1.52　选择串口 1

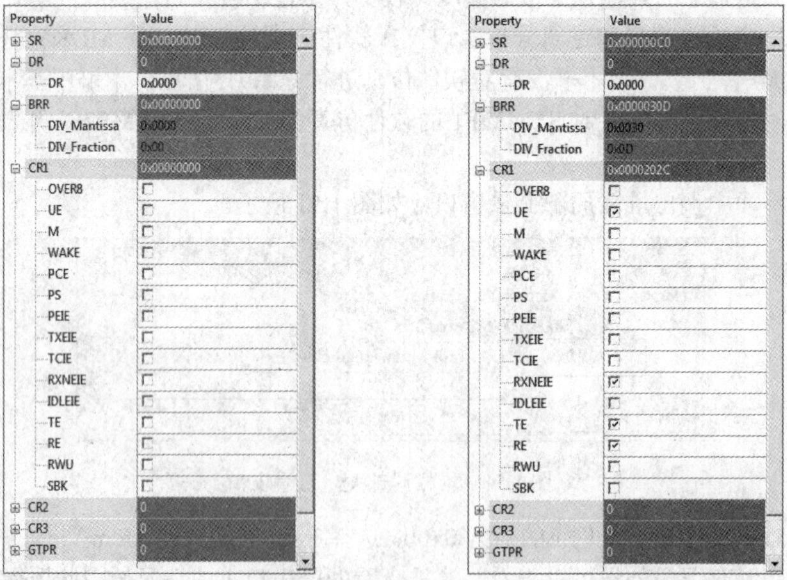

（a）初始化前　　　　　　　　　　（b）初始化后

图 1.53　串口 1 各寄存器初始化前后对比

下面先打开串口调试助手设置串口号和波特率，然后继续单击"执行过去"按钮，一步步执行，此时在堆栈局部变量窗口可以看到 t 值的变化，同时在串口调试助手中，也可看到输出的 t 值，如图 1.54 和图 1.55 所示。

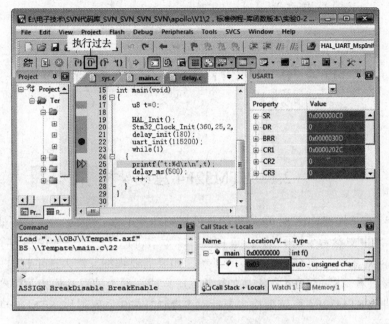

图 1.54 堆栈局部变量窗口查看 t 值

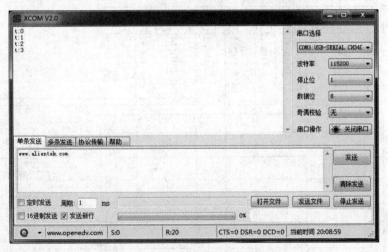

图 1.55 串口调试助手收到的数据

这里介绍的 STM32F429 硬件调试，仅仅是一个简单的演示示例。在实际使用中，硬件调试的应用很广泛，读者一定要掌握其操作方法。

第 2 章　硬件平台及体系结构

2.1　STM32F4 总线架构

STM32F4 的总线架构比 51 单片机的总线架构功能丰富。STM32F4 总线架构的知识在《STM32F4××中文参考手册》第 2 章有讲解，本节讲述这一部分知识是为了读者在学习 STM32F4 之前对系统架构有一个初步的了解。如果需要详细、深入地了解 STM32 的系统架构，仍需要查看《STM32F4××中文参考手册》或在网上搜索其他相关资料学习。

这里所讲的 STM32F4 系统架构主要针对 STM32F429 系列芯片。STM32F429 的总线架构如图 2.1 所示。

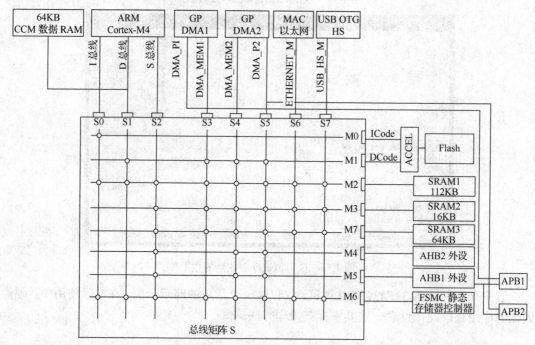

图 2.1　STM32F429 的总线架构

主系统由 32 位多层 AHB 总线矩阵构成。总线矩阵用于主控总线之间的访问仲裁管理。仲裁采取循环调度算法。

（1）8 条主控总线

1）Cortex-M4 内核 I 总线。

2）Cortex-M4 内核 D 总线。

3）Cortex-M4 内核 S 总线。

4）DMA1 存储器总线。

5）DMA2 存储器总线。

6）DMA2 外设总线。

7）以太网 DMA（direct memory access，直接内存存取）总线。

8）USB OTG HS DMA 总线。

（2）7 条被控总线

1）内部 Flash ICode 总线。

2）内部 Flash DCode 总线。

3）主要内部 SRAM1（112KB）。

4）辅助内部 SRAM2（16KB）。

5）辅助内部 SRAM3（64KB）（仅适用 STM32F42××和 STM32F43××系列器件）。

6）AHB1 外设和 AHB2 外设。

7）FSMC。

下面具体讲解图 2.1 中几个总线的知识。

1）I 总线（S0）：此总线用于将 Cortex-M4 内核的指令总线连接到总线矩阵。内核通过此总线获取指令。此总线访问的对象是包括代码的存储器。

2）D 总线（S1）：此总线用于将 Cortex-M4 数据总线和 64KB CCM 数据 RAM（random access memory，随机存取存储器）连接到总线矩阵。内核通过此总线进行立即数加载和调试访问。

3）S 总线（S2）：此总线用于将 Cortex-M4 内核的系统总线连接到总线矩阵。此总线用于访问位于外设或 SRAM（static random access memory，静态随机存取存储器）中的数据。

4）DMA 存储器总线（S3，S4）：此总线用于将 DMA 存储器总线主接口连接到总线矩阵。DMA 通过此总线来执行存储器数据的传入和传出。

5）DMA 外设总线：此总线用于将 DMA 外设主总线接口连接到总线矩阵。DMA 通过此总线访问 AHB 外设或执行存储器之间的数据传输。

6）以太网 DMA 总线：此总线用于将以太网 DMA 主接口连接到总线矩阵。以太网 DMA 通过此总线向存储器存取数据。

7）USB OTG HS DMA 总线（S7）：此总线用于将 USB OTG HS DMA 主接口连接到总线矩阵。USB OTG HS DMA 通过此总线向存储器加载/存储数据。

2.2　STM32F4 时钟系统

STM32F4 时钟系统的知识在《STM32F4××中文参考手册》第 6 章复位和时钟控制中有非常详细的讲解。注意，STM32F429 的时钟系统和 STM32F407 的时钟系统有细微的区别，本节针对 STM32F429 的时钟系统进行讲解。

2.2.1　STM32F429 时钟树概述

众所周知，时钟系统是 CPU 的"脉搏"，就像人的心跳一样。所以，时钟系统的重要性不言而喻。STM32F429 的时钟系统比较复杂，不像简单的 51 单片机只有一个系统时钟。为什么 STM32 要有多个时钟源呢？因为 STM32 本身非常复杂，外设非常多，但是并不是所有外设都需要系统时钟这么高的频率，如"看门狗"及实时时钟（real time clock，RTC）只需要几十千赫兹的时钟频率即可。同一个电路，时钟频率越快功耗越大，同时抗电磁干扰能力也会越弱，所以对于较为复杂的 MCU 一般采取多时钟源的方法来解决这些问题。

STM32F429 的时钟系统如图 2.2 所示。

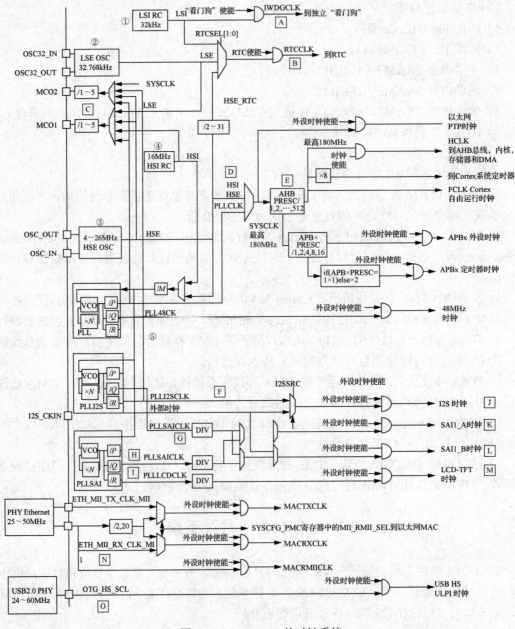

图 2.2　STM32F429 的时钟系统

在 STM32F429 中，有 5 个重要的时钟源，分别为 HSI、HSE、LSI、LSE、PLL。其中，PLL 实际分为 3 个时钟源，分别为主 PLL、I2S 部分专用 PLLI2S 和 SAI 部分专用 PLLSAI。

从时钟频率划分，时钟源可以分为高速时钟源和低速时钟源，在这 5 个时钟源中 HIS、HSE 及 PLL 是高速时钟源，LSI 和 LSE 是低速时钟源。从来源划分，时钟源可分为外部时钟源 和内部时钟源，外部时钟源即从外部通过接晶振的方式获取的时钟源，其中 HSE 和 LSE 是外部时钟源，其他均是内部时钟源。下面简要介绍 STM32F429 的 5 个时钟源，讲解顺序 按图 2.2 中圈码标示的顺序进行。

1）LSI 是低速内部时钟源，RC 振荡器，频率为 32kHz 左右，供独立"看门狗"和自动唤醒单元使用。

2）LSE 是低速外部时钟源，接频率为 32.768kHz 的石英晶体。其主要是 RTC 的时钟源。

3）HSE 是高速外部时钟源，可接石英/陶瓷谐振器，或接外部时钟源，频率范围为 4～26MHz。开发板接的是 25MHz 的晶振。HSE 也可以直接作为系统时钟或 PLL 输入。

4）HSI 是高速内部时钟源，RC 振荡器，频率为 16MHz。其可以直接作为系统时钟或用作 PLL 输入。

5）PLL 为锁相环倍频输出。STM32F4 有 3 个 PLL：

① 主 PLL（PLL）由 HSE 或 HSI 提供时钟信号，并具有两个不同的输出时钟。第一个输出 PLLP 用于生成高速的系统时钟（最高 180MHz）；第二个输出 PLLQ 为 48MHz 时钟，用于 USB OTG FS 时钟，随机数发生器的时钟和 SDIO 时钟。

② 第一个专用 PLL（PLLI2S）用于生成精确时钟，在 I2S 和 SAI1 上实现高品质音频性能。其中，N 是用于 PLLI2S 的倍频系数，其取值范围是 192～432；R 是 I2S 时钟的分频系数，其取值范围是 2～7；Q 是 SAI 时钟分频系数，其取值范围是 2～15；P 没有用到。

③ 第二个专用 PLL（PLLSAI）同样用于生成精确时钟，为 SAI1 输入时钟，同时为 LCD_TFT 接口提供精确时钟。其中，N 是用于 PLLSAI VCO 的倍频系数，其取值范围是 192～432；Q 是 SAI 时钟分频系数，其取值范围是 2～15；R 是 LTDC 时钟的分频系数，其取值范围是 2～7；P 没有用到。本节着重介绍主 PLL 时钟第一个高速时钟输出 PLLP 的计算方法。图 2.3 是 STM32F429 主 PLL 的时钟图。

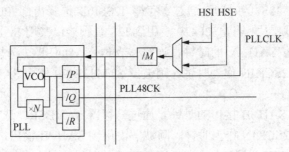

图 2.3 STM32F429 主 PLL 的时钟图

从图 2.3 可以看出，主 PLL 时钟的时钟源要先经过一个分频系数为 M 的分频器，然后经过倍频系数为 N 的倍频器之后还需要经过一个分频系数为 P（第一个输出 PLLP）或 Q（第二个输出 PLLQ）的分频器分频，最后才生成最终的主 PLL 时钟。

例如，外部晶振选择 25MHz，同时设置相应的分频器 $M=25$，倍频器倍频系数 $N=360$，分频器分频系数 $P=2$，那么主 PLL 生成的第一个输出高速时钟 PLLP 为

$$PLL=25MHz N/(MP)=25MHz×360/(25×2)=180MHz$$

如果选择 HSE 为 PLL 时钟源,同时 SYSCLK 时钟源为 PLL,那么 SYSCLK 时钟为 180MHz。本书中的实验均采用这样的配置。

下面通过一些比较常用的时钟知识来讲解 5 个时钟源为各个外设及系统提供时钟的方法(图 2.2 中以 A~O 标示了相关内容)。

1)标示 A 处是"看门狗"时钟输入。从图 2.2 中可以看出,"看门狗"时钟源只能是低速的 LSI 时钟。

2)标示 B 处是 RTC 时钟源。从图 2.2 中可以看出,RTC 的时钟源可以选择 LSI、LSE 及 HSE 分频后的时钟,HSE 分频系数为 2~31。

3)标示 C 处是 STM32F429 输出时钟 MCO1 和 MCO2。MCO1 向芯片的 PA8 引脚输出时钟频率。它有 4 个时钟来源分别为 HIS、LSE、HSE 和 PLL 时钟。MCO2 向芯片的 PC9 输出时钟频率,它同样有 4 个时钟来源分别为 HSE、PLL、SYSCLK 及 PLLI2S 时钟。MCO 输出时钟频率最大不超过 100MHz。

4)标示 D 处是系统时钟。从图 2.2 中可以看出,SYSCLK 系统时钟来源有 3 个方面:HIS、HSE 和 PLL。在实际应用中,因为对时钟速度要求都比较高才会选用 STM32F429 这种级别的处理器,所以一般情况下采用 PLL 作为 SYSCLK 时钟源。根据前面的计算公式,就可以算出所用系统的 SYSCLK 频率。

5)标示 E 处是指以太网 PTP 时钟、AHB 时钟、APB2 高速时钟、APB1 低速时钟。这些时钟均来源于 SYSCLK 系统时钟。其中,以太网 PTP 时钟是使用系统时钟。AHB、APB2 和 APB1 时钟是经过 SYSCLK 时钟分频得来的。AHB 最大时钟频率为 168MHz,APB2 高速时钟最大频率为 84MHz,而 APB1 低速时钟最大频率为 42MHz。

6)标示 F 处是指 PLLI2S_R 时钟,可以作为 I2S 时钟源。

7)标示 G 处是指 PLLI2S_Q 时钟,可以作为 SAI1_A 和 SAI1_B 时钟来源。

8)标示 H 处是指 PLLSAI_Q 时钟,可以作为 SAI1_A 和 SAI1_B 时钟来源。

9)标示 I 处是指 PLLSAI_R 时钟,是 LCD-TFT(LTDC)接口时钟的唯一来源。

10)标示 J 处是 I2S 的时钟,通过寄存器 I2SSRC 选择内部 PLLI2SCLK 还是外部 I2SCKIN 作为时钟。阿波罗 STM32F429 没用到 I2S 音频接口(用 SAI),所以不需设置。

11)标示 K 处是 SAI1_A 的时钟,通过寄存器 SAI1ASRC 选择内部 PLLSAI_Q、PLLI2S_Q 还是外部 I2SCKIN 作为时钟。阿波罗 STM32F429 使用 SAI1_A 驱动 WM8978,时钟源来自 PLLSAI_Q。

12)标示 L 处是 SAI1_B 接口的时钟,通过寄存器 SAI1BSRC 选择内部 PLLSAI_Q、PLLI2S_Q 还是外部 I2SCKIN 作为时钟。阿波罗没用到 SAI1_B 输出,所以不需设置。

13)标示 M 处是 LTDC 接口的时钟,即 LTDC 的时钟,固定为 PLLSAI_R,不可更改。

14)标示 N 处是 STM32F4 内部以太网 MAC(media access control,介质访问控制)时钟的来源。对于 MII 接口来说,必须向外部 PHY 芯片提供 25MHz 的时钟,这个时钟可以由 PHY 芯片外接晶振,或使用 STM32F4 的 MCO 输出来提供。PHY 芯片再给 STM32F429 提供 ETH_MII_TX_CLK 和 ETH_MII_RX_CLK 时钟。对于 RMII 接口来说,外部必须提供 50MHz 的时钟驱动 PHY 和 STM32F4 的 ETH_RMII_REF_CLK,这个 50MHz 时钟可以来自 PHY、有源晶振或 STM32F4 的 MCO。开发板使用的是 RMII 接口,使用 PHY 芯片提供 50MHz 时钟驱动 STM32F429 的 ETH_RMII_REF_CLK。

15)标示 O 处是指外部 PHY 提供的 USB OTG HS(60MHz)时钟。

　　这里还需要说明的是，Cortex 系统定时器 Systick 的时钟源可以是 AHB 时钟 HCLK 或 HCLK 的 8 分频。具体配置请参考 Systick 定时器配置，1.2 节已经介绍了 delay 文件夹代码，这里不再赘述。

　　在以上的时钟输出中，很多是带使能控制的，如 AHB 总线时钟、内核时钟、各种 APB1 外设、APB2 外设等。当需要使用某模块时，应先使能对应的时钟。

2.2.2　STM32F429 时钟初始化配置

　　2.2.1 节对 STM32F429 时钟树进行了详细讲解，本节讲解通过 STM32F4 的 HAL 库进行 STM32F429 时钟系统配置的步骤。实际上，STM32F4 的时钟系统配置也可以通过图形化配置工具 STM32CubeMX 来配置生成，这里讲解初始化代码，让读者对 STM32 时钟系统有更加清晰的理解。

　　在系统启动之后，程序会先执行 HAL 库定义的 SystemInit()函数，进行系统初始化配置，因此先介绍 SystemInit()代码：

```
void SystemInit(void)
{
    /* FPU 设置----------------------------------------------------------*/
    #if (__FPU_PRESENT == 1) && (__FPU_USED == 1)
        SCB->CPACR |= ((3UL << 10*2)|(3UL << 11*2)); /* set CP10 and CP11
            Full Access */
    #endif
    /* 复位 RCC 时钟配置为默认配置------------*/
    RCC->CR |= (uint32_t)0x00000001; //打开 HSION 位
    RCC->CFGR = 0x00000000;          //复位 CFGR 寄存器
    RCC->CR &= (uint32_t)0xFEF6FFFF; //复位 HSEON、CSSON、PLLON 位
    RCC->PLLCFGR = 0x24003010;       //复位寄存器 PLLCFGR
    RCC->CR &= (uint32_t)0xFFFBFFFF; //复位 HSEBYP 位
    RCC->CIR = 0x00000000;           //关闭所有中断

    #if defined (DATA_IN_ExtSRAM) || defined (DATA_IN_ExtSDRAM)
        SystemInit_ExtMemCtl();
    #endif /* DATA_IN_ExtSRAM || DATA_IN_ExtSDRAM */

    /* 配置中断向量表地址=基地址+偏移地址 --------------------*/
    #ifdef VECT_TAB_SRAM
        SCB->VTOR = SRAM_BASE | VECT_TAB_OFFSET;
    #else
        SCB->VTOR = FLASH_BASE | VECT_TAB_OFFSET;
    #endif
}
```

从上面代码可以看出，SystemInit()主要做了如下 4 个方面的工作：

1）FPU 设置。

2）复位 RCC 时钟配置为默认复位值（默认开始了 HIS）。

3）外部存储器配置。

4）中断向量表地址配置。

HAL 库的 SystemInit()函数并没有像标准库的 SystemInit()函数一样进行时钟的初始化配置。HAL 库的 SystemInit()函数除了打开 HSI 之外，没有任何与时钟相关的配置，所以使用 HAL 库必须编写相应的时钟配置函数。打开工程模板查看在工程 SYSTEM 分组下面定义的 sys.c 文件中的时钟初始化函数 Stm32_Clock_Init()的内容：

```
//时钟设置函数
//VCO 频率 Fvco=Fs*(plln/pllm)
//系统时钟频率 Fsys=Fvco/pllp=Fs*(plln/(pllm*pllp))
//USB、SDIO、RNG 等的时钟频率 Fusb=Fvco/pllq=Fs*(plln/(pllm*pllq))

//Fs:PLL 输入时钟频率，可以是 HIS、HSE 等
//plln:主 PLL 倍频系数(PLL 倍频)，取值范围为 64～432
//pllm:主 PLL 和音频 PLL 分频系数(PLL 之前的分频)，取值范围为 2～63
//pllp:系统时钟的主 PLL 分频系数(PLL 之后的分频)，取值范围为 2、4、6、8(仅限这 4 个值!)
//pllq:USB/SDIO/随机数产生器等的主 PLL 分频系数(PLL 之后的分频)，取值范围为 2～15

//外部晶振为 25MHz 时，推荐值为 plln=360，pllm=25，pllp=2，pllq=8
//得到 Fvco=25*(360/25)=360MHz
//Fsys=360/2=180MHz
//Fusb=360/8=45MHz
//返回值:0，成功；1，失败
void Stm32_Clock_Init(u32 plln,u32 pllm,u32 pllp,u32 pllq)
{
    HAL_StatusTypeDef ret = HAL_OK;
    RCC_OscInitTypeDef RCC_OscInitStructure;
    RCC_ClkInitTypeDef RCC_ClkInitStructure;
    __HAL_RCC_PWR_CLK_ENABLE();                      //使能 PWR 时钟
    //下面这个设置的作用是设置调压器输出电压级别，以便在器件未以最大频率工作时
    //使性能与功耗实现平衡，此功能只有 STM32F42xx 和 STM32F43xx 器件有
    __HAL_PWR_VOLTAGESCALING_CONFIG(PWR_REGULATOR_VOLTAGE_SCALE1);
    RCC_OscInitStructure.OscillatorType=RCC_OSCILLATORTYPE_HSE;
                                                     //时钟源为 HSE
    RCC_OscInitStructure.HSEState=RCC_HSE_ON;        //打开 HSE
    RCC_OscInitStructure.PLL.PLLState=RCC_PLL_ON; //打开 PLL
    RCC_OscInitStructure.PLL.PLLSource=RCC_PLLSOURCE_HSE;
                                                     //PLL 时钟源为 HSE
    RCC_OscInitStructure.PLL.PLLM=pllm;
    RCC_OscInitStructure.PLL.PLLN=plln;
    RCC_OscInitStructure.PLL.PLLP=pllp;
    RCC_OscInitStructure.PLL.PLLQ=pllq;
    ret=HAL_RCC_OscConfig(&RCC_OscInitStructure);
    if(ret!=HAL_OK) while(1);
    ret=HAL_PWREx_EnableOverDrive();                 //开启 Over-Driver 功能
    if(ret!=HAL_OK) while(1);
    //选中 PLL 作为系统时钟源并且配置 HCLK、PCLK1 和 PCLK2
    RCC_ClkInitStructure.ClockType=(RCC_CLOCKTYPE_SYSCLK
```

```
        |RCC_CLOCKTYPE_HCLK|RCC_CLOCKTYPE_PCLK1|RCC_CLOCKTYPE_PCLK2);
    RCC_ClkInitStructure.SYSCLKSource=RCC_SYSCLKSOURCE_PLLCLK;
    RCC_ClkInitStructure.AHBCLKDivider=RCC_SYSCLK_DIV1;
    RCC_ClkInitStructure.APB1CLKDivider=RCC_HCLK_DIV4;
    RCC_ClkInitStructure.APB2CLKDivider=RCC_HCLK_DIV2;
    ret=HAL_RCC_ClockConfig(&RCC_ClkInitStructure,FLASH_LATENCY_5);
    if(ret!=HAL_OK) while(1);
}
```

从函数注释可知，函数 Stm32_Clock_Init()的作用是进行时钟系统配置，除了配置 PLL 相关参数确定SYSCLK值之外，还配置了AHB、APB1和APB2的分频系数，也就是确定了HCLK、PCLK1 和 PCLK2 的时钟值。使用 HAL 库配置 STM32F429 时钟系统的一般步骤如下：

1）使能 PWR 时钟。调用函数__HAL_RCC_PWR_CLK_ENABLE()。

2）设置调压器输出电压级别。调用函数__HAL_PWR_VOLTAGESCALING_CONFIG()。

3）选择是否开启 Over-Driver 功能。调用函数 HAL_PWREx_EnableOverDrive()。

4）配置时钟源相关参数。调用函数 HAL_RCC_OscConfig()。

5）配置系统时钟源及 AHB、APB1 和 APB2 的分频系数。调用函数 HAL_RCC_ClockConfig()。

步骤 2）和步骤 3）具有一定的关联性，在说明步骤 1）、步骤 4）、步骤 5）后再进行说明。对于步骤 1），之所以要使能 PWR 时钟，是因为后面的步骤设置调压器输出电压级别及开启 Over-Driver 功能都是电源控制的相关配置，所以必须开启 PWR 时钟。下面重点说明步骤 4）和步骤 5）的内容，这也是时钟系统配置的关键步骤。

对于步骤4），使用 HAL 来配置时钟源相关参数，调用的函数为HAL_RCC_OscConfig()，该函数在 HAL 库关键头文件 stm32f4xx_hal_rcc.h 中声明，在文件 stm32f4xx_hal_rcc.c 中定义。首先来看看该函数声明：__weak。

```
HAL_StatusTypeDef HAL_RCC_OscConfig(RCC_OscInitTypeDef *RCC_OscInitStruct);
```

该函数只有一个入口参数，即结构体 RCC_OscInitTypeDef 类型指针。结构体 RCC_OscInitTypeDef 的定义如下：

```
typedef struct
{
    uint32_t OscillatorType;           //需要选择配置的振荡器类型
    uint32_t HSEState;                 //HSE 状态
    uint32_t LSEState;                 //LSE 状态
    uint32_t HSIState;                 //HIS 状态
    uint32_t HSICalibrationValue;      //HIS 校准值
    uint32_t LSIState;                 //LSI 状态
    RCC_PLLInitTypeDef PLL;            //PLL 配置
}RCC_OscInitTypeDef;
```

对于这个结构体，前面几个参数主要用来选择配置的振荡器类型。例如，要开启 HSE，则先设置 OscillatorType 的值为 RCC_OSCILLATORTYPE_HSE，然后设置 HSEState 的值为 RCC_HSE_ON 以开启 HSE。对于其他时钟源，即 HIS、LSI 和 LSE，配置方法类似。这个结构体还有一个很重要的成员变量，即 PLL，它是结构体 RCC_PLLInitTypeDef 类型。其作用是配置 PLL 相关参数，定义如下：

```
typedef struct
{
    uint32_t PLLState;                              //PLL 状态
    uint32_t PLLSource;                             //PLL 时钟源
    uint32_t PLLM;                                  //PLL 分频系数 M
    uint32_t PLLN;                                  //PLL 倍频系数 N
    uint32_t PLLP;                                  //PLL 分频系数 P
    uint32_t PLLQ;                                  //PLL 分频系数 Q
}RCC_PLLInitTypeDef;
```

从 RCC_PLLInitTypeDef;结构体的定义很容易看出其主要用来设置 PLL 时钟源及相关分频倍频参数。

这个结构体的定义不做过多介绍。时钟初始化函数 Stm32_Clock_Init()中的配置内容如下：

```
RCC_OscInitStructure.OscillatorType=RCC_OSCILLATORTYPE_HSE;
                                                //时钟源为 HSE
RCC_OscInitStructure.HSEState=RCC_HSE_ON;       //打开 HSE
RCC_OscInitStructure.PLL.PLLState=RCC_PLL_ON;   //打开 PLL
RCC_OscInitStructure.PLL.PLLSource=RCC_PLLSOURCE_HSE;//PLL 时钟源为 HSE
RCC_OscInitStructure.PLL.PLLM=pllm;
RCC_OscInitStructure.PLL.PLLN=plln;
RCC_OscInitStructure.PLL.PLLP=pllp;
RCC_OscInitStructure.PLL.PLLQ=pllq;
ret=HAL_RCC_OscConfig(&RCC_OscInitStructure);
```

通过该段函数，开启了 HSE 时钟源，同时选择 PLL 时钟源为 HSE，将 Stm32_Clock_Init() 的 4 个入口参数直接设置作为 PLL 的参数 M、N、P 和 Q 的值，达到设置 PLL 时钟源相关参数的目的。设置好 PLL 时钟源参数之后，也就确定了 PLL 的时钟频率，此后需要设置系统时钟，以及 AHB、APB1 和 APB2 相关参数，即步骤 5）。

步骤 5）中提到的 HAL_RCC_ClockConfig()函数，其声明如下：

```
HAL_StatusTypeDef
HAL_RCC_ClockConfig(RCC_ClkInitTypeDef *RCC_ClkInitStruct,
    uint32_t FLatency);
```

该函数有两个入口参数，第一个入口参数 RCC_ClkInitStruct 是 RCC_ClkInitTypeDef 结构体指针，用来设置 SYSCLK 时钟源及 AHB、APB1 和 APB2 的分频系数；第二个入口参数 FLatency 用来设置 Flash 延迟，这个参数在介绍步骤 2）和步骤 3）时进行介绍。

RCC_ClkInitTypeDef结构体类型定义非常简单，这里不再列出。下面介绍Stm32_Clock_Init()函数中的配置内容：

```
//选中 PLL 作为系统时钟源并且配置 HCLK、PCLK1 和 PCLK2
RCC_ClkInitStructure.ClockType=(RCC_CLOCKTYPE_SYSCLK|
    RCC_CLOCKTYPE_HCLK|RCC_CLOCKTYPE_PCLK1|RCC_CLOCKTYPE_PCLK2);
RCC_ClkInitStructure.SYSCLKSource=RCC_SYSCLKSOURCE_PLLCLK;
```

```
                                                    //系统时钟源 PLL
RCC_ClkInitStructure.AHBCLKDivider=RCC_SYSCLK_DIV1; //AHB 分频系数为 1
RCC_ClkInitStructure.APB1CLKDivider=RCC_HCLK_DIV4;  //APB1 分频系数为 4
RCC_ClkInitStructure.APB2CLKDivider=RCC_HCLK_DIV2;  //APB2 分频系数为 2
ret=HAL_RCC_ClockConfig(&RCC_ClkInitStructure,FLASH_LATENCY_5);
```

第一个参数 ClockType 配置说明要配置的是 SYSCLK、HCLK、PCLK1 和 PCLK2 这 4 个时钟。

第二个参数 SYSCLKSource 配置选择系统时钟源为 PLL。

第三个参数 AHBCLKDivider 配置 AHB 分频系数为 1。

第四个参数 APB1CLKDivider 配置 APB1 分频系数为 4。

第五个参数 APB2CLKDivider 配置 APB2 分频系数为 2。

根据在主函数中调用 Stm32_Clock_Init(360,25,2,8)时设置的入口参数值，可以计算出 PLL 时钟为 PLLCLK=HSE×N/M×P=25MHz×360/(25×2)=180MHz，同时选择系统时钟源为 PLL，所以系统时钟 SYSCLK=180MHz。AHB 分频系数为 1，故其频率为 HCLK=SYSCLK/1=180MHz。APB1 分频系数为 4，故其频率为 PCLK1=HCLK/4=45MHz。APB2 分频系数为 2，故其频率为 PCLK2=HCLK/2=180MHz/2=90MHz。通过调用函数 Stm32_Clock_Init(360,25,2,8)之后的关键时钟频率值如下：

```
SYSCLK(系统时钟)                    =180MHz
PLL 主时钟                          =180MHz
AHB 总线时钟（HCLK=SYSCLK/1）        =180MHz
APB1 总线时钟（PCLK1=HCLK/4）        =45MHz
APB2 总线时钟（PCLK2=HCLK/2）        =90MHz
```

下面介绍步骤 2）、步骤 3）及步骤 5）中函数 HAL_RCC_ClockConfig()第二个入口参数 FLatency 的含义。调压器输出电压级别 VOS、Over-Driver 功能开启及 Flash 的延迟 Latency 这 3 个参数，在芯片电源电压和 HCLK 固定之后，它们的值也是固定的。下面首先介绍调压器输出电压级别 VOS，它是由 PWR 控制寄存器 CR 的位 15:14 来确定的，即

```
位 15:14 VOS[1:0]
```

00：保留（默认模式 3 选中）。

01：级别 3，HCLK 最大频率 120MHz。

10：级别 2，HCLK 最大频率 144MHz。

11：级别 1，HCLK 最大频率 168MHz，通过开启 Over-Driver 模式可以达到 180MHz。

所以，要配置 HCLK 时钟为 180MHz，也就是在 AHB 的分频系数为 1 的情况下需要系统时钟为 180MHz，必须配置调压器输出电压级别 VOS 为级别 1，同时开启 Over-Driver 功能。所以，函数 Stm32_Clock_Init()中步骤 3）的源码如下：

```
//步骤 3），设置调压器输出电压级别 1
__HAL_PWR_VOLTAGESCALING_CONFIG(PWR_REGULATOR_VOLTAGE_SCALE1);
ret=HAL_PWREx_EnableOverDrive();              //开启 Over-Driver 功能
```

配置好调压器输出电压级别 VOS 和 Over-Driver 功能之后，如果需要 HCLK 达到 180MHz，还需要配置 Flash 延迟 Latency。对于 STM32F429/439 系列，Flash 延迟配置参数

值是通过表 2.1 来确定的。

表 2.1　STM32F429/439 系列等待周期表

等待周期（Latency）	HCLK/MHz			
	电压范围 2.7~3.6V	电压范围 2.4~2.7V	电压范围 2.1~2.4V	电压范围 1.8~2.1V 预取关闭
0 WS（1 个 CPU 周期）	0<HCLK≤30	0<HCLK≤24	0<HCLK≤22	0<HCLK≤20
1 WS（2 个 CPU 周期）	30<HCLK≤60	24<HCLK≤48	22<HCLK≤44	20<HCLK≤40
2 WS（3 个 CPU 周期）	60<HCLK≤90	48<HCLK≤72	44<HCLK≤66	40<HCLK≤60
3 WS（4 个 CPU 周期）	90<HCLK≤120	72<HCLK≤96	66<HCLK≤88	60<HCLK≤80
4 WS（5 个 CPU 周期）	120<HCLK≤150	96<HCLK≤120	88<HCLK≤110	80<HCLK≤100
5 WS（6 个 CPU 周期）	150<HCLK≤180	120<HCLK≤144	110<HCLK≤132	100<HCLK≤120
6 WS（7 个 CPU 周期）		144<HCLK≤168	132<HCLK≤154	120<HCLK≤140
7 WS（8 个 CPU 周期）		168<HCLK≤180	154<HCLK≤176	140<HCLK≤160
8 WS（9 个 CPU 周期）			176<HCLK≤180	160<HCLK≤168

从表 2.1 可以看出，在电压为 3.3V 的情况下，如果需要 HCLK 为 180MHz，那么等待周期必须为 5WS，也就是 6 个 CPU 周期。下面介绍在 Stm32_Clock_Init 中调用函数 HAL_RCC_ClockConfig()时的第二个入口参数设置值：

```
ret=HAL_RCC_ClockConfig(&RCC_ClkInitStructure,FLASH_LATENCY_5);
```

可以看出，设置值为 FLASH_LATENCY_5，也就是 5WS，即 6 个 CPU 周期，与预期一致。

2.2.3　STM32F429 时钟使能和配置

2.2.2 节介绍了时钟系统的配置步骤。在配置好时钟系统之后，如果要使用某些外设，如 GPIO、ADC（analog to digital converter，模数转换器）等，则要使能这些外设时钟。如果在使用外设之前没有使能外设时钟，则这个外设是不可能正常运行的。STM32 系列单片机的外设时钟使能是在 RCC 相关寄存器中配置的。因为 RCC 相关寄存器非常多，有兴趣的读者可以直接在《STM32F4××中文参考手册》6.3 节查看所有 RCC 相关寄存器的配置。下面介绍 STM32F4 的 HAL 库使能外设时钟的方法。

在 STM32F4 的 HAL 库中，外设时钟使能操作都是在 RCC 相关固件库文件 stm32f4xx_hal_rcc.h 头文件中定义的。打开 stm32f4xx_hal_rcc.h 头文件可以看到文件中除了少数几个函数声明之外大部分是宏定义标识符。外设时钟使能在 HAL 库中都是通过宏定义标识符来实现的。下面介绍 GPIOA 的外设时钟使能宏定义标识符：

```
#define __HAL_RCC_GPIOA_CLK_ENABLE()
do { \
    __IO uint32_t tmpreg = 0x00; \
    SET_BIT(RCC->AHB1ENR, RCC_AHB1ENR_GPIOAEN);\
    tmpreg = READ_BIT(RCC->AHB1ENR, RCC_AHB1ENR_GPIOAEN);\
    UNUSED(tmpreg);
} while(0)
```

这几行代码非常简单，主要定义了一个宏定义标识符__HAL_RCC_GPIOA_CLK_ENABLE()，它的核心操作是通过下面代码实现的：

```
SET_BIT(RCC->AHB1ENR, RCC_AHB1ENR_GPIOAEN);
```

这行代码的作用是设置寄存器 RCC->AHB1ENR 的相关位为 1，至于是哪个位，由宏定义标识符 RCC_AHB1ENR_GPIOAEN 的值决定，而它的值为

```
#define RCC_AHB1ENR_GPIOAEN ((uint32_t)0x00000001)
```

所以，很容易理解上面代码的作用是设置寄存器 RCC->AHB1ENR 寄存器的最低位为 1。可以从 STM32F4 的中文参考手册中搜索 AHB1ENR 寄存器定义，最低位的作用是使用 GPIOA 时钟。AHB1ENR 寄存器的位 0 描述如下：

位 0 GPIOAEN：I/O 端口 A 时钟使能，由软件置 1 和清零。

0：禁止 I/O 端口 A 时钟。

1：使能 I/O 端口 A 时钟。

只需要在用户程序中调用宏定义标识符__HAL_RCC_GPIOA_CLK_ENABLE()，就可以实现 GPIOA 时钟使能。使用方法为

```
__HAL_RCC_GPIOA_CLK_ENABLE();          //使能 GPIOA 时钟
```

对于其他外设，同样是在 stm32f4xx_hal_rcc.h 头文件中定义的，只需要找到相关宏定义标识符即可，这里列出几个常用使能外设时钟的宏定义标识符使用方法：

```
__HAL_RCC_DMA1_CLK_ENABLE();           //使能 DMA1 时钟
__HAL_RCC_USART2_CLK_ENABLE();         //使能串口 2 时钟
__HAL_RCC_TIM1_CLK_ENABLE();           //使能 TIM1 时钟
```

使用外设时需要使能外设时钟，如果不需要使用某个外设，同样可以禁止这个外设时钟。禁止外设时钟使用的方法和使能外设时钟非常类似，同样使用头文件中定义的宏定义标识符。以 GPIOA 为例，宏定义标识符为

```
#define __HAL_RCC_GPIOA_CLK_DISABLE() \
          (RCC->AHB1ENR &= ~(RCC_AHB1ENR_GPIOAEN))
```

宏定义标识符__HAL_RCC_GPIOA_CLK_DISABLE()的作用是设置 RCC->AHB1ENR 寄存器的最低位为 0，也就是禁止 GPIOA 时钟。具体使用方法这里不再介绍。下面列出了几个常用的禁止外设时钟的宏定义标识符使用方法：

```
__HAL_RCC_DMA1_CLK_DISABLE();          //禁止 DMA1 时钟
__HAL_RCC_USART2_CLK_DISABLE();        //禁止串口 2 时钟
__HAL_RCC_TIM1_CLK_DISABLE();          //禁止 TIM1 时钟
```

2.3　NVIC 中断管理

CM4 内核支持 256 个中断，其中包含 16 个内核中断和 240 个外部中断，并且具有 256 级的可编程中断设置。但 STM32F429 并没有使用 CM4 内核的全部内容，而是只用了它的一部分。STM32F429××/STM32F439××共有 101 个中断，以下仅以 STM32F429××为

例进行讲解。

STM32F429××的 101 个中断包括 10 个内核中断和 91 个可屏蔽中断,具有 16 级可编程的中断优先级,而常用的是 91 个可屏蔽中断。在 MDK 内,与 NVIC 相关的寄存器,MDK 为其定义了如下结构体:

```
typedef struct
{
    __IO uint32_t ISER[8];
        uint32_t RESERVED0[24];
    __IO uint32_t ICER[8];
        uint32_t RSERVED1[24];
    __IO uint32_t ISPR[8];
        uint32_t RESERVED2[24];
    __IO uint32_t ICPR[8];
        uint32_t RESERVED3[24];
    __IO uint32_t IABR[8];
        uint32_t RESERVED4[56];
    __IO uint8_t  IP[240];
        uint32_t RESERVED5[644];
    __O uint32_t STIR;
} NVIC_Type;
```

STM32F429 的中断在这些寄存器的控制下有序地执行。只有了解这些中断寄存器,才能方便地使用 STM32F429 的中断。下面重点介绍这几个寄存器。

ISER[8]:全称是 interrupt set-enable registers,这是一个中断使能寄存器组。CM4 内核支持 256 个中断,这里用 8 个 32 位寄存器来控制,每个位控制一个中断。但是,STM32F429 的可屏蔽中断最多只有 91 个,所以,有用的就是 3 个寄存器(ISER[0~2]),可以表示 96 个中断,而 STM32F429 只用了其中的前 91 个。ISER[0]的 bit0~31 分别对应中断 0~31;ISER[1]的 bit0~32 对应中断 32~63;ISER[2]的 bit0~26 对应中断 64~90;这样 91 个中断就分别对应上了。要使能某个中断,必须设置相应的 ISER 位为 1,使该中断被使能(这里仅仅是使能,还要配合中断分组、屏蔽、I/O 口映射等设置才算是一个完整的中断设置)。具体每一位对应哪个中断,请参考 STM32F429xx.h 中的第 84 行处。

ICER[8]:全称是 interrupt clear-enable registers,是一个中断除能寄存器组。该寄存器组与 ISER 的作用恰好相反,是用来清除某个中断使能的。其对应位的功能和 ISER 一样。要专门设置一个 ICER 来清除中断位,而不是向 ISER 写 0 来清除,这是因为 NVIC 的这些寄存器都是写 1 有效,写 0 是无效的。

ISPR[8]:全称是 interrupt set-pending registers,是一个中断挂起控制寄存器组。每个位对应的中断和 ISER 是一样的。通过置 1,可以将正在进行的中断挂起,而执行同级或更高级别的中断。这些寄存器写 0 是无效的。

ICPR[8]:全称是 interrupt clear-pending registers,是一个中断解挂控制寄存器组。其作用与 ISPR 相反,对应位也和 ISER 是一样的。通过设置 1,可以将挂起的中断解挂。这些寄存器写 0 无效。

IABR[8]:全称是 interrupt active bit registers,是一个中断激活标志位寄存器组。对应

位所代表的中断和 ISER 一样，如果为 1，则表示该位所对应的中断正在被执行。这是一个只读寄存器，通过它可以了解当前执行的中断是哪一个。在中断执行完后由硬件自动清零。

IP[240]：全称是 interrupt priority registers，是一个中断优先级控制的寄存器组。这个寄存器组相当重要，STM32F429 的中断分组与这个寄存器组密切相关。IP 寄存器组由 240 个 8 位寄存器组成，每个可屏蔽中断占用 8 位，这样可以表示 240 个可屏蔽中断。而 STM32F429 只用到了其中的 91 个。IP[90]~IP[0]分别对应中断 90~0。每个可屏蔽中断占用的 8 位并没有全部使用，只用了高 4 位。这 4 位又分为抢占优先级和子优先级，抢占优先级在前，子优先级在后。这两个优先级各占几位要根据 SCB->AIRCR 中的中断分组设置来决定。

这里简单介绍 STM32F429 的中断分组。STM32F429 将中断分为 5 个组，即组 0~4。该分组的设置是由 SCB->AIRCR 寄存器的 bit10~8 来定义的。AIRCR 中断优先级分组设置如表 2.2 所示。

表 2.2 AIRCR 中断优先级分组设置

组	AIRCR[10:8]	bit[7:4]分配情况	分配结果
0	111	0:4	0 位抢占优先级，4 位响应优先级
1	110	1:3	1 位抢占优先级，3 位响应优先级
2	101	2:2	2 位抢占优先级，2 位响应优先级
3	100	3:1	3 位抢占优先级，1 位响应优先级
4	011	4:0	4 位抢占优先级，0 位响应优先级

通过表 2.2 可以清楚地看到组 0~4 对应的配置关系。例如，组设置为 3，那么此时每个中断的中断优先寄存器高 4 位中的最高 3 位是抢占优先级，低 1 位是响应优先级。对于每个中断，可以设置抢占优先级为 0~7，响应优先级为 1 或 0。抢占优先级的级别高于响应优先级，且数值越小所代表的优先级越高。

这里需要注意两点：第一，如果两个中断的抢占优先级和响应优先级一样，则哪个中断先发生先执行哪个中断；第二，高优先级的抢占优先级可以打断正在进行的低抢占优先级中断。对于抢占优先级相同的中断，高优先级的响应优先级不可以打断低响应优先级的中断。

例如，假定先设置中断优先级组为 2，然后设置中断 3（RTC_WKUP 中断）的抢占优先级为 2，响应优先级为 1。中断 6（外部中断 0）的抢占优先级为 3，响应优先级为 0。中断 7（外部中断 1）的抢占优先级为 2，响应优先级为 0。那么，这 3 个中断的优先级顺序为中断 7>中断 3>中断 6。

其中，中断 3 和中断 7 都可以打断中断 6 的执行。而中断 7 和中断 3 不可以相互打断。

通过以上介绍熟悉了 STM32F429 中断设置的大致过程。下面介绍如何使用 HAL 库实现以上中断分组设置及中断优先级管理，使中断配置简单化。NVIC 中断管理相关函数主要在 HAL 库关键文件 stm32f4xx_hal_cortex.c 中定义。

中断优先级分组函数 HAL_NVIC_SetPriorityGrouping() 的函数声明如下：

```
void HAL_NVIC_SetPriorityGrouping(uint32_t PriorityGroup);
```

这个函数的作用是对中断的优先级进行分组，其在系统中只需要被调用一次，分组一旦确定，最好不要更改，否则容易造成程序分组混乱。这个函数的函数体内容如下：

```
void HAL_NVIC_SetPriorityGrouping(uint32_t PriorityGroup)
{
    /* 检查参数 */
    assert_param(IS_NVIC_PRIORITY_GROUP(PriorityGroup));
    /* 根据 PriovityGroup 参数设置 PRIGROUP[10:8] 位 */
    NVIC_SetPriorityGrouping(PriorityGroup);
}
```

从函数体及注释可以看出，这个函数通过调用函数 NVIC_SetPriorityGrouping() 来进行中断优先级分组设置。函数 NVIC_SetPriorityGrouping() 是在 core_cm4.h 头文件中定义的。下面对 NVIC_SetPriorityGrouping() 函数的定义进行分析。定义如下：

```
__STATIC_INLINE void NVIC_SetPriorityGrouping(uint32_t PriorityGroup)
{
    uint32_t reg_value;
    uint32_t PriorityGroupTmp = (PriorityGroup & (uint32_t)0x07UL);
    reg_value=SCB->AIRCR;  /* 读取旧寄存器配置 */
    reg_value&=~((uint32_t)(SCB_AIRCR_VECTKEY_Msk
            |SCB_AIRCR_PRIGROUP_Msk));
    reg_value=(reg_value|((uint32_t)0x5FAUL << SCB_AIRCR_VECTKEY_Pos) |
            (PriorityGroupTmp << 8U));
    SCB->AIRCR=reg_value;
}
```

从函数内容可以看出，这个函数主要作用是通过设置 SCB->AIRCR 寄存器的值来设置中断优先级分组。

在函数 HAL_NVIC_SetPriorityGrouping() 的定义中可以看到，函数的开始有这样一行函数：

```
assert_param(IS_NVIC_PRIORITY_GROUP(PriorityGroup));
```

其中，函数 assert_param() 是断言函数，它的作用主要是对入口参数的有效性进行判断。也就是说，可以通过这个函数知道入口参数的范围。而其入口参数通过在 MDK 界面中双击选中 IS_NVIC_PRIORITY_GROUP，右击，在弹出的快捷菜单中选择 Go to defition of 命令，可以看到：

```
#define IS_NVIC_PRIORITY_GROUP(GROUP)
(((GROUP) == NVIC_PriorityGroup_0) ||\
((GROUP) == NVIC_PriorityGroup_1) || \
((GROUP) == NVIC_PriorityGroup_2) || \
((GROUP) == NVIC_PriorityGroup_3) || \
((GROUP) == NVIC_PriorityGroup_4))
```

可以看出，当 GROUP 的值为 NVIC_PriorityGroup_0～NVIC_PriorityGroup_4 时，IS_NVIC_PRIORITY_GROUP 的值才为真，即表 2.2 中的组 0～4 对应的入口参数为宏定义值 NVIC_PriorityGroup_0～NVIC_PriorityGroup_4。例如，设置整个系统的中断优先级分组

值为 2，方法如下：

```
HAL_NVIC_SetPriorityGrouping (NVIC_PriorityGroup_2);
```

这样就确定了中断优先级分组为 2，也就是 2 位抢占优先级，2 位响应优先级，抢占优先级和响应优先级的值的范围均为 0～3。

至此，读者应对怎么进行系统的中断优先级分组设置，以及中断优先级设置函数 HAL_NVIC_SetPriorityGrouping() 的内部函数实现有一定的理解。下面介绍在 HAL 库中调用 HAL_NVIC_SetPriorityGrouping() 函数进行分组设置的方法。

打开 stm32f4xx_hal.c 文件可以看到，文件内部定义了 HAL 库初始化函数 HAL_Init()。这个函数非常重要，其作用主要是对中断优先级分组，并对 Flash 及硬件层进行初始化，在系统主函数 main() 开头部分，都会首先调用 HAL_Init 函数进行一些初始化操作。在 HAL_Init() 内部，有一行代码：

```
HAL_NVIC_SetPriorityGrouping(NVIC_PRIORITYGROUP_4);
```

这行代码的作用是把系统中断优先级分组设置为分组 4。也就是说，在主函数中调用 HAL_Init() 函数之后，在 HAL_Init() 函数内部会通过调用 HAL_NVIC_SetPriorityGrouping() 函数来进行系统中断优先级分组设置。所以，要进行中断优先级分组设置，只需要修改 HAL_Init() 函数内部的这行代码即可。

下面介绍每个中断如何确定它的抢占优先级和响应优先级，官方 HAL 库文件 stm32f4xx_hal_cortex.c 中定义了 3 个中断优先级设置函数。具体如下：

```
void HAL_NVIC_SetPriority(IRQn_Type IRQn,uint32_t PreemptPriority,
    uint32_t SubPriority);
void HAL_NVIC_EnableIRQ(IRQn_Type IRQn);
void HAL_NVIC_DisableIRQ(IRQn_Type IRQn);
```

其中，第一个函数 HAL_NVIC_SetPriority() 用来设置单个优先级的抢占优先级和响应优先级的值。

第二个函数 HAL_NVIC_EnableIRQ() 用来使能某个中断通道。

第三个函数 HAL_NVIC_DisableIRQ() 用来清除某个中断使能，也就是中断失能。

注意，中断优先级分组和中断优先级设置是两个不同的概念。中断优先级分组用来设置整个系统的中断分组为哪个，分组号为 0～4，设置函数为 HAL_NVIC_SetPriorityGrouping，确定了中断优先级分组号，也就确定了系统对于单个中断的抢占优先级和响应优先级设置各占几位。设置好中断优先级分组，确定了分组号之后，就要对单个优先级进行中断优先级设置，即这个中断的抢占优先级和响应优先级的值，设置方法就是使用上面介绍的 3 个函数。

总结中断优先级设置的步骤如下：

1）系统开始运行时设置中断分组。确定组号，即确定抢占优先级和响应优先级的分配位数。设置函数为 HAL_NVIC_PriorityGroupConfig。对于 HAL 库，在文件 stm32f4xx_hal.c 内部定义函数 HAL_Init() 中调用 HAL_NVIC_PriorityGroupConfig() 函数进行相关设置，所以只需要修改 HAL_Init() 内部对中断优先级分组设置即可。

2）设置单个中断的中断优先级别和使能相应中断通道，用到的函数主要为函数 HAL_NVIC_SetPriority() 和函数 HAL_NVIC_EnableIRQ()。

2.4　寄存器地址映射

本节 HAL 库中结构体是与寄存器地址对应起来的结构。

首先介绍 51 系列单片机中结构体与寄存器地址的对应方式。51 单片机开发中经常会引用头文件 reg51.h，下面介绍它是怎么将名称和寄存器联系起来的：

```
sfr P0=0x80;
```

sfr 是一种扩充数据类型，占用一个内存单元，值域为 0～255。利用它可以访问 51 单片机内部的所有特殊功能寄存器。例如，用 sfr P1 = 0x90 这条语句定义 P1 为 P1 端口在片内的寄存器。向地址为 0x80 的寄存器设值的方法是 P0=value。

在 STM32 中，也可以通过同样的方式来实现相同的设置，但是 STM32 寄存器太多，如果以这样的方式一一列出来，既不方便开发，又显得太杂乱无序。所以，MDK 采用的方式是通过结构体来将寄存器组织在一起。下面重点介绍 MDK 是怎么将结构体和地址对应起来的，以达到通过修改结构体成员变量的值来操作对应寄存器值的目的。这些操作都是在 stm32f4xx.h 文件中完成的。

有兴趣的读者可查看《STM32F4××中文参考手册》中的寄存器地址映射表。这里以 GPIOA 为例。GPIOA 寄存器地址映射如表 2.3 所示。

表 2.3　GPIOA 寄存器地址映射

偏移	寄存器
0x00	GPIOA_MODER
0x04	GPIOA_OTYPER
0x08	GPIOA_OSPEEDER
0x0C	GPIOA_PUPDR
0x10	GPIOA_IDR
0x14	GPIOA_ODR
0x18	GPIOA_BSRR
0x1c	GPIOA_LCKR
0x20	GPIOA_AFRL
0x24	GPIOA_AFRH

从表 2.3 中可以看出，因为 GPIOA 寄存器都是 32 位的，所以每组 GPIOA 的 10 个寄存器中，每个寄存器占用 4 个地址，一共占用 40 个地址，地址偏移范围为 0x00～0x24。这个地址偏移是相对 GPIOA 的基地址而言的。那么，GPIOA 的基地址是怎么计算出来的呢？因为 GPIOA 均挂载在 AHB1 总线之上，所以它的基地址是由 AHB1 总线的基地址加上 GPIOA 在 AHB1 总线上的偏移地址决定的。同理，便可以算出 GPIOA 基地址。首先打开 stm32f429xx.h 定位到 GPIO_TypeDef 的定义处：

```
typedef struct
{
    __IO uint32_t MODER;
```

```
    __IO uint32_t OTYPER;
    __IO uint32_t OSPEEDR;
    __IO uint32_t PUPDR;
    __IO uint32_t IDR;
    __IO uint32_t ODR;
    __IO uint32_t BSRR;
    __IO uint32_t LCKR;
    __IO uint32_t AFR[2];
} GPIO_TypeDef;
```

然后定位到：

```
#define GPIOA ((GPIO_TypeDef *) GPIOA_BASE)
```

可以看出，GPIOA 将 GPIOA_BASE 强制转换为 GPIO_TypeDef 结构体指针。也就是说，GPIOA 指向地址 GPIOA_BASE，GPIOA_BASE 存放的数据类型为 GPIO_TypeDef。在 MDK 中双击选中 GPIOA_BASE，右击，在弹出的快捷菜单中选择 Go to definition of 命令，便可以查看 GPIOA_BASE 的宏定义：

```
#define GPIOA_BASE (AHB1PERIPH_BASE + 0x0000)
```

依此类推，可以找到最顶层：

```
#define AHB1PERIPH_BASE (PERIPH_BASE + 0x00020000)
#define PERIPH_BASE ((uint32_t)0x40000000)
```

即可算出 GPIOA 的基地址位：

```
GPIOA_BASE= 0x40000000+0x00020000+0x0000=0x40020000
```

完成后查看《STM32F 中文参考手册》中 GPIOA 的基地址是否为 0x40020000。由表 2.4 可以看到，GPIOA 的起始地址，即基地址确实是 0x40020000。

表 2.4 GPIO 存储器地址映射表

地址范围	寄存器
0x4002 2000～0x4002 23FF	GPIOI
0x4002 1C00～0x4002 1FFF	GPIOH
0x4002 1800～0x4002 1BFF	GPIOG
0x4002 1400～0x4002 17FF	GPIOF
0x4002 1000～0x4002 13FF	GPIOE
0x4002 0C00～0x4002 0FFF	GPIOD
0x4002 0800～0x4002 0BFF	GPIOC
0x4002 0400～0x4002 07FF	GPIOB
0x4002 0000～0x4002 03FF	GPIOA

同样的方法，可以计算出其他外设的基地址。

求出 GPIOA 的基地址后，GPIOA 的 10 个寄存器的地址又是怎么计算出来的呢？已经介绍过 GPIOA 的各个寄存器对于 GPIOA 基地址的偏移地址，所以可以计算出每个寄存器的地址。

GPIOA 的寄存器的地址=GPIOA 基地址+寄存器相对 GPIOA 基地址的偏移值

这个偏移值在寄存器的地址映射表中可以查到。

结构体中这些寄存器又是如何与地址一一对应的呢？这里涉及结构体成员变量地址对齐方式方面的知识，这里不做详细介绍。在定义好地址对齐方式之后，每个成员变量对应的地址可以根据其基地址来计算。对于结构体类 GPIO_TypeDef，它的所有成员变量都是 32 位，成员变量地址具有连续性。所以，可以算出 GPIOA 指向的结构体成员变量的地址。GPIOA 各寄存器实际地址表如表 2.5 所示。

表 2.5　GPIOA 各寄存器实际地址表

寄存器	偏移地址	实际地址=基地址+偏移地址
GPIOA_MODER	0x00	0x40020000+0x00
GPIOA_OTYPER	0x04	0x40020000+0x04
GPIOA_OSPEEDER	0x08	0x40020000+0x08
GPIOA_PUPDR	0x0C	0x40020000+0x0C
GPIOA_IDR	0x10	0x40020000+0x10
GPIOA_ODR	0x14	0x40010800+0x14
GPIOA_BSRR	0x18	0x40020000+0x18
GPIOA_LCKR	0x1C	0x40020000+0x1C
GPIOA_AFRL	0x20	0x40020000+0x20
GPIOA_AFRH	0x24	0x40020000+0x24

将 GPIO_TypeDef 中定义的成员变量顺序和 GPIOx 寄存器地址映射表中的顺序进行对比可以发现，它们的顺序是一致的，如果不一致会导致地址混乱。这就是为什么固件库中的语句 GPIOA->BSRR=value;可以设置地址为 0x40020018（0x40020000+0x18(BSRR 偏移量)）的寄存器 BSRR 的值。这与 51 单片机中的语句 P0=value;用于设置地址为 0x80 的 P0 寄存器的值是一样的道理。

第3章 FPU 测试（Julia 分形）

本章介绍如何开启 STM32F429 的硬件 FPU，并对比使用硬件 FPU 和不使用硬件 FPU 的速度差别，以体现硬件 FPU 的优势。

3.1 FPU 概述

FPU 即浮点运算单元（float point unit）。对于定点 CPU（没有 FPU 的 CPU）来说，必须要按照 IEEE 754 标准的算法来完成浮点运算，是相当耗费时间的。对于有 FPU 的 CPU 来说，浮点运算只需几条指令即可，速度相当快。

STM32F4 属于 Cortex M4F 架构，带有 32 位单精度硬件 FPU，支持浮点指令集，具有高出 Cortex M0 和 Cortex M3 等数十倍甚至上百倍的运算性能。

STM32F4 的硬件要开启 FPU 是很简单的，通过一个名为协处理器控制寄存器（CPACR）的寄存器即可实现，该寄存器各位描述如图 3.1 所示。

31	30	29	28	27	26	25	24	23	22	21	20	19	18	17	16
				Reserved				CP11		CP10			Reserved		
								rw		rw					

15	14	13	12	11	10	9	8	7	6	5	4	3	2	1	0
								Reserved							

图 3.1 协处理器控制寄存器（CPACR）的各位描述

开启 FPU 时要设置 CP11 和 CP10 这 4 位，复位后，这 4 位的值都为 0，此时禁止访问协处理器(禁止了硬件 FPU)，将这 4 位都设置为 1，即可完全访问协处理器(开启硬件 FPU)，此时便可以使用 STM32F4 内置的硬件 FPU 了。CPACR 这 4 位的设置在 system_stm32f4xx_c 文件中进行，代码如下：

```
void SystemInit(void)
{
    /* FPU settings ------------------------------------------------*/
#if (__FPU_PRESENT == 1) && (__FPU_USED == 1)
    SCB->CPACR |= ((3UL << 10*2)|(3UL << 11*2));  //设置CP10和CP11完全访问
    #endif
    …                                               //省略部分代码
}
```

此部分代码是系统初始化函数的部分内容，功能是设置 CPACR 的 20～23 位为 1，以开启 STM32F4 的硬件 FPU 功能。从代码中可以看出，只要定义了全局宏定义标识符 __FPU_PRESENT 及 __FPU_USED 为 1，就可以开启硬件 FPU。其中，宏定义标识符

__FPU_PRESENT 用来确定处理器是否带 FPU 功能,标识符__FPU_USED 用来确定是否开启 FPU 功能。

实际上,因为 STM32F4 是带 FPU 功能的,所以在 stm32f429xx.h 头文件中默认定义 __FPU_PRESENT 为 1。打开文件搜索即可找到下面一行代码:

```
#define __FPU_PRESENT 1
```

但是,仅仅说明处理器有 FPU 是不够的,还需要开启 FPU 功能。开启 FPU 有两种方法,第一种方法是直接在头文件 STM32f429xx.h 中定义宏定义标识符__FPU_USED 的值为 1。第二种方法是直接在 MDK 编译器中进行设置,在 MDK5 编译器中,单击"魔术棒"按钮,弹出 Options for Target 'FPU_TEST'对话框,在 Target 选项卡中设置 Floating Point Hardware 为 Use Single Precision,如图 3.2 所示。

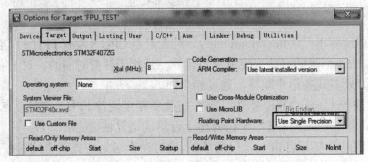

图 3.2 编译器开启硬件 FPU 选型

经过上述设置,编译器会自动加入标识符__FPU_USED 为 1。这样,遇到浮点运算就会使用硬件 FPU 相关指令,执行浮点运算,从而大大减少计算时间。

下面总结 STM32F4 硬件 FPU 使用的要点:

1)设置 CPACR 寄存器 bit20～23 为 1,使能硬件 FPU(参考 SystemInit()函数开头部分)。

2)MDK 编译器 Target 选项卡中 Floating Point Hardware 选项设置为 Use Single Precision。

经过上述设置,编写的浮点运算代码即可使用 STM32F4 的硬件 FPU 了,这样可以大大提高浮点运算速度。

3.2 分　　形

分形(fractal)理论属于现代数学的一个新分支:新的几何学。但其本质是一种新的世界观和方法论,为动力系统的混沌理论提供了强有力的描述工具,加之其在系统科学中的其他应用,因此被视为一种重要的系统理论。

分形理论揭示世界的局部可能在一定条件下、某些过程中,或在某一方面(形态、结构、信息、功能、时间、能量等)表现出与整体的相似性,认为空间维数的变化既可以是离散的又可以是连续的。

(1)分形的含义

分形的概念是美籍数学家曼德布罗特(Mandelbrot)首先提出的。1967 年,他在权威的《科学》杂志上发表了题为《英国的海岸线有多长？统计自相似和分数维度》的著名论文。海岸线作为曲线，其特征是极不规则、极不光滑，呈现极其蜿蜒复杂的变化。所以，不能从形状和结构上区分这部分海岸与那部分海岸有什么本质的不同，这种几乎同样程度的不规则性和复杂性，说明海岸线在形貌上是自相似的，也就是局部形态和整体形态的相似。在没有建筑物或其他东西作为参照物时，在空中拍摄的 100km 长的海岸线与放大了的10km 长海岸线的两张照片，看上去会十分相似。

事实上，具有自相似性的形态广泛存在于自然界中，如连绵的山川、飘浮的云朵、岩石的断裂口、粒子布朗运动的轨迹、树冠、花菜、大脑皮层等。曼德布罗特将这些部分与整体以某种方式相似的形体称为分形。1975 年，他创立了分形几何学（fractal geometry）。在此基础上形成了研究分形性质及其应用的科学，称为分形理论（fractal theory）。

（2）分形理论的重要原则

自相似原则和迭代生成原则是分形理论的重要原则，它表征分形在通常的几何变换下具有不变性，即标度无关性。

由于自相似性是从不同尺度的对称出发的，也就意味着递归。分形形体中的自相似性可以是完全相同的，也可以是统计意义上的相似。标准的自相似分形是数学上的抽象，迭代生成无限精细的结构，如科赫雪花曲线（图 3.3）、谢尔宾斯基三角形（图 3.4）等。这种有规分形只是少数，绝大部分分形是统计意义上的无规分形。

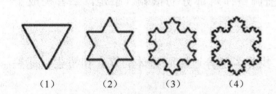

| (1) | (2) | (3) | (4) |

图 3.3 科赫雪花曲线

图 3.4 谢尔宾斯基三角形

分维作为分形的定量表征和基本参数，是分形理论的又一重要原则。分维又称分形维或分数维，通常用分数或带小数点的数表示。长期以来，人们习惯于将点定义为零维，直线为一维，平面为二维，空间为三维。爱因斯坦在相对论中引入时间维，就形成四维时空。对某一问题给予多方面的考虑，可建立高维空间，但都是整数维。在数学上，把欧氏空间的几何对象连续地拉伸、压缩、扭曲，维数不变，这就是拓扑维数。然而，这种传统的维数观受到了挑战。曼德布罗特曾描述过一个绳球的维数：从很远的距离观察这个绳球，可看作一点（零维）；从较近的距离观察，它充满了一个球形空间（三维）；再近一些，就看到了绳子（一维）；再向微观深入，绳子又变成了三维的柱，三维的柱又可分解成一维的纤维。那么，介于这些观察点之间的中间状态又如何呢？

显然，并没有绳球从三维对象变成一维对象的确切界限。数学家豪斯多夫（Hausdorff）在 1919 年提出了连续空间的概念，也就是空间维数是可以连续变化的，它可以是整数，也可以是分数，称为豪斯多夫维数，记作 Df，一般的表达式为 $K=L$Df，也作 $K=(1/L)^{-Df}$，取对数并整理得 Df=$\ln K/\ln L$，其中，L 为某客体沿其每个独立方向皆扩大的倍数，K 为得到的新客体是原客体的倍数。显然，Df 在一般情况下是一个分数。因此，曼德布罗特也把分形定义为豪斯多夫维数大于或等于拓扑维数的集合。英国的海岸线为什么测不准呢？因为欧氏一维测度与海岸线的维数不一致。根据曼德布罗特的计算，英国海岸线的维数为1.26。有了分维，海岸线的长度就可以确定了。

分形理论既是非线性科学的前沿和重要分支，又是一门新兴的横断学科。作为一种方法论和认识论，其启示是多方面的：一是分形整体与局部形态相似，启发人们通过认识部分来认识整体，从有限中认识无限；二是分形揭示了介于整体与部分、有序与无序、复杂与简单之间的新形态、新秩序；三是分形从一特定层面揭示了世界普遍联系和统一的图景。

（3）关于分形理论的哲学思考

一些富有探索精神的哲学家正在试图把分形的概念和思想抽象为一种方法论。它是一种辩证的思维方法和认识方法。部分与整体的关系是一对古老的哲学范畴，也是分形理论的研究对象。把复杂事物分解为要素来研究是一条方法论原则——简单性原则。哲学史上，人们很早就认识到，整体由部分组成，可通过认识部分来映象整体。系统中每一个元素都反映和含有整个系统的性质和信息，即元素映象系统，这可能是分形论的哲学基础之一。

从分析事物的视角方面来看，分形论和系统论分别体现了从两个极端出发的思路。它们之间的互补恰恰完整地构成了辩证的思维方法。系统论由整体出发来确立各部分的系统性质，它是沿着宏观到微观的方向考察整体与部分之间的相关性。而分形论则相反，它是从部分出发确立了部分依赖于整体的性质，是沿着微观到宏观的方向展开的。系统论强调了部分依赖于整体的性质，而分形论强调整体对部分的依赖。于是，二者构成了"互补"。

分形论的提出，具有以下几个方面的意义。

首先，它打破了整体与部分之间的隔膜，找到了部分过渡到整体的媒介和桥梁，即整体与部分之间的相似。

其次，分形论的提出使人们对整体与部分关系的思维方法由线性进展到非线性的阶段，并同系统论一起共同揭示了整体与部分之间多层面、多视角、多维度的联系方式。分形论从一个新的层面深化和丰富了整体与部分之间的辩证关系。

再次，分形论为人们认识世界提供了一种新的方法论，它为人们从部分中认知整体，从有限中认知无限提供了可能的根据。

最后，分形论的提出进一步丰富和深化了科学哲学思想中关于普遍联系和世界统一性的原理。这主要表现在两个方面：一是分形论从一个特定层面直接揭示了宇宙的统一图景，同时，分形论所揭示的整体与部分的内在联系方式，是对宇宙普遍联系与内在统一的具体机制的一种揭示。恩格斯曾经把存在于自然、社会和思维中的普遍联系称为一幅由种种联系和相互作用无穷无尽地交织起来的画面。这种联系的普遍机制应包括分形论。二是关于世界物质统一性，分形论可以从共时态与历史性两个维度上展开说明：一方面在自然界中蕴涵着历史的演化与嬗变的信息，另一方面部分与分形整体之间普遍的相似性编织了一张世界统一的网络。

分形论的产生，也是古代哲学思想在近代自然科学中的重现和历代思想家们智慧火花的积累。宗教典籍《华严经》的中心主题是所有事物和事件的统一及相互关系。这是大乘佛教的核心，也包括朴素神秘的分形思想。这在因陀罗网的隐喻中表现得很充分。

因陀罗网的隐喻可以说是东方圣贤在2500多年前提出的一个自相似分形模型。每一部分都与其他部分相似并包含整体信息的思想在《易经》《黄帝内经》中也有反映。不仅如此，在西方思想中也有自相似的影子。例如，威廉·布莱克就有这样著名的诗句：

从一粒沙看整个世界，

从一朵野花看整个天堂，

用手掌把握永远，

在一刻钟把握永恒。

在莱布尼兹的哲学中也出现了同样的思想。他把世界看成由基本物质，即"单子"所组成，它们每一个都反映了整个宇宙。莱布尼兹在他的《单子论》中写道：物质的一部分都可以看成是一个长满植物的花园，是充满鱼的池塘。但是每一棵植物，每一只动物，它们的每一滴汁液也是这样的花园或者池塘。

宇宙的基本统一性不但是东方哲学的主要特征，而且是现代物理学重要的发现之一。在量子物理学中有一派认为，自然界的组成部分彼此组成，或是自己的组成部分。这种观念是在 S 矩阵理论中产生的，称为"靴襻假设"（自己依靠自己的意思）。

杰弗里·丘将这种观念发展成了关于自然的"靴襻"哲学。这种哲学使现代物理学最终放弃了机械世界观，它把宇宙看成是相互关联事件的动态网络。在这张网络中没有任何部分的性质是基本的，它们都可以从其他部分的性质导出，它们相互关联的整体自洽性决定了整个网络的结构。"靴襻"哲学在相对论中获得了动态的含义，并在 S 矩阵理论中用反映概率的语言描述出来。这种自然观最接近东方的世界观，从它的一般哲学和物质的具体结构来说都与东方思想协调一致。道教认为，世界上所有现象都是道的一部分，而这种道是自然界固有的。《道德经》中有"人法地，地法天，天法道，道法自然"。这里的"道"，也可以认为是分形的实质，即自相似性和嵌套性。

由"靴襻假设"所产生的强子模型常常被概括成这样一句具有鼓动性的话："每一粒子都由其他所有粒子组成"。从 S 矩阵理论的动态和概率方面来说，每一个强子都是其他粒子组潜在的"束缚态"，这些粒子组的相互作用形成了所考虑的强子。因此，对于每一个强子的组成部分，它可以在组成部分之间进行交换，从而成为保持这种结构的力的一部分。在强子的"靴襻"中，所有的粒子都是彼此以与自己一致的方式动态地组成的，即它们互相"包含"。自相似概念的来源与"靴襻假设"有关，但其只取了"靴襻假设"的精髓。

古代哲学为分形论的诞生做好了思想准备，而分形论的创立为现代哲学关于普遍联系和统一的原理提供了最新的数理科学根据。同时，这方面的哲学思考为复杂性理论提供了分析工具。

3.3　Julia 分形

Julia 分形即 Julia 集，它最早由法国数学家加斯顿·朱利亚（Gaston Julia）发现，因此命名为 Julia 集。Julia 集合的生成算法非常简单：对于复平面的每个点，计算一个定义序列的发散速度。该序列的 Julia 集计算公式为

$$z_n+1 = z_n^2 + c$$

针对复平面的每个 $x + \mathrm{i}y$ 点，用 $c = c_x + \mathrm{i}c_y$ 计算该序列：

$$x_{n+1} + \mathrm{i}y_{n+1} = x_n^2 - y_n^2 + 2\mathrm{i}x_ny_n + c_x + \mathrm{i}c_y$$

$$x_n+1 = x_n^2 - y_n^2 + c_x, \quad y_{n+1} = 2x_ny_n + c_y$$

一旦计算出的复值超出给定圆的范围（数值大小大于圆半径），序列便会发散，达到此限值时完成的迭代次数与该点相关。随后将该值转换为颜色，以图形方式显示复平面上各个点的分散速度。

经过给定的迭代次数后，若产生的复值保持在圆范围内，则计算过程停止，并且序列不发散。本例程生成 Julia 分形图片的代码如下：

```
#define ITERATION 128              //迭代次数
#define REAL_CONSTANT 0.285f       //实部常量
#define IMG_CONSTANT 0.01f         //虚部常量
//产生 Julia 分形图形
//size_x, size_y:屏幕x、y方向的尺寸
//offset_x, offset_y:屏幕x、y方向的偏移
//zoom:缩放因子
void GenerateJulia_fpu(u16 size_x,u16 size_y,u16 offset_x,u16 offset_y,u16 zoom)
{
    u8 i; u16 x,y;
    float tmp1,tmp2;
    float num_real,num_img;
    float radius;
    for(y=0;y<size_y;y++)
    {
        for(x=0;x<size_x;x++)
        {
            num_real=y-offset_y;
            num_real=num_real/zoom;
            num_img=x-offset_x;
            num_img=num_img/zoom;
            i=0;
            radius=0;
            while((i<ITERATION-1)&&(radius<4))
            {
                tmp1=num_real*num_real;
                tmp2=num_img*num_img;
                num_img=2*num_real*num_img+IMG_CONSTANT;
                num_real=tmp1-tmp2+REAL_CONSTANT;
                radius=tmp1+tmp2;
                i++;
            }
            LCD->LCD_RAM=color_map[i];//绘制到屏幕
        }
    }
}
```

这种算法非常有效地展示了 FPU 的优势，即无须修改代码，只需在编译阶段激活或禁止 FPU（在 MDK 的 Floating Point Hardware 选项中设置 Use Single Precision/Not Used），即可测试使用硬件 FPU 和不使用硬件 FPU 的差距。

3.4　分　形　实　验

1. 实验目的

开机后，根据迭代次数生成颜色表（RGB565），然后计算 Julia 分形，并显示在液晶显示屏（liquid crystal display，LCD）上。同时，程序开启了定时器 3，用于统计一帧所要的时间（单位：ms），在一帧 Julia 分形图片显示完成后，程序会显示运行时间、当前是否使用 FPU 和缩放因子（zoom）等信息，方便观察对比。KEY0、KEY2 用于调节缩放因子，KEY_UP 用于设置是自动缩放，还是手动缩放。DS0 用于提示程序运行状况。

2. 硬件设计

本实验用到的资源如下：
1）指示灯 DS0。
2）3 个按键（KEY_UP、KEY0、KEY2）。
3）串口。
4）LCD 模块。

3. 软件设计

本章代码分成两个工程：
1）实验 48_1 FPU 测试（Julia 分形）实验_开启硬件 FPU。
2）实验 48_2 FPU 测试（Julia 分形）实验_关闭硬件 FPU。
这两个工程的代码相同，只是前者使用硬件 FPU 计算 Julia 分形集（MDK 参考图 3.2 设置 Use Single Precision），后者使用 IEEE 754 标准计算 Julia 分形集（MDK 参考图 3.2 设置不使用 FPU）。由于两个工程代码相同，这里仅介绍实验 48_1 FPU 测试（Julia 分形）实验_开启硬件 FPU。

本章代码在薄膜晶体管液晶显示器（thin film transistor-liquid crystal display，TFT-LCD）显示实验的基础上修改，打开 TFT-LCD 显示实验的工程，由于要统计帧时间和进行按键设置，因此在 HARDWARE 组下加入 timer.c 和 key.c 两个文件。

本章不需要添加其他.c 文件，所有代码均在 main.c 中实现，整个代码如下：

```
//FPU 模式提示
#if __FPU_USED==1
#define SCORE_FPU_MODE "FPU On"
#else
#define SCORE_FPU_MODE "FPU Off"
#endif
#define ITERATION 128              //迭代次数
#define REAL_CONSTANT 0.285f       //实部常量
#define IMG_CONSTANT 0.01f         //虚部常量
//颜色表
u16 color_map[ITERATION];
//缩放因子列表
```

```
const u16 zoom_ratio[] =
{
    120, 110, 100, 150, 200, 275, 350, 450,
    600, 800, 1000, 1200, 1500, 2000, 1500,
    1200, 1000, 800, 600, 450, 350, 275, 200,
    150, 100, 110,
};
//初始化颜色表
//clut:颜色表指针
void InitCLUT(u16 * clut)
{
    u32 i=0x00;
    u16 red=0,green=0,blue=0;
    for(i=0;i<ITERATION;i++)              //产生颜色表
    {
        //产生 RGB 颜色值
        red=(i*8*256/ITERATION)%256;
        green=(i*6*256/ITERATION)%256;
        blue=(i*4*256 /ITERATION)%256;
        //将 RGB888 转换为 RGB565
        red=red>>3;
        red=red<<11;
        green=green>>2;
        green=green<<5;
        blue=blue>>3;
        clut[i]=red+green+blue;
    }
}
//产生 Julia 分形图形
//size_x, size_y:屏幕 x、y 方向的尺寸
//offset_x, offset_y:屏幕 x、y 方向的偏移
//zoom:缩放因子
void GenerateJulia_fpu(u16 size_x,u16 size_y,u16 offset_x,u16 offset_y,
    u16 zoom)
{
    …                                     //代码省略，详见 3.3 节
}

u8 timeout;
int main(void)
{
    u8 key,i=0,autorun=0;
    float time;
    u8 buf[50];
    HAL_Init();                           //初始化 HAL 库
    Stm32_Clock_Init(360,25,2,8);         //设置时钟，180MHz
    delay_init(180);                      //初始化延时函数
    uart_init(115200);                    //初始化 UART
```

```
        LED_Init();                                              //初始化 LED
        KEY_Init();                                              //初始化按键
        SDRAM_Init();                                            //初始化 SDRAM
        LCD_Init();                                              //初始化 LCD
        TIM3_Init(65535,9000-1);          //10kHz 计数频率，最大计时 6.5s 超出
        POINT_COLOR=RED;
        …                                      //此处省略部分代码
        LCD_ShowString(30,130,200,16,16,"KEY0:+    KEY2:-"); //显示提示信息
        LCD_ShowString(30,150,200,16,16,"KEY_UP:AUTO/MANUL");//显示提示信息
        delay_ms(1200);
        POINT_COLOR=BLUE;                                       //设置字体为蓝色
        InitCLUT(color_map);                                    //初始化颜色表
        while(1)
        {
            key=KEY_Scan(0);
            switch(key)
            {
                case KEY0_PRES:
                    i++;
                    if(i>sizeof(zoom_ratio)/2-1)i=0; break;     //限制范围
                case KEY2_PRES:
                    if(i)i--;
                    else i=sizeof(zoom_ratio)/2-1; break;
                case WKUP_PRES:
                    autorun=!autorun;break;                     //自动/手动
            }
            if(autorun==1)               //自动时，自动设置缩放因子
            {
                i++;
                if(i>sizeof(zoom_ratio)/2-1)i=0;                //限制范围
            }
            LCD_Set_Window(0,0,lcddev.width,lcddev.height);    //设置窗口
            LCD_WriteRAM_Prepare();
            __HAL_TIM_SET_COUNTER(&TIM3_Handler,0);//重设 TIM3 定时器的值
            timeout=0;
            GenerateJulia_fpu(lcddev.width,lcddev.height,lcddev.width/2,
                lcddev.height/2,zoom_ratio[i]);
            time=__HAL_TIM_GET_COUNTER(&TIM3_Handler)+(u32)timeout*65536;
            sprintf((char*)buf,"%s:zoom:%d runtime:%0.1fms\r\n",SCORE_FPU_MODE,
                zoom_ratio[i],time/10);
            LCD_ShowString(5,lcddev.height-5-12,lcddev.width-5,12,12,buf);
                                                //显示当前运行情况
            printf("%s",buf);                                  //输出到串口
            LED0=!LED0;
        }
    }
```

在代码中共 3 个函数：InitCLUT()、GenerateJulia_fpu()和 main()。

1）InitCLUT()函数。该函数用于初始化颜色表，该函数根据迭代次数（ITERATION）计算出颜色表，这些颜色值将显示在 TFT-LCD 上。

2）GenerateJulia_fpu()函数。该函数根据给定的条件计算 Julia 分形集。当迭代次数不小于 ITERATION 或半径不小于 4 时，结束迭代，并在 TFT-LCD 上显示迭代次数对应的颜色值，从而得到 Julia 分形图。可以通过修改 REAL_CONSTANT 和 IMG_CONSTANT 这两个常量的值来得到不同的 Julia 分形图。

3）main()函数。该函数用于完成本实验的实验目的，代码比较简单。这里用到一个缩放因子表 zoom_ratio，其中存储了一些不同的缩放因子，方便演示效果。

为了提高速度，在 MDK 中使用-O2 优化，以优化代码速度。

说明：本例程两个代码（实验 48_1 和实验 48_2）是一样的，它们的区别在于 Floating Point Hardware 下拉列表框的设置不同。当设置为 Use Single Precision 时，使用硬件 FPU；当设置为 Not Used 时，不使用硬件 FPU。分别下载这两个代码，通过屏幕显示的 runtime 时间，即可看出速度上的区别。

4．下载验证

代码编译成功之后，在资源中下载本例程任意一个代码（这里以实验 48_1 为例）到 ALIENTEK 阿波罗 STM32F429 开发板上，可以看到 LCD 显示 Julia 分形图，并显示相关参数，如图 3.5 所示。

实验 48_1 是开启了硬件 FPU 的，所以显示 Julia 分形图片速度比较快。如果下载实验 48_2 的代码，同样的缩放因子其速度是实验 48_1 的 1/11 左右，这与 ST 公司官方给出的 1/17 存在差距。这是因为没有勾选 Use MicroLIB 复选框（在 Target 选项卡设置），如果勾选此复选框，则会发现使用硬件 FPU 的例程（实验 48_1）时间基本无变化，而不使用硬件 FPU 的例程（实验 48_2）速度变慢了很多，二者的比值约为 1∶17。

因此可以看出，使用硬件 FPU 和不使用硬件 FPU 对比，同样的条件下使用硬件 FPU 的速度快了近 11 倍，充分体现了 STM32F429 硬件 FPU 的优势。

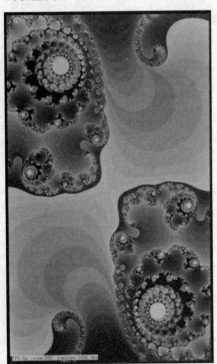

图 3.5　Julia 分形显示效果

第4章 DSP 测试

第 3 章在 ALIENTEK 阿波罗 STM32F429 开发板上测试了 STM32F429 的硬件 FPU。STM32F429 除了集成硬件 FPU 外，还支持多种 DSP 指令集。同时，ST 公司还提供了一整套 DSP 库，方便用户在工程中开发应用。本章将学习 STM32F429 DSP，包括搭建 DSP 库测试环境，通过对 DSP 库中的几个基本数学功能函数和快速傅里叶变换（fast Fourier transform，FFT）函数的测试，让读者对 STM32F429 的 DSP 库有一个基本的认识。

4.1 STM32F429 DSP 简介

STM32F429 采用 Cortex-M4 内核，相比 Cortex-M3 系列除了内置硬件 FPU，还在数字信号处理方面增加了 DSP 指令集，支持如单周期乘加指令（如 MAC 指令）、优化的单指令多数据（SIMD）指令、饱和算术等多种数字信号处理指令集。相比 Cortex-M3，Cortex-M4 在数字信号处理能力方面得到了很大的提升。Cortex-M4 执行所有的 DSP 指令集都可以在单周期内完成，而 Cortex-M3 需要多个指令和多个周期才能完成同样的功能。

1. Cortex-M4 的两个 DSP 指令：MAC 指令（32 位乘法累加）和 SIMD 指令

32 位乘法累加单元包括新的指令集，能够在单周期内完成一个 $32\times32+64\rightarrow64$ 的操作或两个 16×16 的操作，其计算能力如表 4.1 所示。

表 4.1 32 位乘法累加单元的计算能力

计算	指令	周期
$16\times16\rightarrow32$	SMULBB、SMULBT、SMULTB、SMULTT	1
$16\times16+32\rightarrow32$	SMLABB、SMLABT、SMLATB、SMLATT	1
$16\times16+64\rightarrow64$	SMLALBB、SMLALBT、SMLALTB、SMLALTT	1
$16\times32\rightarrow32$	SMULWB、SMULWT	1
$(16\times32)+32\rightarrow32$	SMLAWB、SMLAWT	1
$(16\times16)\pm(16\times16)\rightarrow32$	SMUAD、SMUADX、SMUSD、SMUSDX	1
$(16\times16)\pm(16\times16)+32\rightarrow32$	SMLAD、SMLADX、SMLSD、SMLSDX	1
$(16\times16)\pm(16\times16)+64\rightarrow64$	SMLALD、SMLALDX、SMLSLD、SMLSLDX	1
$32\times32\rightarrow32$	MUL	1
$32\pm(32\times32)\rightarrow32$	MLA、MLS	1
$32\times32\rightarrow64$	SMULL、UMULL	1
$(32\times32)+64\rightarrow64$	SMLAL、UMLAL	1
$(32\times32)+32+32\rightarrow64$	UMAAL	1
$2\pm(32\times32)\rightarrow32$（上）	SMMLA、SMMLAR、SMMLS、SMMLSR	1
$(32\times32)\rightarrow32$（上）	SMMUL、SMMULR	1

Cortex-M4 支持 SIMD 指令集，而 Cortex-M3/M0 系列是不支持该指令集的。表 4.1 中有的指令属于 SIMD 指令集，与硬件乘法器（MAC）一起工作，使所有指令都能在单个周期内执行。由于支持 SIMD 指令，因此 Cortex-M4 处理器能在单周期内完成高达 32×32+64→64 的运算，为其他任务释放处理器的带宽，而不是被乘法和加法消耗运算资源。

例如，一个比较复杂的运算：两个 16×16 乘法加上一个 32 位加法，如图 4.1 所示。

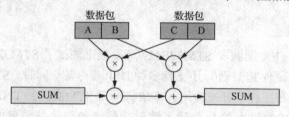

图 4.1　SUM 运算过程

图 4.1 所示的运算即 SUM = SUM+(A×C)+(B×D)。在 STM32F429 上，该运算式可以被编译成由一条单周期指令完成。

图 4.2　DSP_Lib 的目录结构

2.　STM32F429 的 DSP 库

STM32F429 的 DSP 库源码和测试实例在 ST 公司提供的 HAL 库的 en.stm32cubef4.zip 中（该文件可以在 http://www.st.com/web/en/catalog/tools/FM147/CL1794/SC961/SS1743/PF257901 下载，文件名为 STSW-STM32065），该文件在资源中已经提供，其目录结构如图 4.2 所示。

DSP_Lib 源码包的 Source 文件夹包含所有 DSP 库的源码，Examples 文件夹中包含相对应的一些测试实例。这些测试实例都是带 main()函数的，在工程中可以直接使用。下面介绍 Source 源码文件夹的子文件夹包含的 DSP 库的功能。

1）BasicMathFunctions。基本数学函数，其提供浮点数的各种基本运算函数，如向量的加减乘除等运算。

2）CommonTables。其中，arm_common_tables.c 文件提供位翻转或相关参数表。

3）ComplexMathFunctions。复杂数学功能函数，如向量处理、求模运算等函数。

4）ControllerFunctions。控制功能函数，包括正弦余弦、PID 电动机控制、矢量 Clarke 变换、矢量 Clarke 逆变换等。

5）FastMathFunctions。快速数学功能函数，提供了一种快速的近似正弦、余弦和平方根等相比 CMSIS 计算库要快的数学函数。

6）FilteringFunctions。滤波函数功能，主要包括 FIR 和 LMS（最小均方根）等滤波函数。

7）MatrixFunctions。矩阵处理函数，包括矩阵加法、矩阵初始化、矩阵反、矩阵乘法、矩阵规模、矩阵减法、矩阵转置等函数。

8）StatisticsFunctions。统计功能函数，如求平均值、最大值、最小值、计算均方根 RMS、计算方差/标准差等函数。

9）SupportFunctions。支持功能函数，如数据复制、Q 格式和浮点格式相互转换、Q 任意格式相互转换函数。

10）TransformFunctions。变换功能函数，包括复数 FFT（CFFT）/复数 FFT 逆运算（CIFFT）、实数 FFT（RFFT）/实数 FFT 逆运算（RIFFT）、DCT（离散余弦变换）和配套的初始化函数。

所有 DSP 库代码合在一起是比较多的，因此，ST 公司提供了.lib 格式的文件，方便用户使用。这些.lib 文件就是由 Source 文件夹下的源码编译生成的，如果想看某个函数的源码，可以在 Source 文件夹下查找。.lib 格式文件的路径为 Drivers→CMSIS→Lib→ARM，共有 4 个.lib 文件，具体如下：

① arm_cortexM4b_math.lib（Cortex-M4 大端模式）。

② arm_cortexM4l_math.lib（Cortex-M4 小端模式）。

③ arm_cortexM4bf_math.lib（浮点 Cortex-M4 大端模式）。

④ arm_cortexM4lf_math.lib（浮点 Cortex-M4 小端模式）。

一般应根据所用 MCU 内核类型及端模式来选择符合要求的.lib 文件，本章所用的 STM32F429 属于 CortexM4F 内核、小端模式，因此，应选择 arm_cortexM4lf_math.lib。

DSP_Lib 的子文件夹 Examples 中存放的是 ST 公司官方提供的一些 DSP 测试代码，方便用户使用，有兴趣的读者可以根据需要自行测试。

4.2 DSP 库运行环境搭建

本节将讲解如何搭建 DSP 库运行环境。本节将以第 3 章例程（实验 48_1）为基础，搭建 DSP 运行环境。

在 MDK 与编译器中搭建 STM32F429 的 DSP 运行环境（使用.lib 方式）是很简单的，分为 3 个步骤：

（1）添加文件

首先，在例程工程目录下新建 DSP_LIB 文件夹，存放将要添加的文件 arm_cortexM4lf_math.lib 和相关头文件，如图 4.3 所示。

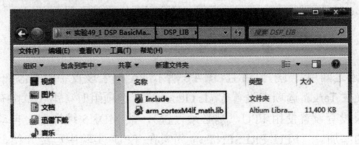

图 4.3 DSP_LIB 文件夹添加文件

其中，arm_cortexM4lf_math.lib 的由来在 4.1 节已经介绍，这里不再赘述。Include 文件夹是直接复制 STM32Cube_FW_F4_V1.11.0→Drivers→CMSIS 下的 Include 文件夹。该文件

夹中包含可能要用到的相关头文件。

　　然后，打开工程，新建 DSP_LIB 分组，并将 arm_cortexM4lf_math.lib 添加到工程中，如图 4.4 所示。

　　（2）添加头文件包含路径

　　完成.lib 文件的添加后，要添加头文件包含路径，将步骤 1 复制的 Include 文件夹和 DSP_LIB 文件夹加入头文件包含路径，如图 4.5 所示。

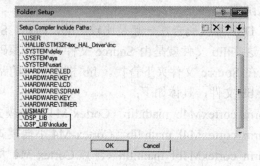

　　　　图 4.4　添加.lib 文件　　　　　　　　　　图 4.5　添加相关头文件包含路径

　　（3）添加全局宏定义

　　为了使用 DSP 库的所有功能，还需要添加几个全局宏定义：

1）__FPU_USED。

2）__FPU_PRESENT。

3）ARM_MATH_CM4。

4）__CC_ARM。

5）ARM_MATH_MATRIX_CHECK。

6）ARM_MATH_ROUNDING。

　　添加方法为，单击"魔术棒"按钮，在弹出的 Options for Target 'DSP_BASICMATH' 对话框中选择 C/C++选项卡，在 Define 文本框中进行设置，如图 4.6 所示。

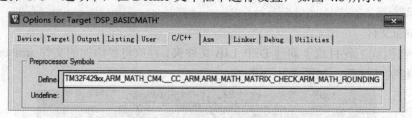

图 4.6　DSP 库支持全局宏定义设置

　　这里，两个宏之间用","隔开。并且，图 4.6 所示的全局宏设置中没有添加__FPU_USED。因为这个宏定义在 Target 选项卡设置 Code Generation 选项组时（第 3 章中有介绍）设置了使用 FPU（如果没有设置使用 FPU，则必须设置），故 MDK5 编译器会自动添加这个全局宏，不需要手动添加。__FPU_PRESENT 全局宏在 FPU 实验中已经介绍，这个宏定义在 stm32f4xx.h 头文件中已经定义。这样，在 Define 文本框中要输入的所有宏为 USE_HAL_DRIVER、STM32F429xx、ARM_MATH_CM4、__CC_ARM、ARM_MATH_ MATRIX_CHECK、ARM_MATH_ROUNDING 共 6 个。

至此，STM32F4 的 DSP 库运行环境就搭建完成了。

注意，为了方便调试，本章例程将 MDK5 编译器的优化设置为-O0 优化，以得到最好的调试效果。

4.3 DSP BasicMath 测试

本节提供使用 STM32F429 的 DSP 库进行基础数学函数测试的一个例程。使用下面公式进行计算：

$$\sin^2 x + \cos^2 x = 1$$

本节用到的就是 sin()和 cos()函数，不过实现方式不同。MDK 的标准库（math.h）提供了 sin()、cos()、sinf()和 cosf() 4 个函数，带 f 的表示单精度浮点型运算，即 float 型，而不带 f 的表示双精度浮点型，即 double 型。

STM32F429 的 DSP 库提供另外两个函数：arm_sin_f32()和 arm_cos_f32()（注意，需要添加 arm_math.h 头文件才可使用），这两个函数也是单精度浮点型的，用法同 sinf()和 cosf()。

本例程用于测试 arm_sin_f32 和 arm_cos_f32 与 sinf 和 cosf 的速度差别。

因为 4.2 节已经搭建好 DSP 库运行环境，所以这里只需要修改 main.c 中的代码即可。main.c 代码如下：

```
#include "math.h"
#include "arm_math.h"
#define DELTA 0.00005f                    //误差值
//sin、cos 测试
//angle 为起始角度，times 为运算次数，mode:0，不使用 DSP 库；1，使用 DSP 库
//返回值：0，成功；0xFF，出错
u8 sin_cos_test(float angle,u32 times,u8 mode)
{
float sinx,cosx;
float result;
u32 i=0;
if(mode==0)
{
    for(i=0;i<times;i++)
    {
        cosx=cosf(angle);          //不使用 DSP 库的 sin、cos 函数
        sinx=sinf(angle);
        result=sinx*sinx+cosx*cosx;//计算结果应该等于 1
        result=fabsf(result-1.0f);//对比与 1 的差值
        if(result>DELTA)return 0xFF;//判断失败
        angle+=0.001f;              //角度自增
    }
}else
{
    for(i=0;i<times;i++)
    {
        cosx=arm_cos_f32(angle);  //使用 DSP 库的 sin、cos 函数
```

```
        sinx=arm_sin_f32(angle);
        result=sinx*sinx+cosx*cosx; //计算结果应该等于1
        result=fabsf(result-1.0f); //对比与1的差值
        if(result>DELTA)return 0xFF; //判断失败
        angle+=0.001f;               //角度自增
        }
    }
    return 0;                        //任务完成
}
u8 timeout;
int main(void)
{
    float time;
    u8 buf[50];
    u8 res;
    HAL_Init();                          //初始化HAL库
    Stm32_Clock_Init(360,25,2,8);        //设置时钟，180MHz
    delay_init(180);                     //初始化延时函数
    uart_init(115200);                   //初始化UART
    LED_Init();                          //初始化LED
    KEY_Init();                          //初始化按键
    SDRAM_Init();                        //初始化SDRAM
    LCD_Init();                          //初始化LCD
    TIM3_Init(65535,9000-1);             //10kHz计数频率，最大计时6.5s
    POINT_COLOR=RED;
    LCD_ShowString(30,50,200,16,16,"Apollo STM32F4/F7");
    LCD_ShowString(30,70,200,16,16,"DSP BasicMath TEST");
    LCD_ShowString(30,90,200,16,16,"ATOM@ALIENTEK");
    LCD_ShowString(30,110,200,16,16,"2016/1/17");
    LCD_ShowString(30,150,200,16,16," No DSP runtime:");  //显示提示信息
    LCD_ShowString(30,190,200,16,16,"Use DSP runtime:");  //显示提示信息
    POINT_COLOR=BLUE;                                     //设置字体为蓝色
    while(1)
    {
        //不使用DSP优化
        __HAL_TIM_SET_COUNTER(&TIM3_Handler,0);       //重设TIM3定时器值
        timeout=0;
        res=sin_cos_test(PI/6,200000,0);
        time=__HAL_TIM_GET_COUNTER(&TIM3_Handler)+(u32)timeout*65536;
        sprintf((char*)buf,"%0.1fms\r\n",time/10);
        if(res==0)LCD_ShowString(30+16*8,150,100,16,16,buf);
                                                      //显示运行时间
        else LCD_ShowString(30+16*8,150,100,16,16,"error! ");
                                                      //显示当前运行情况使用DSP库
        __HAL_TIM_SET_COUNTER(&TIM3_Handler,0);       //重设TIM3定时器值
        timeout=0;
        res=sin_cos_test(PI/6,200000,1);
        time=__HAL_TIM_GET_COUNTER(&TIM3_Handler)+(u32)timeout*65536;
```

```
sprintf((char*)buf,"%0.1fms\r\n",time/10);
if(res==0)LCD_ShowString(30+16*8,190,100,16,16,buf);//显示运行时间
else LCD_ShowString(30+16*8,190,100,16,16,"error! ");//显示错误
LED0=!LED0;
    }
}
```

上述代码包括两个函数：sin_cos_test()和 main()，sin_cos_test()函数用于根据给定参数，执行

$$\sin^2 x + \cos^2 x = 1$$

的计算。计算完成后，计算结果同给定的误差值（DELTA）对比，如果不大于误差值，则认为计算成功，否则认为计算失败。该函数可以根据给定的模式（mode）参数来决定使用哪个基础数学函数执行运算，从而得出对比数据。

main()函数比较简单，通过定时器 3 来统计 sin_cos_test()的运行时间，从而得出对比数据。主循环中，每次循环都会两次调用 sin_cos_test()函数，首先采用不使用 DSP 库方式计算，然后采用使用 DSP 库方式计算，并得出两次计算的时间，显示在 LCD 上。

4.4　FFT 介绍

1. FFT 的含义

FFT 是离散傅里叶变换的快速算法，它是根据离散傅里叶变换的奇、偶、虚、实等特性，对离散傅里叶变换的算法进行改进获得的。对于在计算机系统或数字系统中应用离散傅里叶变换来说，FFT 的应用是一大进步。

FFT 是一种用来计算离散傅里叶变换（discrete Fourier transform，DFT）和离散傅里叶反变换（inverse discrete Fourier transform，IDFT）的快速算法。这种算法运用了一种高深的数学方式，把原来复杂度为 $O(n^2)$ 的朴素多项式乘法转化为 $O(n\log n)$ 的算法。

2. 多项式乘法的朴素算法

在不使用 FFT 时，如何计算多项式乘法呢？假设有两个关于 x 的二次多项式：

$$f(x) = a_1 x^2 + b_1 x + c_1$$
$$g(x) = a_2 x^2 + b_2 x + c_2$$

令 $K(x)$ 为它们的乘积，则有

$$K(x) = f(x) \times g(x) = a_1 a_2 x^4 + (a_1 b_2 + a_2 b_1) x^3 + (a_1 c_2 + a_2 c_1 + b_1 b_2) x^2 + (b_1 c_2 + b_2 c_1) x + c_1 c_2$$

如果在程序中用一个数组来储存一个多项式的各个项的系数，如何去做这样一个复杂的乘法呢？代码如下：

```
#include "iostream"
#include "vector"
#include "cstdlib"
using namespace std;
//表示 A、B 两个多项式相乘的结果
vector<double>ForceMul(vector<double>A,vector<double>B)
{
```

```
        vector<double>ans;
        int aLen=A.size();              //A 的元素个数
        int bLen=B.size();              //B 的元素个数
        int ansLen=aLen+bLen-1;         //ans 的元素个数=A 的元素个数+B 的元素个数-1
        for(int i=1;i<=ansLen;i++)      //初始化 ans
            ans.push_back(0);
        for(int i=0;i<aLen;i++)
            for(int j=0;j<bLen;j++)
                ans[i+j]+=A[i]*B[j];    //A 的 i 次项与 B 的 j 次项相乘的结果
                                        //累加到 ans 的[i+j]次位
        return ans;//返回 ans
}
int main()
{
        vector<double>A,B;
        cout<<"input A:";
        for(int i=0;i<3;i++)            //从 0 次项开始输入 A 的各项系数
        {
            int x;
            cin>>x;
            A.push_back(x);
        }
        cout<<"input B:";
        for(int i=0;i<3;i++)            //从 0 次项开始输入 B 的各项系数
        {
            int x;
            cin>>x;
            B.push_back(x);
        }
        vector<double>C=ForceMul(A,B); //C=A 与 B 相乘
        cout<<"output C:";
        for(int i=0;i<5;i++)            //从 0 次项开始输出 C 的各项系数
            cout<<C[i]<<" ";
        cout<<endl;
        system("pause");
        return 0;
}
```

　　这就是朴素算法，它的复杂度为 $O(\text{lenA}\times\text{lenB})$。如果 $\text{lenA}=\text{lenB}=10^5$，程序时间就会很长。

　　3. 系数表示法与点值表示法

　　系数表示法就是用一个多项式的各个项的系数表示这个多项式，是平时常用的表示法。例如，可以这样表示：

$$f(x)=a_0+a_1x+a_2x^2+\cdots+a_nx^n \Leftrightarrow f(x)=\{a_0,a_1,a_2,\cdots,a_n\}$$
$$f(x)=a[0]+a[1]x^1+a[2]x^2+\cdots+a[n]x^n \Leftrightarrow f(x)=\{a[0],a[1],a[2],\cdots,a[n]\}$$

点值表示法就是把这个多项式理解成一个函数，用这个函数上若干点的坐标来描述这个多项式（两点确定一条直线，三点确定一条抛物线，同理 $n+1$ 个点确定一个 n 次函数，其原理来自高斯消元），因此表示成（注意，$x[0]\sim x[n]$ 是 $n+1$ 个点）：

$$f(x)=a_0+a_1x+a_2x^2+\cdots+a_nx^n \Leftrightarrow f(x)=\{(x_0,y_0),(x_1,y_1),(x_2,y_2),\cdots,(x_n,y_n)\}$$

$$f(x)=a[0]+a[1]x^1+a[2]x^2+\cdots+a[n]x^n \Leftrightarrow f(x)=(x[0],y[0]),(x[2],y[2]),\cdots,(x[n],y[n])$$

为什么 $n+1$ 个确定的点能确定一个唯一的多项式呢？可以尝试把这 $n+1$ 个点的值分别代入多项式中：

$$f(x_0)=y_0=a_0+a_1x_0+a_2x_0^2+\cdots+a_nx_0^n$$
$$f(x_1)=y_1=a_0+a_1x_1+a_2x_1^2+\cdots+a_nx_1^n$$
$$f(x_2)=y_2=a_0+a_1x_2+a_2x_2^2+\cdots+a_nx_2^n$$
$$\vdots$$
$$f(x_n)=y_n=a_0+a_1x_n+a_2x_n^2+\cdots+a_nx_n^n$$

$$f(x[0])=y[0]=a[0]+a[1](x[0]^1)+a[2](x[0]^2)+\cdots+a[n](x[0]^n)$$
$$f(x[1])=y[1]=a[0]+a[1](x[1]^1)+a[2](x[1]^2)+\cdots+a[n](x[1]^n)$$
$$f(x[2])=y[2]=a[0]+a[1](x[2]^1)+a[2](x[2]^2)+\cdots+a[n](x[2]^n)$$
$$\vdots$$
$$f(x[n])=y[n]=a[0]+a[1](x[n]^1)+a[2](x[n]^2)+\cdots+a[n](x[n]^n)$$

此时，会得到 $n+1$ 个方程，其中 $x[0\sim n]$ 和 $y[0\sim n]$ 是已知的，$a[0\sim n]$ 是未知的。$n+1$ 的未知数，$n+1$ 个方程所组成的方程组为 $n+1$ 元一次方程，因为它是一次方程，所以（一般情况下，不考虑无解和无数解）可以通过高斯消元解得所有未知数唯一确定的值。也就是说，用点值表示法可以确定出（唯一确定的）系数表示法中的每一位系数。

这种把一个多项式转化成离散的点表示的方法称为离散傅里叶变换。把离散的点还原回多项式的方法称为离散傅里叶反变换。

4. 复数的引入

中学阶段学过 $\sqrt{-1}$ 不存在。但是，当时的数域仅仅为实数，而现在要介绍一个新的数域——虚数。令 $i=\sqrt{-1}$ 表示这个虚数单位，i 对于虚数的意义就相当于是数字 1 对于实数的意义。

一个复数可以看成是复平面上的一个点。复平面就是以实部为 x 轴，以虚部为 y 轴所组成的类似直角坐标系的一个平面坐标体系。同样，也可以用极坐标来表示一个平面中的点，如图 4.7 所示。

图 4.7 就是在这个复平面上的一个点的 3 种表示方法。思考一个简单的问题：两个复数的乘法有没有某种特定的几何意义？

$$(a+bi)\times(c+di)=(ac-bd)+(ad+bc)i$$
$$(r_1,\theta_1)\times(r_2,\theta_2)=(r_1\times r_2,\theta_1+\theta_2)$$

两复数相乘，"长度相乘，极角相加"。不难想象如果两个复数到坐标原点的距离都是 1，那么它们的乘积到坐标原点的距离还是 1，只不过是绕着原点进行了旋转。

5. 单位复根

考虑这样一个问题，如果有两个用点值表示的多项式，如何表示它们两个多项式的乘积呢？（假设这两个多项式选取的所有点的 x 值恰好相同。）

$$f(x)=\{(x_0,f(x_0)),(x_1,f(x_1)),(x_2,f(x_2)),\cdots,(x_n,f(x_n))\}$$

$$f(x)=\{(x_0,f(x_0)),(x_1,f(x_1)),(x_2,f(x_2)),\cdots,(x_n,f(x_n))\}$$

$$f(x)=(x[0],f(x[0])),(x[1],f(x[1])),(x[2],f(x[2])),\cdots,(x[n],f(x[n]))$$

$$g(x)=(x[0],g(x[0])),(x[1],g(x[1])),(x[2],g(x[2])),\cdots,(x[n],g(x[n]))$$

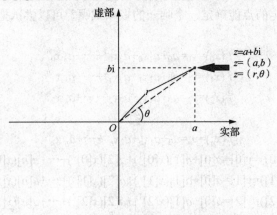

图 4.7　用极坐标来表示一个平面中的点

如果 $F(x)=f(x)\times g(x)$，那么就有 $F(x_0)=f(x_0)\times g(x_0)$（$x_0$ 为任意数）。也就是说，把两个函数点值表示法中 x 值相同的点的 y 值乘在一起就是它们乘积（新函数）的点值表示（这是一个复杂度为 $O(n)$ 的操作）。

$$f(x)\times g(x)=\{(x_0,f(x_0)g(x_0)),(x_1,f(x_1)g(x_1)),(x_0,f(x_2)g(x_2)),\cdots,(x_n,f(x_n)g(x_n))\}$$

$$f(x)\times g(x)=(x[0],f(x[0])g(x[0])),(x[1],f(x[1])g(x[1])),(x[2],f(x[2])g(x[2])),\cdots,(x[n],f(x[n])g(x[n]))$$

但是，由于需要的是系数表达式，而不是点值表达式，如果用高斯消元去解一个"$n+1$元方程组"就会使时间复杂度变回 $O(n^2)$，甚至更高。这是因为计算 $x_0,x_0^2,\cdots,x_0^n$ 会浪费大量的时间。这个数学运算看似是没有办法缩短时间的，而实际上可以找到一种"x 值"，带入后不用反复地去做无用的 n 次方操作。例如，x 为 1、–1，将这样的数带入就可以减少运算次数。由于至少带 $n+1$ 个不同的数才能进行系数表示，此时可以应用虚数。因为需要的是满足 $\omega^k=1$（k 为整数）的数，会发现 i 也满足这个条件，i×i=–1，(i×i)×(i×i)=1=i^4，当然–i 也有这个性质。然而，仅仅 4 个数还是不能满足需求，如图 4.8 所示。

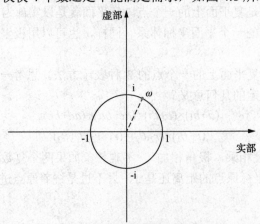

图 4.8　满足条件的 4 个数

图 4.8 中的圈上的每一个点距原点的距离都是 1 个单位长度，所以说如果对这些点做 k 次方运算，它们始终不会脱离这个圈。因为它们在相乘的时候 r 始终为 1，只是 θ 的大小在发生改变。而这些点中有无数个点经过 k 次方之后可以回到 1。因此，可以把这样的一组 x 带入函数求值。

像这种能够通过 k 次方运算回到 1 的数，称为复根，用 ω 表示。如果 $\omega^k = 1$，那么称 ω 为 1 的 k 次复根，记作 ω_k^n。

其中，n 是一个序号数，把所有的负根按照极角大小逆时针排序从零开始编号。以 4 次负根 ω_4^n 为例，如图 4.9 所示。

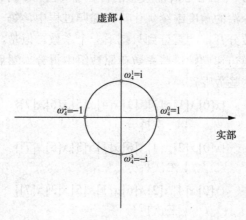

图 4.9　所有负根按照极角大小逆时针排序从零开始编号

可以发现：其实 k 次负根相当于是将圆周平均分成 k 个弧，弧与弧之间的端点就是复根。另外，$\omega_4^2 = -1 = i^2 = (\omega_4^1)^2$，$\omega_4^3 = -i = i^3 = (\omega_4^1)^3$，$\omega_4^0$ 是这个圆与实部正半轴的交点，所以无论 k 取多少，ω_4^0 始终为 1。只需要知道 ω_k^1，就能求出 ω_k^n，所以称 ω_k^1 为单位复根。用 ω_k 表示单位复根，ω_k^1 表示的是单位复根的 1 次方，ω_k^n 称为 k 次单位复根的 n 次方。

6. FFT 的主要流程——DFT

FFT 运用到了一种分治的思想，分治地去求当 $x = \omega(k)[n]$ 时整个多项式的值，把一个多项式分成奇数次数项和偶数次数项两部分，再用分治的思想去处理它的奇数次项和偶数次项。

$$F(x)=a[0]+a[1]x+a[2]x^2+a[3]x^3+a[4]x^4+a[5]x^5+a[6]x^6+a[7]x^7$$

↓ 按照奇偶次项分开

$$F(x)=a[0]+a[2]x^2+a[4]x^4+a[6]x^6+(a[1]x+a[3]x^3+a[5]x^5+a[7]x^7)$$

↓ 右半部分提出来一个 "x"

$$F(x)=a[0]+a[2]x^2+a[4]x^4+a[6]x^6+x(a[1]+a[3]x^2+a[5]x^4+a[7]x^6)$$

↓ 分别用奇偶次项系数建立新的函数

令

$$G(x)=(a[0]+a[2]x+a[4]x^2+a[6]x^3)，H(x)=(a[1]+a[3]x+a[5]x^2+a[7]x^3)$$

就这样二分了一个多项式，则

$$F(x)=G(x^2)+xH(x^2)$$

用 $\mathrm{DFT}(F(x))[k]$ 表示当 $x = \omega^k$ 时 $F(x)$ 的值，所以有 $\mathrm{DFT}(F(x))[k]=\mathrm{DFT}(G(x^2))[k]+$

$\omega^k \cdot \text{DFT}(H(x^2))$，也就是

$$\text{DFT}(F(x))_k = \text{DFT}(G(x^2))_k + \omega^k \cdot \text{DFT}(H(x^2))_k$$

把当前单位复根的平方分别以 DFT 的方式带入 G 函数和 H 函数求值即可。

这个二分最大的局限就是只能处理长度为 2 的整数次幂的多项式，因为对于长度不为 2 的整数次幂，二分到最后就会出现左半部分、右半部分长度不一致的情况，所以在做第一次 DFT 之前一定要把这个多项式补成长度为 2^n（n 为整数）的多项式（补上去的高次项系数为 0），长度为 2^n 的多项式的最高次项为 2^{n-1}。当向这个式子中带入数值时，一定要保证带入的每个数都是不一样的，所以要带入 1 的 2^n 的单位复根的各个幂（因为 1 的 2^n 复根恰好有 2^n 个）。

这个算法还需要从分治的角度继续优化。在递归过程中，每一次都会把整个多项式的奇数次项和偶数次项系数分开，一直分到只剩下一个系数。但是，这个递归过程需要很大的内存。因此，可以先模仿递归把这些系数在原数组中拆分，然后倍增地去合并这些算出来的值，那么如何拆分这些数呢？

$$\{x[0],x[1],x[2],x[3],x[4],x[5],x[6],x[7]\}$$
$$\downarrow \text{一次拆分}$$
$$\{x[0],x[2],x[4],x[6],x[1],x[3],x[5],x[7]\}$$
$$\downarrow \text{二次拆分}$$
$$\{x[0],x[4],x[2],x[6],x[1],x[5],x[3],x[7]\}$$
$$\downarrow \text{三次拆分}$$
$$\{x[0],x[4],x[2],x[6],x[1],x[5],x[3],x[7]\}$$

把这些下标都转化成二进制：

$$\{x[0],x[1],x[2],x[3],x[4],x[5],x[6],x[7]\}$$
$$\{x[0]\},\{x[4]\},\{x[2]\},\{x[6]\},\{x[1]\},\{x[5]\},\{x[3]\},\{x[7]\}$$

全部转化为长度为 3 的二进制数：

$$\{x[000],x[001],x[010],x[011],x[100],x[101],x[110],x[111]\}$$
$$\{x[000]\},\{x[100]\},\{x[010]\},\{x[110]\},\{x[001]\},\{x[101]\},\{x[011]\},\{x[111]\}$$

拆分之后的序列的下标恰好是长度为 3 位的二进制数的翻转。也就是说，对原来的每个数的下标进行长度为 3 的二进制翻转就是新的下标。为什么长度为 3 呢？这是因为 $8=2^3$。为了证明这一点，可以再举一个简单例子：

$$\{x[0],x[1],x[2],x[3]\}$$
$$\{x[0]\},\{x[2]\},\{x[1]\},\{x[3]\}$$

转化为长度为 2 的二进制数：

$$\{x[00],x[01],x[10],x[11]\}$$
$$\{x[00]\},\{x[10]\},\{x[01]\},\{x[11]\}$$

关于二进制翻转是如何实现的，建议读者自行学习。

7. FFT 的主要流程——IDFT

IDFT 就是把一个用点值表示法表示的多项式转化成一个用系数表示法表示的多项式。把单位复根的若干次方带入原多项式，用矩阵表示这些多项式。

$$
\begin{bmatrix} y[0] \\ y[1] \\ y[2] \\ y[3] \\ \vdots \\ y[n-1] \end{bmatrix} = \begin{bmatrix} 1 & 1 & 1 & 1 & \cdots & 1 \\ 1 & \omega_n^1 & \omega_n^2 & \omega_n^3 & \cdots & \omega_n^{n-1} \\ 1 & \omega_n^2 & \omega_n^4 & \omega_n^6 & \cdots & \omega_n^{2(n-1)} \\ 1 & \omega_n^3 & \omega_n^6 & \omega_n^9 & \cdots & \omega_n^{3(n-1)} \\ \vdots & \vdots & \vdots & \vdots & \vdots & \vdots \\ 1 & \omega_n^{n-1} & \omega_n^{2(n-1)} & \omega_n^{3(n-1)} & \cdots & \omega_n^{(n-1)^2} \end{bmatrix} \begin{bmatrix} a[0] \\ a[1] \\ a[2] \\ a[3] \\ \vdots \\ a[n-1] \end{bmatrix}
$$

如果试着把这个表达式还原成只含有 a 系数的矩阵，那么只要在中间的矩阵上乘一个它的反矩阵（反对称矩阵）就可以了。这个矩阵中有一种非常特殊的性质，对该矩阵的每一项取倒数，再除以 n 就可以得到该矩阵的反矩阵。如何改变操作才能使计算的结果为原来的倒数呢？这就要看求单位复根的过程了：根据欧拉函数 $e^{i\pi}=-1$，可以得到 $e^{2\pi i}=1$。如果要找到一个数，它的 k 次方为 1，那么这个数 $\omega[k]=e^{(2\pi i/k)}$（因为 $(e^{(2\pi i/k)})^k=e^{2\pi i}=1$）。如果要使这个数值变成 $1/\omega[k]$ 也就是 $(\omega[k])^{-1}$，可以把 π 取成 $-3.14159\cdots$，这样计算结果就会变成原来的相反数，而其他操作过程与 DFT 是完全相同的。可以定义一个函数，向其中加一个参数 1 或是-1，然后将这个函数乘到 π 上，如果此函数加入 1 就是 DFT，如果此函数加入-1 就是 IDFT。

```
int rev[maxl];void get_rev(int bit)
{   //bit 表示二进制位数，计算一个数在二进制翻转之后形成的新数
    for(int i=0;i<(1<<bit);i++)
        rev[i]=(rev[i>>1]>>1)|((i&1)<<(bit-1));
}
void fft(cd *a,int n,int dft)              //n 表示多项式位数
{
    for(int i=0;i<n;i++) if(i<rev[i]) swap(a[i],a[rev[i]]);
    //中间的 if 保证了每个数最多只被交换了 1 次
    //如果不写那么会有一些数被交换 2 次，导致最终位置没有改变
    for(int step=1;step<n;step<<=1)    //模拟一个合并的过程
    {
        cd wn=exp(cd(0,dft*PI/step));//计算当前单位复根
        for(int j=0;j<n;j+=step<<1)
        {
            cd wnk(1,0);               //计算当前复根
            for(int k=j;k<j+step;k++)  //蝴蝶操作
            {
                cd x=a[k];
                cd y=wnk*a[k+step];
                a[k]=x+y;         //这就是上文中 F(x)=G(x)+ωH(x)的体现
                a[k+step]=x-y; //后半个 step 中的 ω 一定和前半个中的成相反数
                                  //圈上的点转一整圈转回来，转半圈正好转成相反数
                wnk*=wn;
            }
        }
    }
    if(dft==-1) for(int i=0;i<n;i++) a[i]/=n;
```

```
//考虑如果是 IDFT 操作，整个矩阵中的内容还要乘 1/n
}
```

8. FFT 小结

FFT 的优化思想如图 4.10 所示。

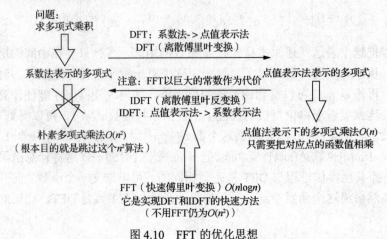

图 4.10　FFT 的优化思想

FFT 的优化理念如图 4.11 所示。

图 4.11　FFT 的优化理念

FFT 还可以用来计算 BIGNUM 乘法，可以把一个长整数理解成 $a[0]+a[1]\times10+a[2]\times10^2+\cdots+a[n]\times10^n$。把 10 当成未知数，这个多项式每一个次方项的系数就是 BIGNUM 每一数位上的数。这时，数组长度 n 就不能单纯地取这个十进制数的长度，而要取不小于两个十进制数长度加和的最小的 2 的正整数次幂。这是因为要保证 DFT 得到的离散点的个数足够多，以表示最终生成的新多项式（也就是取的点的个数要不小于这个结果多项式的长度）。

FFT 就是一个典型的用数学方法对问题实现优化的方法。DFT 对数学基础要求很高，以下为实现代码，供参考。

```
#include "cstdio"
#include "cstdlib"
#include "cmath"
#include "algorithm"
#include "cstring"
#include "complex"
using namespace std;
typedef complex<double> cd;                //复数类的定义
```

```
const int maxl=2094153;                    //nlogn 的最大长度
const double PI=3.14159265358979;          //圆周率
cd a[maxl],b[maxl];                        //用于储存变换的中间结果
int rev[maxl];   //用于储存二进制反转的结果 void getrev(int bit)
{
    for(int i=0;i<(1<<bit);i++)
    {//高位决定二进制数的大小
        rev[i]=(rev[i>>1]>>1)|((i&1)<<(bit-1));
    }//能保证(x>>1)<x,满足递推性质
}
void fft(cd* a,int n,int dft)
{//变换主要过程
    for(int i=0;i<n;i++)
    {//按照二进制反转
        if(i<rev[i])                       //保证只把前面的数和后面的数交换
            swap(a[i],a[rev[i]]);
    }
    for(int step=1;step<n;step<<=1)
    {//枚举步长的一半
        cd wn=exp(cd(0,dft*PI/step));      //计算单位复根
        for(int j=0;j<n;j+=step<<1)
        {//对于每一块
            cd wnk(1,0);                   //每一块都是一个独立序列,以零次方位为起始
            for(int k=j;k<j+step;k++)
            {//蝴蝶操作处理
                cd x=a[k];
                cd y=wnk*a[k+step];
                a[k]=x+y;
                a[k+step]=x-y;
                wnk*=wn;                   //计算下一次的复根
            }
        }
    }
    if(dft==-1)
    {//如果是反变换,要将序列除以 n
        for(int i=0;i<n;i++)
            a[i]/=n;
    }
}
int output[maxl];char s1[maxl],s2[maxl];int main()
{
    scanf("%s%s",s1,s2);                   //读入两个数
    int l1=strlen(s1),l2=strlen(s2);       //计算"次数界"
    int bit=1,s=2;                         //s 表示分割之前整块的长度
    for(bit=1;(1<<bit)<l1+l2-1;bit++)
    {
        s<<=1;   //找到第一个 2 的整数次幂使其可以容纳两个数的乘积
    }
```

```
    for(int i=0;i<l1;i++)
    {//第一个数装入 a
        a[i]=(double)(s1[l1-i-1]-'0');
    }
    for(int i=0;i<l2;i++)
    {//第二个数装入 b
        b[i]=(double)(s2[l2-i-1]-'0');
    }
    getrev(bit);fft(a,s,1);fft(b,s,1);      //DFT
    for(int i=0;i<s;i++)a[i]*=b[i];         //对应相乘
    fft(a,s,-1);//idft
    for(int i=0;i<s;i++)
    {//还原成十进制数
        output[i]+=(int)(a[i].real()+0.5);  //注意精度误差
        output[i+1]+=output[i]/10;
        output[i]%=10;
    }
    int i;
    for(i=l1+l2;!output[i]&&i>=0;i--);       //去掉前导零
    if(i==-1)printf("0");                    //判断长度为 0 的情况
    for(;i>=0;i--)
    {//输出这个十进制数
        printf("%d",output[i]);
    }
    putchar('\n');
    return 0;
}
```

在此补充 NTT（number theoretic transform，快速数论变换）的多项式乘法的代码，做对比学习。

```
#include "cstdio"
#include "cstdlib"
#include "algorithm"
#include "cmath"
//#include "complex"
using namespace std;
//typedef complex<double> cd;
typedef long long LL;
void exgcd(int a,int b,int& x,int& y)
{
    if(b==0){
        x=1;
        y=0;
        return;
    }
    int x0,y0;
    exgcd(b,a%b,x0,y0);
```

```
        x=y0;y=x0-int(a/b)*y0;
}
int Inv(int a,int p){
    int x,y;
    exgcd(a,p,x,y);
    x%=p;
    while(x<0)x+=p;
    return x;
}
int qpow(int a,int b,int p){
    if(b<0){
        b=-b;
        a=Inv(a,p);
    }
    LL ans=1,mul=a%p;
    while(b){
        if(b&1)ans=ans*mul%p;
        mul=mul*mul%p;
        b>>=1;
    }
    return ans;
}
#define maxn (65537*2)const int MOD=479*(1<<21)+1,G=3;
int rev[maxn];void get_rev(int bit){
    for(int i=0;i<(1<<bit);i++){
        rev[i]=(rev[i>>1]>>1)|((i&1)<<(bit-1));
    }
}
//from internet//for(int i=0; i<NUM; i++)
//{
//    int t = 1 << i;
//    wn[i] = quick_mod(G, (P - 1) / t, P);
//}

LL a[maxn],b[maxn];void ntt(LL* a,int n,int dft)
{
    for(int i=0;i<n;i++)
    {
        if(i<rev[i])
            swap(a[i],a[rev[i]]);
    }
    for(int step=1;step<n;step<<=1)
    {
        LL wn;
        wn=qpow(G,dft*(MOD-1)/(step*2),MOD);
        for(int j=0;j<n;j+=step<<1)
        {
            LL wnk=1;//这里一定要用 long long 类型，否则会溢出
```

```
                for(int k=j;k<j+step;k++)
                {
                    LL x=a[k]%MOD,y=(wnk*a[k+step])%MOD;//这里也要用long long类型
                    a[k]=(x+y)%MOD;
                    a[k+step]=((x-y)%MOD+MOD)%MOD;
                    wnk=(wnk*wn)%MOD;
                }
            }
        }
        if(dft==-1)
        {
            int nI=Inv(n,MOD);
            for(int i=0;i<n;i++)
                a[i]=a[i]*nI%MOD;
        }
    }
#include"cstring"char s1[maxn],s2[maxn];
int main()
{
    //scanf("%*d");
    scanf("%s%s",s1,s2);
    int l1=strlen(s1),l2=strlen(s2);
    for(int i=0;i<l1;i++)a[i]=s1[l1-i-1]-'0';
    for(int i=0;i<l2;i++)b[i]=s2[l2-i-1]-'0';
    int bit,s=2;
    for(bit=1;(1<<bit)<(l1+l2-1);bit++)s<<=1;
    get_rev(bit);ntt(a,s,1);ntt(b,s,1);
    for(int i=0;i<s;i++)
        a[i]=a[i]*b[i]%MOD;
    ntt(a,s,-1);
    for(int i=0;i<s;i++){
        a[i+1]+=a[i]/10;
        a[i]%=10;
    }
    int cnt=s;
    while(cnt>=0 && a[cnt]==0)cnt--;
    if(cnt==-1)printf("0");
    for(int i=cnt;i>=0;i--){
        printf("%d",a[i]);
    }
    putchar('\n');
    return 0;
}
```

4.5　FFT应用——谐波分析

假设有一个信号，它是含有 2V 的直流分量，频率为 50Hz、相位为-30°、幅度为 3V

的交流信号，以及一个频率为 75Hz、相位为 90°、幅度为 1.5V 的交流信号。数学表达式
如下：

$$S=2+3×\cos(2×π×50×t-π×30/180)+1.5×\cos(2×π×75×t+π×90/180)$$

式中，cos 参数为弧度，所以-30°和 90°要分别换算成弧度。以 256Hz 的采样频率对这个
信号进行采样，共采样 256 点。按照上面的分析，$F_n=(n-1)×F_s/N$（各参数含义在本节"小
结"中介绍），可以知道，每两个点之间的间距就是 1Hz，第 n 个点的频率就是 $n-1$。信号
有 3 个频率：0Hz、50Hz、75Hz，应该分别在第 1 个点、第 51 个点、第 76 个点上出现峰
值，其他各点应该接近 0。而 FFT 结果的模值如图 4.12 所示。

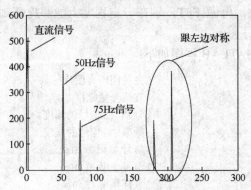

图 4.12 FFT 结果的模值

从图 4.13 中可以看到，在第 1 点、第 51 点和第 76 点附近有比较大的值。分别列出这
3 个点附近的数据：

1 点：512+0i。

2 点：-4.6195E-14 - 1.4162E-13i。

3 点：-4.8586E-14 - 1.1898E-13i。

50 点：-6.2076E-13 - 4.1713E-12iz。

51 点：334.55 - 192i。

52 点：-1.6707E-12 - 1.5241E-12i。

75 点：-4.2199E-13 -1.0076E-12i。

76 点：3.4315E-12 + 192i。

77 点：-3.0263E-14 +7.5609E-13i。

很明显，1 点、51 点、76 点的值都比较大，它附近的点值都很小，可以认为是 0，即
在那些频率点上的信号幅度为 0。下面计算各点的幅度值，分别计算这 3 个点的模值，结
果如下：1 点为 512，51 点为 384，76 点为 192。

按照公式，可以计算出直流分量为 512/N=512/256=2；50Hz 信号的幅度为
384/(N/2)=384/(256/2)=3；75Hz 信号的幅度为 192/(N/2)=192/(256/2)=1.5。可见，从频谱分
析出来的幅度是正确的。

再来计算相位信息。直流信号没有相位可言，故不用计算。先计算 50Hz 信号的相位，
atan2(-192,334.55)=-0.5236，单位是弧度，换算为角度就是 180°×(-0.5236)/π≈-30.0001°。
再计算 75Hz 信号的相位，atan2(192,3.4315E-12)=1.5708rad，换算成角度就是 180°×
1.5708/π≈90.0002°。可见，从频谱分析出的相位也是正确的。

根据 FFT 结果及上面的分析计算，就可以写出信号的表达式了。

小结：假设采样频率为 F_s，采样点数为 N，做 FFT 之后，某一点 n（n 从 1 开始）表示的频率为 $F_n=(n-1)\times F_s/N$；该点的模值除以 $N/2$ 就是对应该频率下的信号的幅度（对于直流信号是除以 N）；该点的相位即是对应该频率下的信号的相位。相位的计算可用函数 atan2(b,a)计算。atan2(b,a)是求坐标为(a,b)点的角度值，范围从$-\pi$ 到 π。要精确到 xHz，则需要采样长度为 $1/x$（单位：s）的信号，并做 FFT。要提高频率分辨率，就需要增加采样点数，这在一些实际应用中是不现实的，需要在较短的时间内完成分析。解决这个问题的方法有频率细分法，比较简单的方法是采样比较短时间的信号，在后面补充一定数量的 0，使其长度达到需要的点数，再做 FFT，这在一定程度上能够提高频率分辨力。具体的频率细分法可参考相关文献。

本测试数据使用的 MATLAB 程序如下：

```
close all;                    %先关闭所有图片
Adc=2;                        %直流分量幅度
A1=3;                         %频率 F1 信号的幅度
A2=1.5;                       %频率 F2 信号的幅度
F1=50;                        %信号 1 频率(Hz)
F2=75;                        %信号 2 频率(Hz)
Fs=256;                       %采样频率(Hz)
P1=-30;                       %信号 1 相位(°)
P2=90;                        %信号相位(°)
N=256;                        %采样点数
t=[0:1/Fs:N/Fs];              %采样时刻

%信号
S=Adc+A1*cos(2*pi*F1*t+pi*P1/180)+A2*cos(2*pi*F2*t+pi*P2/180);
%显示原始信号
plot(S);
title('原始信号');

figure;
Y = fft(S,N);                 %做 FFT 变换
Ayy = (abs(Y));               %取模
plot(Ayy(1:N));               %显示原始的 FFT 模值结果
title('FFT 模值');

figure;
Ayy=Ayy/(N/2);                %换算成实际的幅度
Ayy(1)=Ayy(1)/2;
F=([1:N]-1)*Fs/N;             %换算成实际的频率值
plot(F(1:N/2),Ayy(1:N/2));    %显示换算后的 FFT 模值结果
title('幅度-频率曲线图');

figure;
Pyy=[1:N/2];
for i="1:N/2";
```

```
Pyy(i)=phase(Y(i));          %计算相位
Pyy(i)=Pyy(i)*180/pi;        %换算为角度
end;
plot(F(1:N/2),Pyy(1:N/2));   %显示相位图
title('相位-频率曲线图');
```

4.6　DSP FFT 实验

1. 实验目的

测试 STM32F429 DSP 库的 FFT 函数，程序运行后，自动生成 1024 点测试序列，按下 KEY0，调用 DSP 库的 FFT 算法（基 4 法）执行 FFT 运算，在 LCD 屏幕上显示运算时间，同时将 FFT 结果输出到串口，DS0 用于提示程序正在运行。

2. 硬件设计

本实验用到的资源如下：
1）指示灯 DS0。
2）KEY0 按键。
3）串口。
4）TFT-LCD 模块。

3. 软件设计

这是使用 STM32F429 的 DSP 库进行 FFT 函数测试的一个例程。

FFT 可以将一个信号从时域变换到频域。因为有些信号在时域上很难看出其特征，但是如果变换到频域之后就很容易看出其特征了，这就是很多信号分析采用 FFT 的原因。另外，FFT 可以将一个信号的频谱提取出来，这在频谱分析方面经常用到。简而言之，FFT 的作用是将一个信号从时域变换到频域，以方便分析处理。

在实际应用中，一般的处理过程是先对一个信号在时域进行采集，如通过 ADC，按照一定大小采样频率 F 去采集信号，采集 N 个点，那么通过对这 N 个点进行 FFT 运算，就可以得到这个信号的频谱特性。

这里还涉及采样定理的概念：在进行模拟/数字信号的转换过程中，当采样频率 F 大于信号中最高频率 f_{max} 的 2 倍时（$F>2f_{max}$），采样之后的数字信号完整地保留了原始信号中的信息。例如，正常人发声，频率范围一般在 8kHz 以内，那么要通过采样之后的数据来恢复声音，采样频率必须为 8kHz 的 2 倍以上，也就是必须大于 16kHz 才行。

模拟信号经过 ADC 采样之后，就变成了数字信号，利用采样得到的数字信号，即可进行 FFT 处理。N 个采样点数据，在经过 FFT 处理之后，就可以得到 N 个点的 FFT 结果。为了方便进行 FFT 运算，通常 N 取 2 的整数次方。

假设采样频率为 F，对一个信号采样，采样点数为 N，那么 FFT 处理之后的结果就是一个 N 点的复数，每一个点对应一个频率点（以基波频率为单位递增），这个点的模值（$sqrt(实部^2+虚部^2)$）就是该频点频率值下的幅度特性。那么，其与原始信号的幅度有什么

关系呢？假设原始信号的峰值为 A，那么 FFT 结果中每个点（除了第一个点直流分量之外）的模值就是 A 的 $N/2$ 倍，而第一个点就是直流分量，它的模值就是直流分量的 N 倍。

这里还涉及一个基波频率，又称频率分辨率，就是如果按照 F 的采样频率去采集一个信号，一共采集 N 个点，那么基波频率（频率分辨率）为 $f_k=F/N$。这样，第 n 个点对应的信号频率为 $F(n-1)/N$；其中 $n\geq1$，当 $n=1$ 时为直流分量。

关于 FFT 的详细介绍参见 4.4 节和 4.5 节及其他参考资料。

对于不懂数字信号处理的读者来说，实现 FFT 算法是比较难的。但是，ST 公司提供的 STM32F429 DSP 库有 FFT 函数供用户调用，用户只需要知道如何使用这些函数，就可以迅速完成 FFT 计算，大大方便了程序的开发。

STM32F429 的 DSP 库中提供了定点和浮点 FFT 实现方式，并且有基 4 的 FFT 算法和基 2 的 FFT 算法，读者可以根据需要自由选择实现方式。注意，基 4 的 FFT 算法，输入点数必须是 4^n，而基 2 的 FFT 算法，输入点数必须是 2^n，并且基 4 的 FFT 算法要比基 2 的快。

本章将采用 DSP 库中的基 4 浮点 FFT 算法来实现 FFT 处理，并计算每个点的模值，所用到的函数：

```
arm_status arm_cfft_radix4_init_f32(arm_cfft_radix4_instance_f32 * S,
    uint16_t fftLen,uint8_t ifftFlag,uint8_t bitReverseFlag)
void arm_cfft_radix4_f32(const arm_cfft_radix4_instance_f32 * S,
        float32_t * pSrc)
void arm_cmplx_mag_f32(float32_t * pSrc,float32_t * pDst,uint32_t numSamples)
```

第一个函数 arm_cfft_radix4_init_f32() 用于初始化 FFT 运算相关参数，其中，fftLen 用于指定 FFT 长度（16、64、256、1024、4096），本章设置为 1024；ifftFlag 用于指定是傅里叶变换（0）还是反傅里叶变换（1），本章设置为 0；bitReverseFlag 用于设置是否按位取反，本章设置为 1。所有参数存储在一个 arm_cfft_radix4_instance_f32 结构体指针 S 中。

第二个函数 arm_cfft_radix4_f32() 就是执行基 4 浮点 FFT 运算的，pSrc 传入采集到的输入信号数据（实部+虚部形式），同时 FFT 处理后的数据也按顺序存放在 pSrc 中，pSrc 必须大于等于 2 倍的 fftLen 长度。另外，S 结构体指针参数是先由 arm_cfft_radix4_init_f32() 函数设置好，然后传入该函数的。

第三个函数 arm_cmplx_mag_f32() 用于计算复数模值，可以对 FFT 处理后的结果数据执行取模操作。pSrc 为复数输入数组（大小为 2numSamples）指针，指向 FFT 处理后的结果；pDst 为输出数组（大小为 numSamples）指针，存储取模后的值；numSamples 为需要取模的数据总数。

通过以上 3 个函数，便可以完成 FFT 计算，并取模值。本节例程（实验 49_2 DSP FFT 测试）是在 4.2 节已经搭建好的 DSP 库运行环境中修改代码，只需要修改 main.c 的代码即可。本例程 main.c 代码如下：

```
#define FFT_LENGTH 1024            //FFT 长度，默认是 1024 点 FFT
float fft_inputbuf[FFT_LENGTH*2];  //FFT 输入数组
float fft_outputbuf[FFT_LENGTH];   //FFT 输出数组
u8 timeout;
```

```
int main(void)
{
    arm_cfft_radix4_instance_f32 scfft;
    u8 key,t=0;
    float time;
    u8 buf[50];
    u16 i;
    HAL_Init();                        //初始化 HAL 库
    Stm32_Clock_Init(360,25,2,8);      //设置时钟，180MHz
    delay_init(180);                   //初始化延时函数
    uart_init(115200);                 //初始化 UART
    LED_Init();                        //初始化 LED
    KEY_Init();                        //初始化按键
    SDRAM_Init();                      //初始化 SDRAM
    LCD_Init();                        //初始化 LCD
    TIM3_Init(65535,90-1);             //10kHz 计数频率，最大计时 65ms 超出
    POINT_COLOR=RED;
    LCD_ShowString(30,50,200,16,16,"Apollo STM32F4/F7");
    LCD_ShowString(30,70,200,16,16,"DSP FFT TEST");
    LCD_ShowString(30,90,200,16,16,"ATOM@ALIENTEK");
    LCD_ShowString(30,110,200,16,16,"2016/1/17");
    LCD_ShowString(30,130,200,16,16,"KEY0:Run FFT"); //显示提示信息
    LCD_ShowString(30,160,200,16,16,"FFT runtime:"); //显示 FFT 执行时间
    POINT_COLOR=BLUE;                  //设置字体为蓝色
    arm_cfft_radix4_init_f32(&scfft,FFT_LENGTH,0,1);
                                       //初始化 scfft 结构体，设定 FFT 相关参数
    while(1)
    {
        key=KEY_Scan(0);
        if(key==KEY0_PRES)
        {
            for(i=0;i<FFT_LENGTH;i++)//生成信号序列
            {
                fft_inputbuf[2*i]=100+10*arm_sin_f32(2*PI*i/FFT_LENGTH)+
                    30*arm_sin_f32(2*PI*i*4/FFT_LENGTH)+
                    50*arm_cos_f32(2*PI*i*8/FFT_LENGTH);
                                       //生成输入信号实部
                fft_inputbuf[2*i+1]=0; //虚部全部为 0
            }
            __HAL_TIM_SET_COUNTER(&TIM3_Handler,0);//重设 TIM3 计数器值
            timeout=0;
            arm_cfft_radix4_f32(&scfft,fft_inputbuf); //FFT 计算（基 4）
            time=__HAL_TIM_GET_COUNTER(&TIM3_Handler)+(u32)timeout*65536;
                                       //计算所用时间
            sprintf((char*)buf,"%0.3fms\r\n",time/1000);
            LCD_ShowString(30+12*8,160,100,16,16,buf); //显示运行时间
            arm_cmplx_mag_f32(fft_inputbuf,fft_outputbuf,FFT_LENGTH);
                                       //把运算结果复数求模得幅值
```

```
        printf("\r\n%d point FFT runtime:%0.3fms\r\n",FFT_LENGTH,
            time/1000);
        printf("FFT Result:\r\n");
        for(i=0;i<FFT_LENGTH;i++)
        {
            printf("fft_outputbuf[%d]:%f\r\n",i,fft_outputbuf[i]);
        }
    }else delay_ms(10);
    t++;
    if((t%10)==0)LED0=!LED0;
    }
}
```

以上代码只有一个 main()函数,并通过前面介绍的 3 个函数 arm_cfft_radix4_init_f32()、arm_cfft_radix4_f32()和 arm_cmplx_mag_f32()来执行 FFT 并取模值。每按下一次 KEY0 就会重新生成一个输入信号序列,并执行一次 FFT 计算,将 arm_cfft_radix4_f32()所用时间统计出来,显示在 LCD 屏幕上,同时将取模后的模值通过串口输出。

这里,在程序上生成了一个输入信号序列用于测试,输入信号序列表达式:

```
fft_inputbuf[2*i]=100+10*arm_sin_f32(2*PI*i/FFT_LENGTH)+
    30*arm_sin_f32(2*PI*i*4/FFT_LENGTH)+
    50*arm_cos_f32(2*PI*i*8/FFT_LENGTH);        //实部
```

通过该表达式可知,信号的直流分量为 100,外加两个正弦信号和一个余弦信号,其幅值分别为 10、30 和 50。

4. 下载验证

代码编译成功之后,便可以下载到阿波罗 STM32F429 开发板上进行验证了。

对于实验 DSP BasicMath 测试,下载后可以在屏幕上看到两种实现方式的速度差别,如图 4.13 所示。

从图 4.13 中可以看出,使用 DSP 库的基础数学函数计算所用时间比不使用 DSP 库所用的时间短,使用 STM32F429 的 DSP 库,在速度上比传统的实现方式提升了约 17%。

对于实验 49_2 DSP FFT 测试,下载后屏幕上显示提示信息,按下 KEY0 就可以看到 FFT 运算所耗时间,如图 4.14 所示。

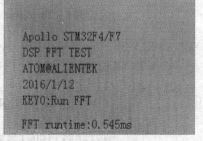

图 4.13　使用 DSP 库和不使用 DSP 库的基础数学函　　　　　图 4.14　FFT 测试界面
　　　　　数速度对比

可以看到，STM32F429 采用基 4 法计算 1024 个浮点数的 FFT，只用了 0.584ms，速度很快。同时，可以在串口看到 FFT 取模后的各频点模值，如图 4.15 所示。

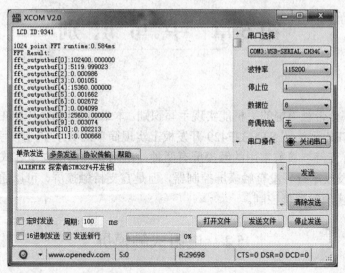

图 4.15　FFT 变换后各频点模值

查看所有数据，会发现 0、1、4、8、1016、1020、1023 这 7 个点的值比较大，其他点的值都很小，下面简单分析这些数据。

由于 FFT 处理后的结果具有对称性，实际上有用的数据只有前半部分。后半部分和前半部分是对称关系，如 1 和 1023、4 和 1020、8 和 1016 等就是对称关系，因此只需要分析前半部分数据即可。这样，只有 0、1、4、8 这 4 个点，比较大，重点分析。

假设采样频率为 1024Hz，那么总共采集 1024 个点，频率分辨率就是 1Hz，对应到频谱上，两个点之间的间隔就是 1Hz。因此，生成的 3 个叠加信号：$10\sin(2\times\pi\times i/1024)+30\sin(2\times\pi\times i\times4/1024)+50\cos(2\times\pi\times i\times8/1024)$ 的频率分别是 1Hz、4Hz 和 8Hz。

对于上述 4 个值比较大的点，结合 4.4 节的知识，很容易分析得出：第 0 个点即直流分量，其 FFT 处理后的模值应该是原始信号幅值的 N 倍，$N=1024$，所以值是 $100\times1024=102400$，与理论完全一致。其他点，模值应该是原始信号幅值的 $N/2$ 倍，即 10×512、30×512、50×512，而计算结果是 5119.999023、15360、256000，除了 1 点稍微有点误差（说明精度上有损失）外，其他同理论值完全一致。

对于 DSP 库的其他测试实例，读者可以自行研究，这里不再介绍。

第5章 手写识别

现在绝大部分带触摸屏的手机能实现手写识别。本章将利用 ALIENTEK 提供的手写识别库在 ALIENTEK 阿波罗 STM32F429 开发板上实现简单的数字字母手写识别功能。手写输入需要触摸屏支持，目前常用的触摸屏有两种：电阻式触摸屏与电容式触摸屏。阿波罗 STM32F429 开发板本身并没有触摸屏控制器，但是它支持触摸屏，可以通过外接带触摸屏的 LCD 模块来实现触摸屏控制。

5.1　电阻式触摸屏

在 iPhone 面世之前，手机均使用电阻式触摸屏。电阻式触摸屏利用压力感应进行触点检测控制，需要直接应力接触，通过检测电阻来定位触摸位置。

ALIENTEK 2.4 英寸（1 英寸=2.54cm）、2.8 英寸、5.5 英寸 LCD 模块自带的触摸屏都属于电阻式触摸屏，下面简单介绍电阻式触摸屏的原理。

电阻式触摸屏的主要部分是一块与显示器表面非常贴合的电阻薄膜屏，这是一种多层复合薄膜，它以一层玻璃或硬塑料平板作为基层，表面涂有一层透明氧化金属（透明的导电电阻）导电层，上面盖有一层外表面硬化处理、光滑防摩擦的塑料层；它的内表面也涂有一层涂层，涂层之间有许多细小的透明隔离点将两层导电层隔开绝缘。当手指触摸屏幕时，两层导电层在触摸点位置就有了接触，电阻发生变化，在 X 和 Y 两个方向上产生信号，并输入触摸屏控制器。控制器侦测到这一接触并计算出（X，Y）的位置，再根据获得的位置模拟鼠标的方式运作。

电阻式触摸屏的优点：精度高、价格低廉、抗干扰能力强、稳定性好。

电阻式触摸屏的缺点：容易划伤、透光性差、不支持多点触摸。

从以上介绍可知，触摸屏需要一个 ADC，一般来说，其还需要一个控制器。ALIENTEK LCD 模块选择的是四线电阻式触摸屏，这种触摸屏的控制芯片很多，包括 ADS7843、ADS7846、TSC2046、XPT2046 和 AK4182 等。这几款芯片的驱动基本相同，即用户写出了 ADS7843 的驱动程序后，这个驱动程序对其他几个芯片也是有效的。并且，这几种芯片封装方式相同，完全 PIN TO PIN 兼容，方便替换。

ALIENTEK LCD 模块自带的触摸屏控制芯片为 XPT2046。XPT2046 是一款 4 导线制触摸屏控制器，内含 12 位分辨率、125kHz 转换速率逐步逼近型 ADC。XPT2046 支持从 1.5V 到 5.25V 的低电压 I/O 接口，能通过执行两次 A/D 转换查出所按的屏幕位置。除此之外，其还可以测量加在触摸屏上的压力。其内部自带 2.5V 参考电压供辅助输入、温度测量和电池监测模式使用，电池监测的电压范围为 0～6V。XPT2046 片内集成有一个温度传感器，在 2.7V 典型工作状态下，关闭参考电压，功耗可小于 0.75mW；采用微小的封装形式：

TSSOP-16、QFN-16（0.75mm 厚度）和 VFBGA-48，工作温度范围为-40～+85℃。

该芯片完全兼容 ADS7843 和 ADS7846，关于这个芯片的详细使用方法可以参考这两个芯片的数据手册。

5.2　电容式触摸屏

5.2.1　概述

现在所有智能手机，包括平板计算机均采用电容式触摸屏作为其触摸屏。电容式触摸屏利用人体感应进行触点检测控制，不需要直接接触或只需要轻微接触即可，其通过检测感应电流来定位触摸坐标。

电容式触摸屏主要分为两种。

1. 表面电容式触摸屏

表面电容式触摸屏技术是利用 ITO（铟锡氧化物，一种透明的导电材料）导电膜，通过电场感应方式感测屏幕表面的触摸行为。但是，表面电容式触摸屏的使用存在局限性，它只能识别一个手指或一次触摸。

2. 投射电容式触摸屏

投射电容式触摸屏通过传感器利用触摸屏电极发射静电场线。一般用于投射电容传感技术的电容类型有两种：自我电容和交互电容。

自我电容又称绝对电容，是广为采用的一种电容，其通常是指扫描电极与地构成的电容。在玻璃表面有用 ITO 制成的横向电极与纵向电极，这些电极和地之间就构成一个电容的两极。当用手或触摸笔触摸触摸屏时就会并联一个电容到电路中，从而使在该条扫描线上的总体电容量有所改变。在扫描时，控制 IC（integrated circuit，集成电路）依次扫描纵向和横向电极，并根据扫描前后的电容变化来确定触摸点的坐标位置。笔记本式计算机的触摸输入板采用的就是自我电容，其采用 $X \times Y$ 的传感电极阵列形成一个传感格子，当手指靠近触摸输入板时，在手指和传感电极之间产生一个小量电荷，采用特定的运算法则处理来自行传感器、列传感器的信号以确定手指的位置。

交互电容又称跨越电容，它是在玻璃表面横向和纵向 ITO 电极的交叉处形成的电容。交互电容通过扫描每个交叉处的电容变化来判断触摸点的位置。当触摸时，交互电容会影响相邻电极的耦合，从而改变交叉处的电容量。交互电容的扫描方法可以侦测到每个交叉点的电容值和触摸后电容值的变化，因而它需要的扫描时间比自我电容的扫描时间要长一些，需要扫描检测 $X \times Y$ 根电极。目前，智能手机、平板计算机等的触摸屏均采用交互电容技术。

ALIENTEK 所选择的电容式触摸屏采用的是投射电容式触摸屏（交互电容类型），所以，后面仅对投射电容式触摸屏进行介绍。

投射电容式触摸屏采用纵、横两列电极组成感应矩阵来感应触摸，以两个交叉的电极矩阵，即 X 轴电极和 Y 轴电极来检测每一格感应单元的电容变化，如图 5.1 所示。

图 5.1 中，X、Y 轴透明电极电容屏的精度、分辨率与 X、Y 轴的通道数有关，通道数越多，精度越高。

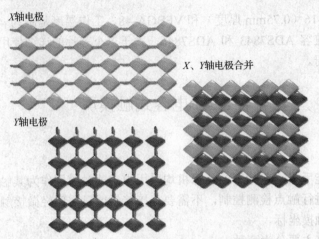

图 5.1　投射电容式触摸屏电极矩阵示意图

电容式触摸屏的优点：手感好、无须校准、支持多点触摸、透光性好。

电容式触摸屏的缺点：成本高、精度低、抗干扰能力差。

注意，电容式触摸屏对工作环境的要求较高，在潮湿、多尘、高低温环境中不适合使用电容式触摸屏。

5.2.2　GT9147 驱动 IC

电容式触摸屏一般需要一个驱动 IC 来检测电容触摸，且一般通过 IIC 接口输出触摸数据。ALIENTEK 7 英寸 LCD 模块的电容式触摸屏使用 FT5206、FT5426 作为驱动 IC，采用 28×15 驱动结构（15 个感应通道，28 个驱动通道）。ALIENTEK 4.3 英寸 LCD 模块则使用 GT9147、OTT2001A 作为驱动 IC，采用 17×10 驱动结构（10 个感应通道，17 个驱动通道）。

上述两个模块都只支持最多 5 点触摸。另外，除复杂可编程逻辑器件（complex programmable logic device，CPLD）方案的 V1 版本 7 英寸 LCD 模块不支持最多 5 点触摸外，其他所有 ALIENTEK 的 LCD 模块都支持最多 5 点触摸。对于电容式触摸屏的驱动 IC，这里仅介绍 GT9147，OTT2001A、FT5206 和 FT5426 与 GT9147 类似，读者可以参考 GT9147。

下面简单介绍 GT9147。该 IC 是深圳汇顶科技研发的一片电容式触摸屏驱动 IC，支持 100Hz 触点扫描频率，支持 5 点触摸，支持 18×10 个检测通道，适合小于 4.5 英寸的电容式触摸屏使用。

GT9147 的 SDA、SCL、RST 和 INT 引脚通过 4 根线与 MCU 连接。其中，SDA 和 SCL 是 IIC 通信用的，RST 是复位脚（低电平有效），INT 是中断输出信号。

GT9147 的 IIC 地址可以是 0x14 或 0x5D，在复位结束后的 5ms 内，如果 INT 是高电平，则使用 0x14 作为地址，否则使用 0x5D 作为地址，具体的设置过程参见《GT9147 数据手册》。本章使用 0x14 作为器件地址（不含最低位，换算成读写命令则是读 0x29，写 0x28）。下面介绍 GT9147 中的几个重要寄存器。

1. 控制命令寄存器（0x8040）

该寄存器可以写入不同值，实现不同的控制，一般使用 0 和 2 这两个值，写入 2，即可软复位 GT9147（在硬复位之后，一般要往该寄存器写 2，实行软复位）。然后，写入 0，即可正常读取坐标数据（并且会结束软复位）。

2. 配置寄存器组（0x8047～0x8100）

这里共 186 个寄存器，用于配置 GT9147 的各个参数，这些配置一般由厂家提供（一个数组），所以只需要将厂家的配置写入这些寄存器中，即可完成 GT9147 的配置。另外，GT9147 可以保存配置信息（可写入内部 Flash，从而不需要每次上电都更新配置）。需要注意的是：①0x8047 寄存器用于指示配置文件版本号，程序写入的版本号，必须不小于 GT9147 本地保存的版本号，才可以更新配置；②0x80FF 寄存器用于存储校验和，使 0x8047～0x80FF 之间所有数据之和为 0；③0x8100 用于控制是否将配置保存在本地，写 0 则不保存配置，写 1 则保存配置。

3. 产品 ID 寄存器（0x8140～0x8143）

GT9147 共由 4 个寄存器组成，用于保存产品 ID。对于 GT9147，这 4 个寄存器读出来就是 9、1、4、7 这 4 个字符（ASCII 码格式）。因此，可以通过这 4 个寄存器的值来判断驱动 IC 的型号，从而判断是 OTT2001A 还是 GT9147，以便执行不同的初始化操作。

4. 状态寄存器（0x814E）

该寄存器各位描述如表 5.1 所示。

表 5.1 状态寄存器各位描述

寄存器	bit7	bit6	bit5	bit4	bit3	bit2	bit1	bit0
0x814E	buffer 状态	大点	接近有效	按键		有效触点个数		

这里，仅关心最高位和低 4 位，最高位用于表示 buffer 状态，如果有数据（坐标/按键），buffer 状态为 1；低 4 位用于表示有效触点的个数，范围是 0～5。其中，0 表示没有触摸，5 表示有 5 点触摸。该寄存器在每次读取后，如果 bit7 有效，则必须写 0，清除此位，否则不会输出下一次数据。

5. 坐标数据寄存器（共 30 个）

坐标数据寄存器共分成 5 组（5 个点），每组 6 个寄存器存储数据，以触点 1 的坐标数据寄存器组为例，如表 5.2 所示。

表 5.2 触点 1 的坐标数据寄存器组描述

寄存器	bit7～bit0	寄存器	bit7～bit0
0x8150	触点 1 x 坐标低 8 位	0x8153	触点 1 y 坐标高 8 位
0x8151	触点 1 x 坐标高 8 位	0x8154	触点 1 触摸尺寸低 8 位
0x8152	触点 1 y 坐标低 8 位	0x8155	触点 1 触摸尺寸高 8 位

一般只用到触点的 x、y 坐标，所以只需要读取 0x8150～0x8153 的数据，组合即可得到触点坐标。其他 4 组分别由 0x8158、0x8160、0x8168 和 0x8170 等开头的 16 个寄存器组成，分别针对触点 2～4 的坐标。GT9147 支持寄存器地址自增，只需要发送寄存器组的首地址，然后连续读取即可。另外，GT9147 会自增地址，从而提高读取速度。

对于 GT9147 相关寄存器更详细的资料，请参考《GT9147 编程指南》。

GT9147 只需经过简单的初始化就可以正常使用了，初始化流程为硬复位→延时 10ms→结束硬复位→设置 IIC 地址→延时 100ms→软复位→更新配置（需要时）→结束软复位。

初始化后，GT9147 会不停地查询 0x814E 寄存器，判断是否有有效触点，如果有，则读取坐标数据寄存器，得到触点坐标。注意，如果 0x814E 读到的值最高位为 1，则必须对该位写 0，否则则无法读到下一次坐标数据。

说明：FT5206 和 FT5426 的驱动代码完全相同，只是版本号读取时稍有差异，读坐标数据和配置等操作完全相同。所以，这两个电容屏驱动 IC 可以共用一个.c 文件（ft5206.c）。

5.3　手写识别简介

手写识别是指对在手写设备上书写时产生的有序轨迹信息进行识别的过程，是人机交互自然、方便的手段之一。随着智能手机和平板计算机等移动设备的普及，手写识别被越来越多的设备采用。

手写识别能够使用户按照自然、方便的输入方式进行文字输入，易学易用，可取代键盘或鼠标。用于手写输入的设备有许多种，如电磁感应手写板、压感式手写板、触摸屏、触控板、超声波笔等。ALIENTEK 阿波罗 STM32F429 开发板自带的 TFT-LCD 触摸屏（2.8 英寸、5.5 英寸、4.3 英寸），可以用来作为手写识别的输入设备。下面简单介绍手写识别的实现过程。

手写识别与其他识别系统，如语音识别、图像识别一样分为两个过程：训练学习过程和识别过程，如图 5.2 所示。

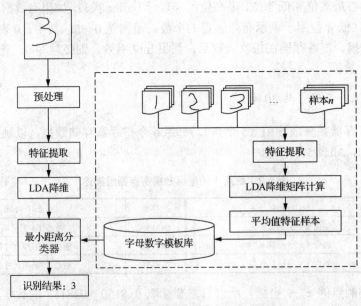

图 5.2　字母数字识别系统示意图

图 5.2 中虚线部分为训练学习过程，该过程首先需要使用设备采集大量数据样本，如

对于字母数字识别系统，样本类别数目为 0~9、a~z、A~Z 共 62 类，每个类别有 5~10 个样本（样本越多，识别率越高）。对这些样本进行传统的 8 方向特征提取，提取后特征维数为 512 维，计算量和模板库的存储量很大，所以需要采用一些方法进行降维。图 5.2 中采用 LDA（linear discriminant analysis，线性判决分析）方法进行降维。LDA 即假设所有样本服从高斯分布（正态分布）对样本进行低维投影，以达到各个样本间的距离最大化。关于 LDA 的更多知识可以阅读相关参考文档（如 http://wenku.baidu.com/view/f05c731452d380eb62946d39.html）。这里将维度降到 64 维，然后针对各个样本类别进行平均计算得到该类别的样本模板。

而对于识别过程，首先得到触屏输入的有序轨迹，然后进行一些预处理，主要包括重采样、归一化处理。因为不同的输入设备、不同的输入处理方式产生的有序轨迹序列有所不同，为了达到更好的识别效果需要对训练样本和识别输入的样本进行重采样处理。这里主要应用隔点重采样的方法对输入的序列进行重采样。因为不同的书写风格采样分辨率的差异会导致字体大小不同，所以需要对输入轨迹进行归一化。这里把样本进行线性缩放的方法归一化为 64×64 像素。

预处理完成后，再次进行 8 方向特征提取操作。8 方向特征即首先将经过预处理的 64×64 输入切分成 8×8 的小方格，每个方格 8×8 像素；然后对每个 8×8 像素小方格进行各个方向的点数统计。例如，某个方格内一共有 10 个点，其中 8 个方向的点分别为 1、3、5、2、3、4、3、2，那么这个格子得到的 8 个特征向量为[0.1,0.3,0.5,0.2,0.3,0.4,0.3,0.2]。又因为共有 64 个格子，所以一个样本最终能得到 512（64×8）维特征。关于 8 方向特征提取的详细信息可以参考以下两个网址中的内容：

1）http://wenku.baidu.com/view/d37e5a49e518964bcf847ca5.html。

2）http://wenku.baidu.com/view/3e7506254b35eefdc8d333a1.html。

训练学习过程中进行了 LDA 降维计算，识别过程同样需要对应的 LDA 降维过程得到最终的 64 维特征。方法为在训练模板的过程中运算得到一个 512×64 维的矩阵，通过矩阵乘运算得到 64 维的最终特征值。

$$[d_1, d_2, \cdots, d_{512}] \times \begin{bmatrix} l & \cdots & l \\ \vdots & \ddots & \vdots \\ l & \cdots & l \end{bmatrix} = \begin{bmatrix} f_1 \\ \vdots \\ f_{64} \end{bmatrix}$$

将这 64 维特征分别与模板中的特征进行求距离运算，得到最小的距离为该输入的最佳识别结果输出。

$$\text{output} = \underset{i \in [1,62]}{\arg \min} \{ (f_1 - f_1^i)^2 + (f_2 - f_2^i)^2 + \cdots + (f_{64} - f_{64}^i)^2 \}$$

ALIENTEK 提供了一个数字字母识别库，这样用户不需要关心手写识别的实现过程，了解这个库的使用方法，就能实现手写识别。ALIENTEK 提供的手写识别库由 4 个文件组成：ATKNCR_M_V2.0.lib、ATKNCR_N_V2.0.lib、atk_ncr.c 和 atk_ncr.h。

其中，ATKNCR_M_V2.0.lib 和 ATKNCR_N_V2.0.lib 是两个识别用的库文件（两个版本），使用时选择其中之一即可。ATKNCR_M_V2.0.lib 用于使用内存管理的情况，用户必须自己实现 alientek_ncr_malloc()和 alientek_ncr_free()两个函数。ATKNCR_N_V2.0.lib 用于不使用内存管理的情况，通过全局变量来定义缓存区，缓存区需要提供至少 3KB 的 RAM。

读者可以根据自己的需要选择不同的版本。ALIENTEK 手写识别库资源需求：Flash 需 52KB 左右空间，RAM 需 6KB 左右空间。

atk_ncr.c 代码如下：

```c
#include "atk_ncr.h"
#include "malloc.h"
//内存设置函数
void alientek_ncr_memset(char *p,char c,unsigned long len)
{
    mymemset((u8*)p,(u8)c,(u32)len);
}
//内存申请函数
void *alientek_ncr_malloc(unsigned int size)
{
    return mymalloc(SRAMIN,size);
}
//内存清空函数
void alientek_ncr_free(void *ptr)
{
    myfree(SRAMIN,ptr);
}
```

以上代码主要实现了 alientek_ncr_malloc()、alientek_ncr_free()和 alientek_ncr_memset() 3 个函数。

atk_ncr.h 是识别库文件同外部函数的接口函数声明，代码如下：

```c
#ifndef __ATK_NCR_H
#define __ATK_NCR_H
//当使用 ATKNCR_M_Vx.x.lib 时，不需要理会 ATK_NCR_TRACEBUF1_SIZE 和
//ATK_NCR_TRACEBUF2_SIZE
//当使用 ATKNCR_N_Vx.x.lib 时，如果出现识别死机，应适当增加
//ATK_NCR_TRACEBUF1_SIZE 和 ATK_NCR_TRACEBUF2_SIZE 的值
#define ATK_NCR_TRACEBUF1_SIZE 500*4
//定义第一个 tracebuf 大小(单位为字节)，如果出现死机，应将该数组适当调大
#define ATK_NCR_TRACEBUF2_SIZE 250*4
//定义第二个 tracebuf 大小(单位为字节)，如果出现死机，应将该数组适当调大
//输入轨迹坐标类型
__packed typedef struct _atk_ncr_point
{
short x;                            //X 轴坐标
short y;                            //Y 轴坐标
}atk_ncr_point;
//外部调用函数
//初始化识别器
//返回值:0,初始化成功；1,初始化失败
unsigned char alientek_ncr_init(void);
void alientek_ncr_stop(void);        //停止识别器
```

```
//识别器识别
//track:输入点阵集合
//potnum:输入点阵的点数, 即 track 的大小
//charnum:期望输出的结果数, 即希望输出匹配结果的数量
//mode:识别模式
//1, 仅识别数字
//2, 进识别大写字母
//3, 仅识别小写字母
//4, 混合识别(全部识别)
//result:结果缓存区(至少为 charnum+1 字节)
void alientek_ncr(atk_ncr_point * track,int potnum,int charnum,unsigned
    char mode,char*result);
void alientek_ncr_memset(char *p,char c,unsigned long len);//内存设置函数
//动态申请内存, 当使用 ATKNCR_M_Vx.x.lib 时, 必须实现
void *alientek_ncr_malloc(unsigned int size);
//动态释放内存, 当使用 ATKNCR_M_Vx.x.lib 时, 必须实现
void alientek_ncr_free(void *ptr);
#endif
```

此段代码中, 定义了一些外部接口函数及一个轨迹结构体等。

alientek_ncr_init(), 该函数用于初始化识别器, 在.lib 文件中实现, 在识别开始之前, 应该调用该函数。

alientek_ncr_stop(), 该函数用于停止识别器, 在识别完成之后(不需要再识别), 调用该函数, 如果一直处于识别状态, 则不调用。该函数也是在.lib 文件中实现。

alientek_ncr(), 该函数为识别函数。它有 5 个参数, 第一个参数 track, 用于输入轨迹点的坐标集; 第二个参数 potnum, 表示坐标集点坐标的个数; 第三个参数 charnum, 表示期望输出的结果数, 即希望输出的匹配结果, 识别器按匹配程度排序输出(最佳匹配排第一); 第四个参数 mode, 用于设置模式, 识别器共支持 4 种模式, 1 表示仅识别数字, 2 表示仅识别大写字母, 3 表示仅识别小写字母, 4 表示混合识别(全部识别); 最后一个参数是 result, 用来输出结果, 注意这个结果是 ASCII 码格式的。

alientek_ncr_memset()、alientek_ncr_malloc() 和 alientek_ncr_free() 这 3 个函数在 atk_ncr.c 中实现, 这里不再说明。

通过 ALIENTEK 提供的手写数字字母识别库实现数字字母识别的步骤如下:

1) 调用 alientek_ncr_init 函数(), 初始化识别程序。该函数用来初始化识别器, 在手写识别进行之前, 必须调用该函数。

2) 获取输入的点阵数据。通过触摸屏获取输入轨迹点阵坐标, 再存储到一个缓存区中。注意, 至少要输入两个不同坐标的点阵数据才能正常识别; 输入点数不要太多, 否则需要更多的内存, 推荐的输入点数范围为 100~200 点。

3) 调用 alientek_ncr()函数, 得到识别结果。通过调用 alientek_ncr()函数, 可以得到输入点阵的识别结果, 且结果将保存在 result 参数中, 采用 ASCII 码格式存储。

4) 调用 alientek_ncr_stop()函数, 终止识别。如果不需要继续识别, 则调用 alientek_ncr_stop()函数, 终止识别器。如果仍需要继续识别, 重复步骤 2) 和步骤 3) 即可。

5.4　手写识别实验

1．实验目的

开机时先初始化手写识别器，然后检测字库，之后进入等待输入状态。此时，在手写区写数字/字符，在每次写入结束后，自动进入识别状态进行识别，将识别结果输出到 LCD 模块（同时输出到串口）。按 KEY0 键可以进行模式切换（4 种模式都可以测试），按 KEY2 键可以进入触摸屏校准（如果发现触摸屏不准，应执行此操作）。DS0 用于指示程序运行状态。

2．硬件设计

本实验用到的资源如下：

1）指示灯 DS0。

2）KEY0 和 KEY2 两个按键。

3）串口。

4）LCD 模块（含触摸屏）。

5）SPI Flash。

3．软件设计

打开本章实验工程目录，在工程根目录文件夹下新建一个名为 ATKNCR 的文件夹。将 ALIETENK 提供的手写识别库文件（ATKNCR_M_V2.0.lib、ATKNCR_N_V2.0.lib、atk_ncr.c 和 atk_ncr.h 这 4 个文件）在资源中复制到该文件夹下，然后在工程中新建一个名为 ATKNCR 的组，将 atk_ncr.c 和 ATKNCR_M_V2.0.lib 加入该组（这里使用内存管理版本的识别库）。最后，将 ATKNCR 文件夹加入头文件包含路径。

关于 ATKNCR_M_V2.0.lib 和 atk_ncr.c 在 5.3 节已经介绍，这里不再赘述，在 main.c 中修改代码如下：

```
//最大记录的轨迹点数
atk_ncr_point READ_BUF[200];
//画水平线
//x0、y0 表示坐标，len 表示线长度，color 表示颜色
void gui_draw_hline(u16 x0,u16 y0,u16 len,u16 color)
{
    if(len==0)return;
    LCD_Fill(x0,y0,x0+len-1,y0,color);
}
//画实心圆
//x0、y0 表示坐标，r 表示半径，color 表示颜色
void gui_fill_circle(u16 x0,u16 y0,u16 r,u16 color)
{
    u32 i;
    u32 imax = ((u32)r*707)/1000+1;
```

```
        u32 sqmax = (u32)r*(u32)r+(u32)r/2;
        u32 x=r;
        gui_draw_hline(x0-r,y0,2*r,color);
        for (i=1;i<=imax;i++)
        {
            if ((i*i+x*x)>sqmax)                    //从外部绘制线条
            {
                if (x>imax)
                {
                    gui_draw_hline (x0-i+1,y0+x,2*(i-1),color);
                    gui_draw_hline (x0-i+1,y0-x,2*(i-1),color);
                }
                x--;
            }
            // 从内部绘制线条(中心)
            gui_draw_hline(x0-x,y0+i,2*x,color);
            gui_draw_hline(x0-x,y0-i,2*x,color);
        }
}
//两个数之差的绝对值
//x1、x2：需取差值的两个数
//返回值：|x1-x2|
u16 my_abs(u16 x1,u16 x2)
{
    if(x1>x2)return x1-x2;
    else return x2-x1;
}
//画一条粗线
//(x1,y1)、(x2,y2):线条的起始坐标
//size:线条的粗细程度
//color:线条的颜色
void lcd_draw_bline(u16 x1, u16 y1, u16 x2, u16 y2,u8 size,u16 color)
{
    u16 t;
    int xerr=0,yerr=0,delta_x,delta_y,distance;
    int incx,incy,uRow,uCol;
    if(x1<size|| x2<size||y1<size|| y2<size)return;
    delta_x=x2-x1;                          //计算坐标增量
    delta_y=y2-y1;
    uRow=x1;  uCol=y1;
    if(delta_x>0)incx=1;                    //设置单步方向
    else if(delta_x==0)incx=0;              //垂直线
    else {incx=-1;delta_x=-delta_x;}
    if(delta_y>0)incy=1;
    else if(delta_y==0)incy=0;              //水平线
    else{incy=-1;delta_y=-delta_y;}
    if( delta_x>delta_y)distance=delta_x;   //选取基本增量坐标轴
    else distance=delta_y;
```

```
            for(t=0;t<=distance+1;t++ )                    //画线输出
            {
                gui_fill_circle(uRow,uCol,size,color); //画点
                xerr+=delta_x;  yerr+=delta_y;
                if(xerr>distance){ xerr-=distance;  uRow+=incx;}
                if(yerr>distance){ yerr-=distance;uCol+=incy;}
            }
}
int main(void)
{
        u8 i=0;
        u8 tcnt=0;
        u8 res[10];
        u8 key;
        u16 pcnt=0;
        u8 mode=4;                                          //默认是混合模式
        u16 lastpos[2];                                     //最后一次的数据
        HAL_Init();                                         //初始化 HAL 库
        Stm32_Clock_Init(360,25,2,8);                       //设置时钟，180MHz
        delay_init(180);                                    //初始化延时函数
        uart_init(115200);                                  //初始化 UART
        LED_Init();                                         //初始化 LED
        KEY_Init();                                         //初始化按键
        SDRAM_Init();                                       //SDRAM 初始化
        LCD_Init();                                         //LCD 初始化
        W25QXX_Init();                                      //初始化 W25Q256
        tp_dev.init();                                      //初始化触摸屏
        my_mem_init(SRAMIN);                                //初始化内部内存池
        my_mem_init(SRAMEX);                                //初始化外部 SDRAM 内存池
        my_mem_init(SRAMCCM);                               //初始化内部 CCM 内存池
        alientek_ncr_init();                                //初始化手写识别
        while(font_init())                                  //检查字库
        {
            LCD_ShowString(60,50,200,16,16,"Font Error!");
            delay_ms(200);
            LCD_Fill(60,50,240,66,WHITE);//清除显示
        }
RESTART:
    POINT_COLOR=RED;
    Show_Str(60,10,200,16,"阿波罗 STM32F4/F7 开发板",16,0);
    Show_Str(60,30,200,16,"手写识别实验",16,0);
    Show_Str(60,50,200,16,"正点原子@ALIENTEK",16,0);
    Show_Str(60,70,200,16,"KEY0:MODE KEY2:Adjust",16,0);
    Show_Str(60,90,200,16,"识别结果:",16,0);
    LCD_DrawRectangle(19,114,lcddev.width-20,lcddev.height-5);
    POINT_COLOR=BLUE;
    Show_Str(96,207,200,16,"手写区",16,0);
    tcnt=100;
```

```
        tcnt=100;
        while(1)
        {
            key=KEY_Scan(0);
            if(key==KEY2_PRES&&(tp_dev.touchtype&0x80)==0)
            {
                TP_Adjust();                    //屏幕校准
                LCD_Clear(WHITE);
                goto RESTART;                   //重新加载界面
            }
            if(key==KEY0_PRES)
            {
                LCD_Fill(20,115,219,314,WHITE); //清除当前显示
                mode++;
                if(mode>4)mode=1;
                switch(mode)
                {
                    case 1:
                        Show_Str(80,207,200,16,"仅识别数字",16,0);break;
                    case 2:
                        Show_Str(64,207,200,16,"仅识别大写字母",16,0);break;
                    case 3:
                        Show_Str(64,207,200,16,"仅识别小写字母",16,0);break;
                    case 4:
                        Show_Str(88,207,200,16,"全部识别",16,0);break;
                }
                tcnt=100;
            }
            tp_dev.scan(0           );          //扫描
            if(tp_dev.sta&TP_PRES_DOWN)         //有按键被按下
            {
                delay_ms(1);                    //必要的延时,否则一直认为有键按下
                tcnt=0;                         //松开时计数器清空
                if((tp_dev.x[0]<(lcddev.width-20-2)&&tp_dev.x[0]>=(20+2))&&
                    (tp_dev.y[0]<(lcddev.height-5-2)&&tp_dev.y[0]>=(115+2)))
                {
                    if(lastpos[0]==0xFFFF)
                    {
                        lastpos[0]=tp_dev.x[0];
                        lastpos[1]=tp_dev.y[0];
                    }
                    lcd_draw_bline(lastpos[0],lastpos[1],tp_dev.x[0],
                        tp_dev.y[0],2,BLUE);
                                                //画线
                    lastpos[0]=tp_dev.x[0];
                    lastpos[1]=tp_dev.y[0];
                    if(pcnt<200)                //总点数少于200
                    {
```

```
                if(pcnt)
                {
                    if((READ_BUF[pcnt-1].y!=tp_dev.y[0])&&
                       (READ_BUF[pcnt-1].x!=tp_dev.x[0]))//x、y不相等
                    {
                        READ_BUF[pcnt].x=tp_dev.x[0];
                        READ_BUF[pcnt].y=tp_dev.y[0];
                        pcnt++;
                    }
                }else
                {
                    READ_BUF[pcnt].x=tp_dev.x[0];
                    READ_BUF[pcnt].y=tp_dev.y[0];
                    pcnt++;
                }
            }
        }
    }else                               //按键松开了
    {
        lastpos[0]=0xFFFF;
        tcnt++;
        delay_ms(10);
        //延时识别
        i++;
        if(tcnt==40)
        {
            if(pcnt)                    //有有效输入
            {
                printf("总点数:%d\r\n",pcnt);
                alientek_ncr(READ_BUF,pcnt,6,mode,(char*)res);
                printf("识别结果:%s\r\n",res);
                pcnt=0;
                POINT_COLOR=BLUE;       //设置画笔为蓝色
                LCD_ShowString(60+72,90,200,16,16,res);
            }
            LCD_Fill(20,115,lcddev.width-20-1,lcddev.height-5-1,WHITE);
        }
    }
    if(i==30)
    {
        i=0;
        LED0=!LED0;
    }
    }
}
```

这里代码比较多，其中很多是为 lcd_draw_bline()函数服务的。lcd_draw_bline()函数用于实现画指定粗细的直线，以得到较好的画线效果。main()函数实现本节提到的功能。其

中，READ_BUF 用来存储输入轨迹点阵，大小为 200，即最大输入不能超过 200 点。注意，这里采集的都是不重复的点阵（即相邻的坐标不相等）。这样可以避免重复数据，而重复的点阵数据对识别是没有帮助的。

4. 下载验证

在代码编译成功之后，下载代码到 ALIENTEK 阿波罗 STM32F429 开发板上，得到图 5.3 所示的界面。

此时，在手写区写数字/字母，即可得到识别结果，如图 5.4 所示。

图 5.3　手写识别界面

图 5.4　手写识别结果

按下 KEY0 键可以切换识别模式，同时在识别区提示当前模式。按下 KEY2 键可以进行屏幕校准（仅限电阻式触摸屏，电容式触摸屏无须校准）。每次识别结束，会在串口输出本次识别的输入点数和识别结果，读者可以通过串口助手查看。

第6章 T9 拼音输入法

第 5 章在 ALIENTEK 阿波罗 STM32F429 开发板上实现了手写识别输入，但是该方法只能输入数字或字母，不能输入汉字。本章将介绍如何在 ALIENTEK 阿波罗 STM32F429 开发板上实现一个简单的 T9 拼音输入法。

6.1 拼音输入法简介

在计算机上汉字的输入法有很多种，如拼音输入法、五笔输入法、笔画输入法、区位输入法等。其中，拼音输入法应用较多。拼音输入法可以分为很多类，如全拼输入、双拼输入等。

在手机上应用较多的是 T9 拼音输入法。T9 拼音输入法全称为智能输入法，其字库容量为九千多字，支持十多种语言。T9 拼音输入法是由美国特捷通信（Tegic Communications）软件公司开发的，该输入法解决了小型掌上设备的文字输入问题，已经成为全球手机文字输入的标准之一。

图 6.1 手机拼音输入键盘

手机拼音输入键盘如图 6.1 所示。

在这个键盘上，对比传统输入法和 T9 拼音输入法输入"中国"两个字需要的按键次数。传统的输入法按 4 次 9，输入字母 z；按 2 次 4，输入字母 h；按 3 次 6，输入字母 o；按 2 次 6，输入字母 n；按 1 次 4，输入字母 g。这样，输入"中"字要按键 12 次，接着用同样的方法，输入"国"字，需要按键 6 次，共需按 18 次键。

如果使用 T9 拼音输入法，输入"中"字，只需要输入 9、4、6、6、4 即可。在选择"中"字之后，T9 拼音输入法会联想出一系列同"中"字组合的词，如文、国、断、山等。这样输入"国"字时可直接选择，故输入"国"字按键 0 次。因此，使用 T9 拼音输入法共需按5 次键。这就是智能输入法的优越之处。

T9 拼音输入法高效、便捷的输入方式得到了众多手机厂商的青睐，其已成为使用频率最高、知名度最大的手机输入法。

本章实现的 T9 拼音输入法，仅实现输入部分，不支持词组联想。

本章主要通过一个和数字串对应的拼音索引表来实现 T9 拼音输入法，先将汉语拼音所有可能的组合全部列出来，具体如下：

```
const u8 PY_mb_space []={""};
const u8 PY_mb_a []={"啊阿腌吖锕屙嘎鎄呵腌"};
const u8 PY_mb_ai []={"爱埃挨哎唉哀皑癌蔼矮艾碍隘捱嗳嗌嫒瑷暧砹锿霭"};
const u8 PY_mb_an []={"安俺按暗岸案鞍氨谙胺埯揞犴庵桉铵鹌黯"};
```

```
                                               //此处省略 N 个组合
const u8 PY_mb_zu  []={"足租祖诅阻组卒族俎菹镞"};
const u8 PY_mb_zuan []={"钻攥纂缵躜"};
const u8 PY_mb_zui []={"最罪嘴醉蕞觜"};
const u8 PY_mb_zun []={"尊遵樽鳟撙"};
const u8 PY_mb_zuo []={"左佐做作坐座昨撮唑柞琢嘬怍胙祚砟酢"};
```

这里只列出了部分组合，将这些组合称为码表。将这些码表和其对应的数字串对应起来，组成一个拼音索引表，具体如下：

```
const py_index py_index3[]=
{
    {""  ,"",(u8*)PY_mb_space},
    {"2","a",(u8*)PY_mb_a},
    {"3","e",(u8*)PY_mb_e},
    {"6","o",(u8*)PY_mb_o},
    {"24","ai",(u8*)PY_mb_ai},
    {"26","an",(u8*)PY_mb_an},
    …                                          //此处省略 N 个组合
    {"94664","zhong",(u8*)PY_mb_zhong},
    {"94824","zhuai",(u8*)PY_mb_zhuai},
    {"94826","zhuan",(u8*)PY_mb_zhuan},
    {"248264","chuang",(u8*)PY_mb_chuang},
    {"748264","shuang",(u8*)PY_mb_shuang},
    {"948264","zhuang",(u8*)PY_mb_zhuang},
}
```

其中，**py_index** 是一个结构体，定义如下：

```
typedef struct
{
    u8 *py_input;                    //输入的数字串
    u8 *py;                          //对应的拼音
    u8 *pymb;                        //码表
}py_index;
```

其中，py_input 为与拼音对应的数字串，如"94824"；py 为与 py_input 数字串对应的拼音，如果 py_input="94824"，那么 py 就是"zhuai"。pymb 为码表。注意，一个数字串可以对应多个拼音，也可以对应多个码表。

在有了拼音索引表（py_index3）之后，只需要将输入的数字串和 py_index3 索引表中所有成员 py_input 进行对比，记录所有完全匹配的情况，用户要输入的汉字即可确定，再由用户选择可能的拼音组成（假设有多个匹配的项目），选择对应的汉字，即完成一次汉字输入。

当然，也可能找遍了索引表，但没有发现一个完全符合要求的成员，此时会统计匹配数最多的情况，并作为最佳结果反馈给用户。例如，用户输入"323"，找不到完全匹配的情况，则将能和"32"匹配的结果返回给用户。这样，用户仍可以得到输入结果，同时可以知道输入有问题，提示用户需要检查输入是否正确。

T9 拼音输入法一个完整的操作步骤（过程）如下：

1）输入拼音数字串。T9 拼音输入法的核心思想就是对比用户输入的拼音数字串，所以必须先由用户输入拼音数字串。

2）在拼音索引表中查找与输入数字串匹配的项，并记录。如果有完全匹配的项目，就全部记录下来；如果没有完全匹配的项目，则记录匹配情况最好的一个项目。

3）显示匹配清单中所有可能的汉字，供用户选择。如果有多个匹配项（一个数字串对应多个拼音的情况），则用户还可以选择拼音。

4）用户选择匹配项，并选择对应的汉字。

6.2　T9 输入法实验

1. 实验要求

开机时先检测字库，然后显示提示信息和绘制拼音输入表，之后进入等待输入状态。此时，用户可以通过屏幕上的拼音输入表输入拼音数字串（通过 DEL 键实现退格），然后程序自动检测与之对应的拼音和汉字，并显示在屏幕上（同时输出到串口）。如果有多个匹配的拼音，通过 KEY_UP 和 KEY1 进行选择。按 KEY0 键用于清除一次输入，按 KEY2 键用于触摸屏校准。

2. 硬件设计

本实验用到的资源如下：

1）指示灯 DS0。

2）4 个按键（KEY0、KEY1、KEY2、KEY_UP）。

3）串口。

4）LCD 模块（含触摸屏）。

5）SPI Flash。

3. 软件设计

打开本章实验工程可以看到，在根目录文件夹下新建了一个名为 T9INPUT 的文件夹。在该文件夹下面新建了 pyinput.c、pyinput.h 和 pymb.h 3 个文件，然后在工程中新建一个名为 T9INPUT 的组，将 pyinput.c 加入该组。最后，将 T9INPUT 文件夹加入头文件包含路径。

打开 pyinput.c，代码如下：

```
//拼音输入法
pyinput t9=
{
    get_pymb,
    0,
};
//比较两个字符串的匹配情况
//返回值:0xFF，表示完全匹配；其他，匹配的字符数
```

```
u8 str_match(u8*str1,u8*str2)
{
    u8 i=0;
    while(1)
    {
        if(*str1!=*str2)break;                          //部分匹配
        if(*str1=='\0'){i=0xFF;break;}                  //完全匹配
        i++; str1++; str2++;
    }
    return i;//两个字符串相等
}
//获取匹配的拼音码表
//*strin,输入的字符串,形如"726"
//**matchlist,输出的匹配表
//返回值:0,表示完全匹配;1,表示部分匹配(仅在没有完全匹配时出现)
//[6:0],完全匹配时表示完全匹配的拼音个数
//部分匹配时表示有效匹配的位数
u8 get_matched_pymb(u8 *strin,py_index **matchlist)
{
    py_index *bestmatch=0;                              //最佳匹配
    u16 pyindex_len=0;
    u16 i=0;
    u8 temp,mcnt=0,bmcnt=0;
    bestmatch=(py_index*)&py_index3[0];                 //默认为 a 的匹配
    pyindex_len=sizeof(py_index3)/sizeof(py_index3[0]);//得到 py 索引表的大小
    for(i=0;i<pyindex_len;i++)
    {
        temp=str_match(strin,(u8*)py_index3[i].py_input);
        if(temp)
        {
            if(temp==0xFF)matchlist[mcnt++]=(py_index*)&py_index3[i];
            else if(temp>bmcnt)                         //找最佳匹配
            {
                bmcnt=temp;
                bestmatch=(py_index*)&py_index3[i];     //最好的匹配
            }
        }
    }
    if(mcnt==0&&bmcnt)//没有完全匹配的结果,但是有部分匹配的结果
    {
        matchlist[0]=bestmatch;
        mcnt=bmcnt|0x80;                                //返回部分匹配的有效位数
    }
    return mcnt;                                        //返回匹配的个数
}
//得到拼音码表
```

```
//str:输入字符串
//返回值:匹配个数
u8 get_pymb(u8* str)
{
    return get_matched_pymb(str,t9.pymb);
}
//串口测试用
void test_py(u8 *inputstr)
{
    …                                //代码省略
}
```

这里共有 4 个函数，其中 get_matched_pymb()是核心，该函数实现将用户输入的拼音数字串同拼音索引表中的各个项对比，找出匹配结果，并将完全匹配的项目存储在 matchlist 中，同时记录匹配数。对于没有完全匹配的输入串，则查找与其最佳匹配的项目，并将匹配的长度返回。函数 test_py()（代码省略）供 usmart()调用，实现串口测试。如果不进行串口测试，可以去掉该函数。本章将其加入 usmart 控制，读者可以通过该函数实现串口调试拼音输入法。

其他两个函数比较简单，这里不再介绍。保存 pyinput.c，打开 pyinput.h，代码如下：

```
#ifndef __PYINPUT_H
#define __PYINPUT_H
#include "sys.h"
//拼音码表与拼音的对应表
typedef struct
{
    u8 *py_input;                    //输入的字符串
    u8 *py;                          //对应的拼音
    u8 *pymb;                        //码表
}py_index;
#define MAX_MATCH_PYMB 10            //最大匹配数
//拼音输入法
typedef struct
{
    u8(*getpymb)(u8 *instr);         //字符串到码表获取函数
    py_index *pymb[MAX_MATCH_PYMB];  //码表存放位置
}pyinput;
extern pyinput t9;
u8 str_match(u8*str1,u8*str2);
u8 get_matched_pymb(u8 *strin,py_index **matchlist);
u8 get_pymb(u8* str);
void test_py(u8 *inputstr);
#endif
```

保存 pyinput.h。pymb.h 中为拼音码表，该文件很大，存储了所有可以输入的汉字，此部分代码不再给出，请读者参考资源中本例程的源码。

主函数代码如下：

```c
const u8* kbd_tbl[9]={"←","2","3","4","5","6","7","8","9",};//数字表
const u8* kbs_tbl[9]={"DEL","abc","def","ghi","jkl","mno","pqrs",
    "tuv","wxyz",};                                //字符表
u16 kbdxsize;                                      //虚拟键盘按键宽度
u16 kbdysize;                                      //虚拟键盘按键高度
//加载键盘界面
//x、y:界面起始坐标
void py_load_ui(u16 x,u16 y)
{
    u16 i;
    POINT_COLOR=RED;
    LCD_DrawRectangle(x,y,x+kbdxsize*3,y+kbdysize*3);
    LCD_DrawRectangle(x+kbdxsize,y,x+kbdxsize*2,y+kbdysize*3);
    LCD_DrawRectangle(x,y+kbdysize,x+kbdxsize*3,y+kbdysize*2);
    POINT_COLOR=BLUE;
    for(i=0;i<9;i++)
    {
        Show_Str_Mid(x+(i%3)*kbdxsize,y+4+kbdysize*(i/3),(u8*)kbd_tbl[i],
            16,kbdxsize);
        Show_Str_Mid(x+(i%3)*kbdxsize,y+kbdysize/2+kbdysize*(i/3),
            (u8*)kbs_tbl[i],16,kbdxsize);
    }
}
//按键状态设置
//x、y:键盘坐标
//key:键值（0～8）
//sta:状态，0 为松开；1 为按下
void py_key_staset(u16 x,u16 y,u8 keyx,u8 sta)
{
    u16 i=keyx/3,j=keyx%3;
    if(keyx>8)return;
    if(sta)LCD_Fill(x+j*kbdxsize+1,y+i*kbdysize+1,x+j*kbdxsize+kbdxsize-1,
        y+i*kbdysize+kbdysize-1,GREEN);
    else LCD_Fill(x+j*kbdxsize+1,y+i*kbdysize+1,x+j*kbdxsize+kbdxsize-1,
        y+i*kbdysize+kbdysize-1,WHITE);
    Show_Str_Mid(x+j*kbdxsize,y+4+kbdysize*i,(u8*)kbd_tbl[keyx],
        16,kbdxsize);
    Show_Str_Mid(x+j*kbdxsize,y+kbdysize/2+kbdysize*i,(u8*)kbs_tbl[keyx],
        16,kbdxsize);
}
//得到触摸屏的输入
//x、y:键盘坐标
//返回值:按键键值（1～9 有效；0 无效）
u8 py_get_keynum(u16 x,u16 y)
{
    u16 i,j; u8 key=0;
```

```
    static u8 key_x=0;//0 表示没有任何按键按下，1～9 表示 1～9 号按键按下
    tp_dev.scan(0);
    if(tp_dev.sta&TP_PRES_DOWN)                              //触摸屏被按下
    {
        for(i=0;i<3;i++)
        {
            for(j=0;j<3;j++)
            {
                if(tp_dev.x[0]<(x+j*kbdxsize+kbdxsize)&&tp_dev.x[0]
                    >(x+j*kbdxsize)&&tp_dev.y[0]<(y+i*kbdysize+kbdysize)
                    &&tp_dev.y[0]>(y+i*kbdysize))
                {key=i*3+j+1; break;}
            }
            if(key)
            {
                if(key_x==key)key=0;
                else
                {
                    py_key_staset(x,y,key_x-1,0);
                    key_x=key;
                    py_key_staset(x,y,key_x-1,1);
                }
                break;
            }
        }
    }else if(key_x){ py_key_staset(x,y,key_x-1,0); key_x=0;}
    return key;
}
//显示结果
//index:0 表示没有一个匹配的结果，清空之前的显示；其他为索引号
void py_show_result(u8 index)
{
    LCD_ShowNum(30+144,125,index,1,16);                     //显示当前索引
    LCD_Fill(30+40,125,30+40+48,130+16,WHITE);              //清除之前的显示
    LCD_Fill(30+40,145,lcddev.width,145+48,WHITE);          //清除之前的显示
    if(index)
    {
        Show_Str(30+40,125,200,16,t9.pymb[index-1]->py,16,0);//显示拼音
        Show_Str(30+40,145,lcddev.width-70,48,t9.pymb[index-1]->pymb,
            16,0);                                          //显示汉字
        printf("\r\n拼音:%s\r\n",t9.pymb[index-1]->py);//串口输出拼音
        printf("结果:%s\r\n",t9.pymb[index-1]->pymb); //串口输出结果
    }
}
int main(void)
{
    u8 i=0;
    u8 result_num;
```

```
    u8 cur_index;
    u8 key;
    u8 inputstr[7];                                    //最大输入 6 个字符+结束符
    u8 inputlen;                                       //输入长度
    HAL_Init();                                        //初始化 HAL 库
    Stm32_Clock_Init(360,25,2,8);                      //设置时钟，180MHz
    delay_init(180);                                   //初始化延时函数
    uart_init(115200);                                 //初始化 UART
    LED_Init();                                        //初始化 LED
    KEY_Init();                                        //初始化按键
    SDRAM_Init();                                      //初始化 SDRAM
    LCD_Init();                                         //初始化 LCD
    W25QXX_Init();                                      //初始化 W25Q256
    tp_dev.init();                                     //初始化触摸屏
    my_mem_init(SRAMIN);                               //初始化内部内存池
    my_mem_init(SRAMEX);                               //初始化外部内存池
    my_mem_init(SRAMCCM);                              //初始化内部 CCM 内存池
RESTART:
    POINT_COLOR=RED;
    while(font_init())                                 //检查字库
    {
        LCD_ShowString(60,50,200,16,16,"Font Error!");
        delay_ms(200);
        LCD_Fill(60,50,240,66,WHITE);                  //清除显示
    }
    Show_Str(30,5,200,16,"阿波罗 STM32F4/F7 开发板",16,0);
    Show_Str(30,25,200,16,"拼音输入法实验",16,0);
    Show_Str(30,45,200,16,"正点原子@ALIENTEK",16,0);
    Show_Str(30,65,200,16," KEY2:校准  KEY0:清除",16,0);
    Show_Str(30,85,200,16,"KEY_UP:上翻  KEY1:下翻",16,0);
    Show_Str(30,105,200,16,"输入:        匹配: ",16,0);
    Show_Str(30,125,200,16,"拼音:        当前: ",16,0);
    Show_Str(30,145,210,32,"结果:",16,0);
    if(lcddev.id==0x5310){kbdxsize=86;kbdysize=43;}//根据 LCD 分辨率设置按键大小
    else if(lcddev.id==0x5510){kbdxsize=140;kbdysize=70;}
    else {kbdxsize=60;kbdysize=40;}
    py_load_ui(30,195);
    memset(inputstr,0,7);                              //全部清零
    inputlen=0;                                        //输入长度为 0
    result_num=0;                                      //总匹配数清零
    cur_index=0;
    while(1)
    {
        i++;
        delay_ms(10);
        key=py_get_keynum(30,195);
        if(key)
        {
```

```
        if(key==1)                                    //删除
        {
            if(inputlen) inputlen--;
            inputstr[inputlen]='\0';                  //添加结束符
        }else
        {
            inputstr[inputlen]=key+'0';               //输入字符
            if(inputlen<7) inputlen++;
        }
        if(inputstr[0]!=NULL)
        {
            key=t9.getpymb(inputstr);                 //得到匹配的结果数
            if(key)                                   //有部分匹配/完全匹配的结果
            {
                result_num=key&0x7F;                  //总匹配结果
                cur_index=1;                          //当前为第一个索引
                if(key&0x80)                          //是部分匹配
                {
                    inputlen=key&0x7F;                //有效匹配位数
                    inputstr[inputlen]='\0';          //不匹配的位数去掉
                    if(inputlen>1) result_num=t9.getpymb(inputstr);
                                                      //重新获取完全匹配字符数
                }
            }else                                     //没有任何匹配
            {
                inputlen--;
                inputstr[inputlen]='\0';
            }
        }else
        {
            cur_index=0;
            result_num=0;
        }
        LCD_Fill(30+40,105,30+40+48,110+16,WHITE);    //清除之前的显示
        LCD_ShowNum(30+144,105,result_num,1,16);      //显示匹配的结果数
        Show_Str(30+40,105,200,16,inputstr,16,0);     //显示有效数字串
        py_show_result(cur_index);                    //显示第 cur_index 的匹配结果
    }
    key=KEY_Scan(0);
    if(key==KEY2_PRES&&tp_dev.touchtype==0)           //KEY2 按下，且为电阻式触摸屏
    {
        tp_dev.adjust();
        LCD_Clear(WHITE);
        goto RESTART;
    }
    if(result_num)                                    //存在匹配结果
    {
        switch(key)
```

```
        {
            case WKUP_PRES:                      //上翻
                if(cur_index<result_num)cur_index++;
                else cur_index=1;
                py_show_result(cur_index);  //显示第 cur_index 的匹配结果
                break;
            case KEY1_PRES:                      //下翻
                if(cur_index>1)cur_index--;
                else cur_index=result_num;
                py_show_result(cur_index);  //显示第 cur_index 的匹配结果
                break;
            case KEY0_PRES:                      //清除输入
                LCD_Fill(30+40,145,lcddev.width-1,145+48,WHITE);
                                                 //清除之前的显示
                goto RESTART;
        }
    }
    if(i==30)
    {
        i=0;
        LED0=!LED0;
    }
    }
}
```

此部分代码除 main()函数外,还有 4 个函数。py_load_ui(),该函数用于加载输入键盘,在 LCD 上显示输入拼音数字串的虚拟键盘。py_key_staset(),该函数用于设置虚拟键盘某个按键的状态(按下/松开)。py_get_keynum(),该函数用于得到触摸屏当前按下的按键键值,通过该函数实现拼音数字串的获取。py_show_result(),该函数用于显示输入串的匹配结果,并将结果输出到串口。

在 main()函数中实现了本实验所要求的功能,这里并没有实现汉字选择功能,但是有本例程作为基础,再实现汉字选择功能就比较简单了,读者可自行实现。注意,kbdxsize 和 kbdysize 代表虚拟键盘按键宽度和高度,程序根据 LCD 分辨率不同而自动设置这两个参数,以达到较好的输入效果。

4. 下载验证

在代码编译成功之后,下载代码到 ALIENTEK 阿波罗 STM32F449 开发板,得到图 6.2 所示的界面。

此时,在虚拟键盘上输入拼音数字串,即可实现拼音输入,如图 6.3 所示。

如果发现输入错误,可以通过屏幕上的 DEL 键删除。如果有多个匹配的情况(匹配值大于 1),可以通过 KEY_UP 和 KEY1 来选择拼音。按 KEY0 键,可以清除当前输入;按 KEY2 键,可以实现触摸屏校准。

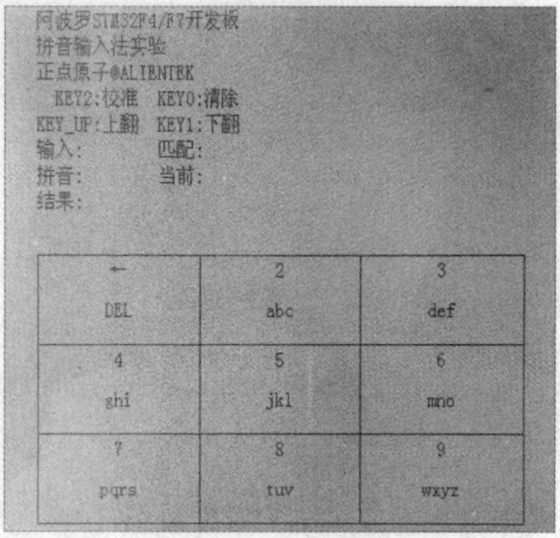

图 6.2 汉字输入法界面

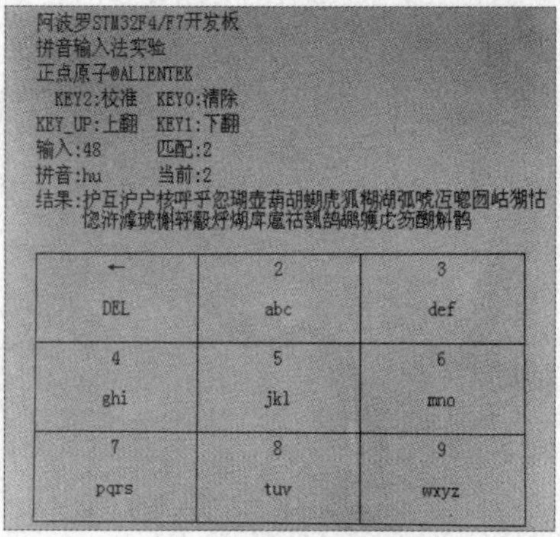

图 6.3 实现拼音输入

第7章 USB 读卡器

STM32F429 系列芯片都自带了 USB OTG FS 和 USB OTG HS（HS 需要外扩高速 PHY 芯片实现，速度可达 480Mb/s），支持 USB Host（USB 主机）和 USB Device（USB 设备/从机）。阿波罗 STM32F429 开发板没有外扩高速 PHY 芯片，仅支持 USB OTG FS（FS 即全速，12Mb/s），所有 USB 相关例程均使用 USB OTG FS 实现。

本章介绍如何利用 USB OTG FS 在 ALIENTEK 阿波罗 STM32F429 开发板实现一个 USB 读卡器（Slave）。

7.1 USB 简介

USB 是英文 universal serial bus（通用串行总线，简称通串线）的缩写，在 1994 年底由英特尔、康柏、IBM、Microsoft 等多家公司联合提出，是一个外部总线标准，用于规范计算机与外设的连接和通信。它是应用在个人计算机（personal computer，PC）领域的接口技术。USB 接口支持设备的即插即用和热插拔功能。

USB 发展至今已经有 USB 1.0/1.1/2.0/3.0 等多个版本。目前用得较多的是 USB 1.1 和 USB 2.0，USB 3.0 目前已经开始普及。STM32F429 自带的 USB 符合 USB 2.0 规范。

标准 USB 共由 4 根线组成，除 V_{CC}/GND 外，还有 D+和 D-，这两根数据线采用差分电压的方式进行数据传输。在 USB 主机上，D+和 D-均接 15kΩ 的电阻后接地，所以在没有设备接入时，D+、D-均是低电平。而在 USB 设备中，如果是高速设备，会在 D+上接一个 1.5kΩ 的电阻到 V_{CC}；如果是低速设备，会在 D-上接一个 1.5kΩ 的电阻到 V_{CC}。这样当 USB 设备接入 USB 主机时，主机就可以判断是否有设备接入，并能判断是高速设备还是低速设备。下面简单介绍 STM32F429 的 USB 控制器。

STM32F429 的 USB OTG FS 是一款双角色设备（dual role device，DRD）控制器，同时支持从机功能和主机功能，完全符合 USB 2.0 规范的 On-The-Go（即 OTG）补充标准。此外，该控制器也可配置为主机模式或从机模式，完全符合 USB 2.0 规范。在主机模式下，OTG FS 支持全速（FS，12Mb/s）和低速（LS，1.5Mb/s）收发器；在从机模式下，仅支持全速（FS，12Mb/s）收发器。OTG FS 同时支持 HNP 和 SRP。

STM32F429 的 USB OTG FS 主要特性可分为 3 类：通用特性、主机模式特性和从机模式特性。

1. 通用特性

1）经 USB-IF 认证，符合 USB 2.0 规范。
2）集成全速 PHY，且完全支持定义在标准规范 OTG 补充第 1.3 版中的 OTG 协议。
① 支持 A-B 器件识别（ID 线）。

② 支持主机协商协议（host negotiation protocol，HNP）和会话请求协议（session request protocol，SRP）。

③ 允许主机关闭 V_{BUS} 以在 OTG 应用中节省电池电量。

④ 支持通过内部比较器对 V_{BUS} 电平采取监控。

⑤ 支持主机到从机的角色动态切换。

3）可通过软件配置为以下角色：

① 具有 SRP 功能的 USB FS 从机（B 器件）。

② 具有 SRP 功能的 USB FS/LS 主机（A 器件）。

③ USB OTG 全速双角色设备。

4）支持 FS SOF 和 LS Keep-alive 令牌。

① SOF 脉冲可通过 PAD 输出。

② SOF 脉冲从内部连接到定时器 2（TIM2）。

③ 可配置的帧周期。

④ 可配置的帧结束中断。

5）具有省电功能，如在 USB 挂起期间停止系统、关闭数字模块时钟、对 PHY 和 DFIFO 电源加以管理。

6）具有采用高级 FIFO 控制的 1.25KB 专用 RAM。

① 可将 RAM 空间划分为不同 FIFO，以便灵活有效地使用 RAM。

② 每个 FIFO 可存储多个数据包。

③ 动态分配存储区。

④ FIFO 大小可配置为非 2 的幂次方值，以便连续使用存储单元。

7）一帧之内可以无须应用程序干预，以达到最大 USB 带宽。

2. 主机模式特性

1）通过外部电荷泵生成 V_{BUS} 电压。

2）多达 8 个主机通道（管道）：每个通道都可以动态实现重新配置，支持任何类型的 USB 传输。

3）内置硬件调度器可：

① 在周期性硬件队列中存储多达 8 个中断加同步传输请求。

② 在非周期性硬件队列中存储多达 8 个控制加批量传输请求。

4）管理一个共享 RX FIFO、一个周期性 TX FIFO 和一个非周期性 TX FIFO，以有效使用 USB 数据 RAM。

3. 从机模式特性

1）1 个双向控制端点 0。

2）3 个 IN 端点（EP），可配置为支持批量传输、中断传输或同步传输。

3）3 个 OUT 端点（EP），可配置为支持批量传输、中断传输或同步传输。

4）管理一个共享 RX FIFO 和一个 TX-OUT FIFO，以高效使用 USB 数据 RAM。

5）管理多达 4 个专用 TX-IN FIFO（分别用于每个使能的 IN EP），降低应用程序负荷支持软断开功能。

STM32F429 USB OTG FS 框图如图 7.1 所示。

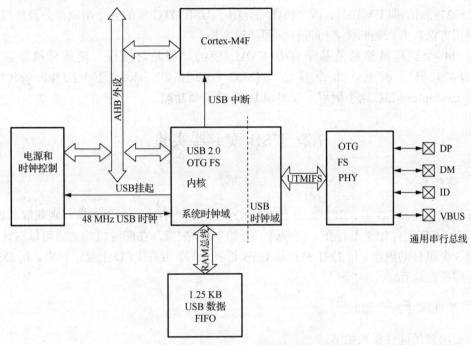

图 7.1　STM32F429 USB OTG FS 框图

对于 USB OTG FS 功能模块，STM32F429 通过 AHB 总线访问（AHB 频率必须大于 14.2MHz），其中 48MHz 的 USB 时钟来自时钟树图中的 PLL48CK（和 SDIO 共用）。

前面介绍的例程一般使用 180MHz 的主频，而 USB 需要 48MHz 的时钟频率，无法从 180MHz 进行整数分频得到，因此，本章将 STM32F429 的主频提升到 192MHz，这样经过 4 分频就可以得到 48MHz 的 USB 时钟频率。STM32F429 USB OTG FS 的其他知识请参考 《STM32F4××中文参考手册》第 30 章的内容，这里不再详细介绍。

要正常使用 STM32F429 的 USB，需要编写 USB 驱动程序。USB 通信的详细过程很复杂，限于篇幅这里不再详细介绍。ST 公司提供了一个完整的 USB OTG 驱动库（包括主机和设备），通过这个库可以很方便地实现所要的功能，而不需要详细了解 USB 的整个驱动过程，大大缩短了开发时间。

ST 公司提供的 USB OTG 库，可以在 http://www.stmcu.org/document/list/index/category-523 下载（STSW-STM32046），也可以在本书提供资源中下载。该库包含 STM32F429 USB 主机和从机驱动库，并提供了 14 个例程供参考，如图 7.2 所示。

如图 7.2 所示，ST 公司提供了 3 类例程，即设备类（Device，即 Slave）、主从一体类

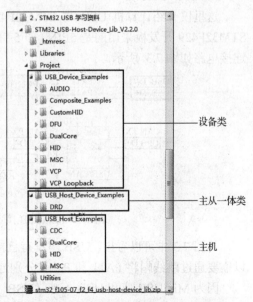

图 7.2　ST 公司提供的 USB OTG 例程

（Host_Device）和主机类（Host），共 14 个例程。USB OTG 库中还有一个说明文档 CD00289278.pdf，即 UM1021，该文档详细介绍了 USB OTG 库的各个组成部分及所提供例程的使用方法，有兴趣的读者可以仔细阅读该文档。

这 14 个例程虽然都是基于官方 EVAL 板的，但是可以很方便地移植到阿波罗 STM32F429 开发板上。本章移植 STM32_USB-Host-Device_Lib_V2.2.0\Project\USB_Device_Examples\MSC 这个例程，以实现 USB 读卡器功能。

7.2　USB 读卡器实验

1．实验要求

开机时先检测 SD 卡、SPI Flash 和 NAND Flash 是否存在。如果存在，则获取其容量，并显示在 LCD 上；如果不存在，则报错。开始 USB 配置，在配置成功之后可以在计算机上发现 3 个可移动磁盘。用 DS1 来指示 USB 正在读写，并在 LCD 上显示出来，用 DS0 来指示程序正在运行。

2．硬件设计

所要用到的硬件资源如下：
1）指示灯 DS0、DS1。
2）串口。
3）LCD 模块。
4）SD 卡。
5）SPI Flash。
6）NAND Flash。
7）USB_SLAVE 接口。

这里仅介绍计算机 USB 与 STM32F429 的 USB_SLAVE 连接口。ALIENTEK 阿波罗 STM32F429 开发板采用的是 5PIN（即 5 针）MiniUSB 接头，用来和计算机的 USB 相连接，连接电路如图 7.3 所示。

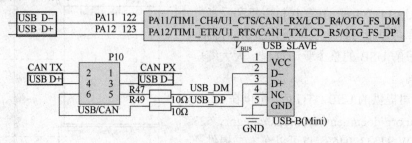

图 7.3　MiniUSB 接口与 STM32F429 的连接电路

从图 7.3 中可以看出，USB 座没有直接连接到 STM32F429 上，而是通过 P10 转接，所以需要通过跳线帽将 PA11 和 PA12 分别连接到 D−和 D+，如图 7.4 所示。

因为 MiniUSB 座和 USB-A 座（USB_HOST）共用 D+和 D−，所以它们不能同时使用。本实验测试时，USB_HOST 不能插入任何 USB 设备。另外，如果只有 STM32F429 核心板，

利用核心板上的 MicroUSB 连接计算机，也可以实现本例程
的功能。

3．软件设计

本实验在 NAND Flash 实验的基础上修改，代码移植自
ST 公司官方例程：STM32_USB-Host-Device_Lib_V2.2.0\
Project\USB_Device_Examples\MSC。由于 V2.2.0 的库仅提供

图 7.4　硬件连接示意图

IAR 工程，无法用 MDK 直接打开 ST 的这个例程，读者可以参考 V2.1.0 的库（资源中有
提供），其中提供了 MDK 工程，其工程结构和 V2.2.0 的库是一样的。

使用 IAR 打开该例程（V2.2.0 仅提供 IAR 工程）即可了解 USB 的相关代码，如图 7.5
所示。

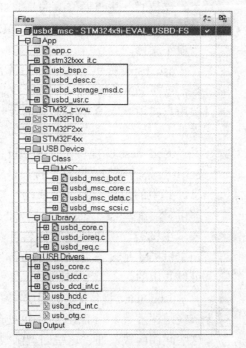

图 7.5　ST 公司官方例程 USB 相关代码

有了这个官方例程做指引，可以了解具体需要哪些文件，从而实现本章例程。

首先，在本章例程（即实验 40 NAND Flash 实验）的工程文件夹下新建一个名为 USB
文件夹，并复制官方 USB 驱动库相关代码到该文件夹，即复制资源中的 STM32_
USB_Device_Library、STM32_USB_HOST_Library 和 STM32_USB_OTG_Driver 这 3 个文
件夹中的源码到该文件夹。然后，在 USB 文件夹下新建 USB_APP 文件夹存放 MSC 实现
的相关代码，即 STM32_USB-Host-Device_Lib_V2.2.0→Project→USB_Device_Examples→
MSC→src 下的部分代码，包括 usb_bsp.c、usbd_storage_msd.c、usbd_desc.c 和 usbd_usr.c 这 4
个.c 文件，同时复制 STM32_USB-Host-Device_Lib_V2.2.0→Project→USB_Device_Examples→
MSC→inc 下的 usb_conf.h、usbd_conf.h 和 usbd_desc.h 这 3 个文件到 USB_APP 文件夹。
USB_APP 文件夹下的文件如图 7.6 所示。

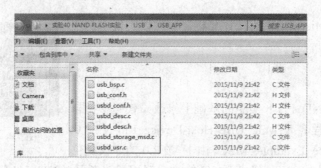

图 7.6　USB_APP 文件夹下的文件

之后，根据 ST 公司官方 MSC 例程，在本章例程的基础上新建分组添加相关代码，具体细节这里不再详细介绍，添加完成后效果如图 7.7 所示。

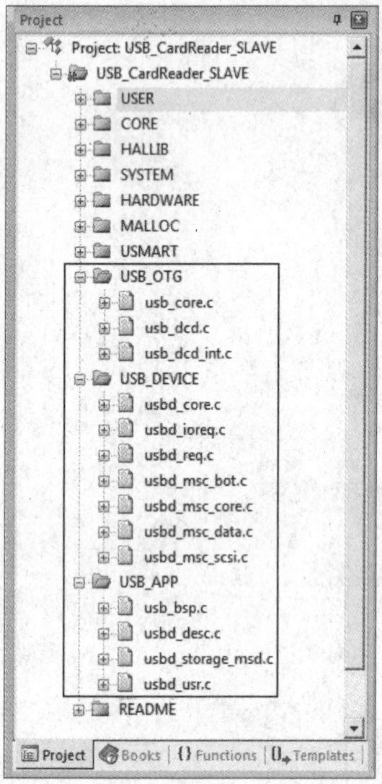

移植时，重点要修改的是 USB_APP 文件夹下的代码。其他代码（USB_OTG 和 USB_DEVICE 文件夹下的代码）一般不用修改。

usb_bsp.c 提供了几个 USB 库需要用到的底层初始化函数，包括 I/O 设置、中断设置、V_{BUS} 配置及延时函数等，需要用户实现。USB Device（Slave）和 USB Host 共用这个.c 文件。

usbd_desc.c 提供了 USB 设备类的描述符，直接决定 USB 设备的类型、断点、接口、字符串、制造商等重要信息。其中的内容一般不用修改，直接使用官方提供的代码即可。注意，usbd_desc.c 中的 usbd 表示设备类，同样 usbh 表示主机类，所以通过文件名可以很容易区分该文件是用在主机类还是设备类，而只有 usb 字样的是设备类和主机类可以共用的。

usbd_usr.c 提供用户应用层接口函数，即 USB 设备类的一些回调函数，当 USB 状态机处理完不同事务时，会调用这些回调函数。通过这些回调函数，可以了解 USB 当前状态，如是否枚举成功了、是否连接上、是否断开等。根据这些状态，用户应用程序可以执行不同操作，完成特定功能。

图 7.7　添加 USB 驱动等相关代码

usbd_storage_msd.c 提供一些磁盘操作函数，包括支持的磁盘个数，以及每个磁盘的初始化和读写等函数。本章设置了 3 个磁盘：SD 卡、SPI Flash 和 NAND Flash。

以上 4 个.c 文件中的函数基本是以回调函数的形式被 USB 驱动库调用的。这些代码的具体修改过程，这里不再详细介绍，请读者参考资源中的本例程源码，这里只说明几个重点。

1）要使用 USB OTG FS，必须在 MDK 编译器的全局宏定义中定义 USE_USB_OTG_FS 宏，如图 7.8 所示。

2）因为阿波罗 STM32F429 开发板没有用到 V_{USB} 电压检测，所以要在 usb_conf.h 中将宏定义#define VBUS_SENSING_ENABLED 屏蔽。

3）通过修改 usbd_conf.h 中的 MSC_MEDIA_PACKET 定义值大小，可以一定程度上提高 USB 的读写速度（越大越快），本例程设置为 32×1024，也就是 32KB。

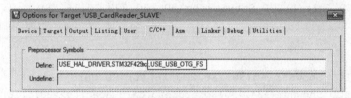

图 7.8　定义全局宏 USE_USB_OTG_FS

4）官方例程不支持大于 4GB 的 SD 卡，需修改 usbd_msc_scsi.c 中的 SCSI_blk_addr 类型为 uint64_t，以支持大于 4GB 的 SD 卡。官方默认是 uint32_t，最大只能支持 4GB 卡。

5）官方例程在 2 个或以上磁盘支持时，存在漏洞，需要修改 usbd_msc_scsi.c 中的 SCSI_blk_nbr 变量，将其改为数组形式，即 uint32_t SCSI_blk_nbr[3];。这里数组大小是 3，可以支持最多 3 个磁盘，修改数组的大小即可修改支持的最大磁盘个数。修改该参数后，一些函数要做相应的修改，请读者参考本例程源码。

6）首先，修改 usbd_msc_core.c 中的 USBD_MSC_MaxLun 定义方式，去掉 static 关键字。然后，在 usbd_msc_bot.c 中修改 MSC_BOT_CBW_Decode()函数，将 MSC_BOT_cbw.bLUN > 1 改为 MSC_BOT_cbw.bLUN > USBD_MSC_MaxLun，以支持多个磁盘。

以上 6 点是移植时需要特别注意的，其他不再详细介绍（USB 相关源码的解释，请参考文档 CD00289278.pdf）。修改 main.c 中的代码如下：

```
USB_OTG_CORE_HANDLE USB_OTG_dev;
extern vu8 USB_STATUS_REG;                  //USB 状态
extern vu8 bDeviceState;                    //USB 连接情况
int main(void)
{
    u8 offline_cnt=0;
    u8 tct=0;
    u8 USB_STA;
    u8 Divece_STA;
    Stm32_Clock_Init(384,25,2,8);           //设置时钟，192MHz
    delay_init(192);                        //初始化延时函数
    uart_init(115200);                      //初始化 UART
    LED_Init();                             //初始化 LED
    KEY_Init();                             //初始化按键
    SDRAM_Init();                           //初始化 SDRAM
    LCD_Init();                             //初始化 LCD
    W25QXX_Init();                          //初始化 W25Q256
    PCF8574_Init();                         //初始化 PCF8574
    my_mem_init(SRAMIN);                    //初始化内部内存池
    my_mem_init(SRAMEX);                    //初始化外部内存池
    my_mem_init(SRAMCCM);                   //初始化 CCM 内存池
    POINT_COLOR=RED;
    LCD_ShowString(30,50,200,16,16,"Apollo STM32F4/F7");
    LCD_ShowString(30,70,200,16,16,"USB Card Reader TEST");
    LCD_ShowString(30,90,200,16,16,"ATOM@ALIENTEK");
```

```
LCD_ShowString(30,110,200,16,16,"2016/2/20");
if(SD_Init())LCD_ShowString(30,130,200,16,16,"SD Card Error!");
                                              //检测SD卡错误
else                                          //SD卡正常
{
    LCD_ShowString(30,130,200,16,16,"SD Card Size:    MB");
    LCD_ShowNum(134,130,SDCardInfo.CardCapacity>>20,5,16);//显示SD卡容量
}
if(W25QXX_ReadID()!=W25Q256)
    LCD_ShowString(30,130,200,16,16,"W25Q128 Error!");//检测W25Q128错误
else                                          //SPI Flash正常
{
    LCD_ShowString(30,150,200,16,16,"SPI Flash Size:25MB");
}
if(FTL_Init())LCD_ShowString(30,170,200,16,16,"NAND Error!");
                                              //检测W25Q128错误
else                                          //NAND Flash正常
{
    LCD_ShowString(30,170,200,16,16,"NAND Flash Size:    MB");
    LCD_ShowNum(158,170,nand_dev.valid_blocknum*nand_dev.block_pagenum*
    nand_dev.page_mainsize>>20,4,16);         //显示SD卡容量
}
LCD_ShowString(30,190,200,16,16,"USB Connecting...");//提示正在建立连接
MSC_BOT_Data=mymalloc(SRAMIN,MSC_MEDIA_PACKET);      //申请内存
USBD_Init(&USB_OTG_dev,USB_OTG_FS_CORE_ID,
    &USR_desc,&USBD_MSC_cb,&USR_cb);
delay_ms(1800);
while(1)
{
    delay_ms(1);
    if(USB_STA!=USB_STATUS_REG)                //状态改变
    {
        LCD_Fill(30,210,240,210+16,WHITE);     //清除显示
        if(USB_STATUS_REG&0x01)                //正在写
        {
            LED1=0;
            LCD_ShowString(30,210,200,16,16,"USB Writing...");
                                               //提示USB正在写入数据
        }
        if(USB_STATUS_REG&0x02)                //正在读
        {
            LED1=0;
            LCD_ShowString(30,210,200,16,16,"USB Reading...");
                                               //提示USB正在读出数据
        }
        if(USB_STATUS_REG&0x04)LCD_ShowString(30,230,200,16,16,
            "USB Write Err ");                 //提示写入错误
        else LCD_Fill(30,230,240,230+16,WHITE); //清除显示
```

```
    if(USB_STATUS_REG&0x08)LCD_ShowString(30,250,200,16,16,
        "USB Read Err ");                    //提示读出错误
    else LCD_Fill(30,250,240,250+16,WHITE);//清除显示
    USB_STA=USB_STATUS_REG;                  //记录最后的状态
}
if(Divece_STA!=bDeviceState)
{
    if(bDeviceState==1)LCD_ShowString(30,190,200,16,16,"USB
        Connected    ");                     //提示 USB 连接已经建立
    else LCD_ShowString(30,190,200,16,16,"USB DisConnected ");
                                             //提示 USB 拔出
    Divece_STA=bDeviceState;
}
tct++;
if(tct==200)
{
    tct=0;
    LED1=1;
    LED0=!LED0;                              //提示系统在运行
    if(USB_STATUS_REG&0x10)
    {
        offline_cnt=0;                       //USB 连接,则清除 offline 计数器
        bDeviceState=1;
    }else                                    //没有得到轮询
    {
        offline_cnt++;
    if(offline_cnt>10)bDeviceState=0;//2s 内未收到在线标记,代表 USB 拔出
    }
    USB_STATUS_REG=0;
}
    }
}
```

其中,USB_OTG_CORE_HANDLE 是一个全局结构体类型,用于存储 USB 通信中 USB 内核需要使用的各种变量、状态和缓存等,任何 USB 通信(无论是主机,还是从机)都必须定义这样一个结构体,这里定义为 USB_OTG_dev。

USB 初始化非常简单,只需要调用 USBD_Init()函数即可。顾名思义,该函数是 USB 设备类初始化函数,本章中 USB 读卡器属于 USB 设备类,所以使用该函数。该函数初始化 USB 设备类处理的各种回调函数,以便 USB 驱动库调用。执行完该函数以后,USB 启动,所有 USB 事务均通过 USB 中断触发,并由 USB 驱动库自动处理。USB 中断服务函数在 usbd_usr.c 中:

```
//USB OTG 中断服务函数,处理所有 USB 中断
void OTG_FS_IRQHandler(void)
{
    USBD_OTG_ISR_Handler(&USB_OTG_dev);
}
```

该函数调用 USBD_OTG_ISR_Handler()函数来处理各种 USB 中断请求。因此，在 main()函数中处理过程非常简单，其通过两个全局状态变量（USB_STATUS_REG 和 bDeviceState）来判断 USB 状态，并在 LCD 上显示相关提示信息。

USB_STATUS_REG 是在 usbd_storage_msd.c 中定义的一个全局变量，不同的位表示不同状态，用来指示当前 USB 的读写等操作状态。

bDeviceState 是在 usbd_usr.c 中定义的一个全局变量，0 表示 USB 没有连接；1 表示 USB 已经连接。

注意，因为 USB 通信需要 48MHz 的 USB 时钟，所以这里将 STM32F429 的主频提升到 192MHz（稍微超频，不影响正常使用），以得到 48MHz 的 USB 时钟。另外几个 USB 例程也都采用 192MHz 的主频，以得到 48MHz 的 USB 时钟。

4. 下载验证

在代码编译成功之后，下载到阿波罗 STM32F429 开发板上，USB 配置成功后（假设已经插入 SD 卡，注意，USB 数据线，要插在 USB_SLAVE 接口，不是 USB_232 端口。另外，USB_HOST 接口不要插入任何设备，否则会产生干扰），LCD 显示效果如图 7.9 所示。

此时，计算机提示发现新硬件，并开始自动安装驱动，如图 7.10 所示。

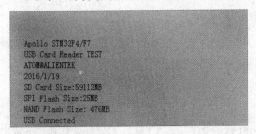

图 7.9　LCD 显示效果

图 7.10　USB 读卡器被计算机找到

USB 配置成功后，DS1 不亮，DS0 闪烁，并且在计算机上可以看到磁盘，如图 7.11 所示。

打开设备管理器，在 USB 控制器中可以发现多出了一个 USB 大容量存储设备，同时看到磁盘驱动器中多了 3 个磁盘，如图 7.12 所示。

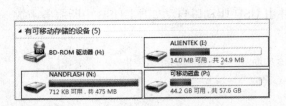

图 7.11　计算机找到 USB 读卡器的 3 个盘符

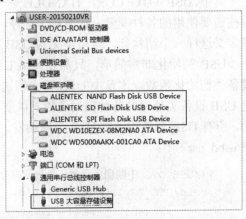

图 7.12　通过设备管理器查看磁盘驱动器

　　此时，可以通过计算机读写 SD 卡、SPI Flash 和 NAND Flash 中的内容。在执行读写操作时，可以看到 DS1 亮，并且会在 LCD 上显示当前的读写状态。

　　注意，在对 SPI Flash 进行操作时，不要频繁向其中写数据，否则很容易使 SPI Flash 达到存储上限。

第8章 网络通信

本章介绍阿波罗 STM32F429 开发板的网口及其使用方法。本章将使用 ALIENTEK 阿波罗 STM32F429 开发板自带的网口和 LWIP 实现 TCP 服务器（TP server）、TCP 客户端（TP client）、UDP（user datagram protocol，用户数据报协议）及 Web 服务器（Web server）4 个功能。

8.1 STM32F429 以太网接口

STM32F429 芯片自带以太网模块，该模块包括带专用 DMA 控制器的 MAC 802.3（介质访问控制）控制器，支持 MII（media independent interface，介质独立接口）和 RMII（reduced media independent interface，简化介质独立接口），并自带一个用于外部 PHY 通信的 SMI（serial management interface，串行管理接口），通过一组配置寄存器，用户可以为 MAC 控制器和 DMA 控制器选择所需模式和功能。

STM32F429 自带以太网模块特点包括以下内容：

1）支持外部 PHY 接口，实现 10Mb/s 和 100Mb/s 的数据传输速率。

2）通过符合 IEEE 802.3 的 MII、RMII 与外部以太网 PHY 进行通信。

3）支持全双工和半双工操作。

4）可编程帧长度，支持高达 16KB 巨型帧。

5）可编程帧间隔（40～96 位时间，以 8 为步长）。

6）支持多种灵活的地址过滤模式。

7）通过 SMI（MDIO）配置和管理 PHY 设备。

8）支持以太网时间戳（参见 IEEE 1588：2008），提供 64 位时间戳。

9）提供接收和发送两组 FIFO。

10）支持 DMA。

STM32F429 以太网功能框图如图 8.1 所示。

从图 8.1 可以看出，STM32F429 必须外接 PHY 芯片才可以完成以太网通信。外部 PHY 芯片可以通过 MII、RMII 与 STM32F429 内部 MAC 连接，并且支持 SMI（MDIO 和 MDC）配置外部以太网 PHY 芯片。

下面分别介绍 SMI、MII、RMII 和外部 PHY 芯片。

SMI 允许应用程序通过时钟（MDC）和数据线（MDIO）访问任意 PHY 寄存器。该接口支持访问多达 32 个 PHY，应用程序可以从 32 个 PHY 中选择一个 PHY，然后从任意 PHY 包含的 32 个寄存器中选择一个寄存器，发送控制数据或接收状态信息。任意给定时间内只能对一个 PHY 中的一个寄存器进行寻址。

MII 用于 MAC 层与 PHY 层进行数据传输。STM32F429 通过 MII 与 PHY 芯片的连接如图 8.2 所示。

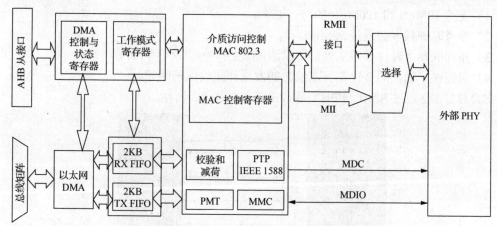

图 8.1 STM32F429 以太网功能框图

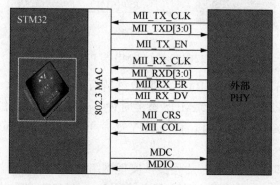

图 8.2 STM32F429 通过 MII 与 PHY 芯片的连接

1）MII_TX_CLK：连续时钟信号。该信号提供进行 TX 数据传输时的参考时序。速率为 10Mb/s 时，标称频率为 2.5MHz；速率为 100Mb/s 时，标称频率为 25MHz。

2）MII_RX_CLK：连续时钟信号。该信号提供进行 RX 数据传输时的参考时序。速率为 10Mb/s 时，标称频率为 2.5MHz；速率为 100Mb/s 时，标称频率为 25MHz。

3）MII_TX_EN：发送使能信号。

4）MII_TXD[3:0]：数据发送信号。该信号是 4 个一组的数据信号。

5）MII_CRS：载波侦听信号。

6）MII_COL：冲突检测信号。

7）MII_RXD[3:0]：数据接收信号。该信号是 4 个一组的数据信号。

8）MII_RX_DV：接收数据有效信号。

9）MII_RX_ER：接收错误信号。该信号必须保持一个或多个周期（MII_RX_CLK），从而向 MAC 子层指示在帧的某处检测到错误。

RMII 降低了在 10Mb/s 和 100Mb/s 下微控制器以太网外设与外部 PHY 间的引脚数。根据 IEEE 802.3u 标准，MII 包括 16 个数据和控制信号引脚。RMII 规范将引脚数减少为 7 个。

RMII 是 MAC 和 PHY 之间的实例化对象，有助于将 MAC 的 MII 转换为 RMII。RMII 具有以下特性：

1）支持 10Mb/s 和 100Mb/s 的运行速率。

2）参考时钟频率必须是 50MHz。

3）相同的参考时钟必须从外部提供给 MAC 和外部以太网 PHY。

4）它提供了独立的 2 位宽（双位）的发送和接收数据路径。

STM32F429 通过 RMII 与 PHY 芯片的连接如图 8.3 所示。

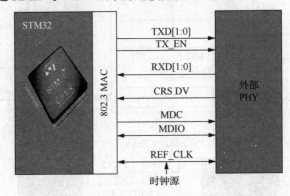

图 8.3　STM32F429 通过 RMII 与 PHY 芯片的连接

从图 8.3 可以看出，相比 MII，RMII 引脚数量精简了不少。注意，图 8.3 中的 REF_CLK 信号是 RMII 和外部 PHY 共用的 50MHz 参考时钟，必须由外部提供，如使用有源晶振，或 STM32F429 的 MCO 输出。另外，有些 PHY 芯片可以自己产生 50MHz 参考时钟，同时提供给 STM32F429。

本章采用 RMII 和外部 PHY 芯片连接，实现网络通信功能，阿波罗 STM32F429 开发板使用 LAN8720A 作为 PHY 芯片。下面简单介绍 LAN8720A 这个芯片。

LAN8720A 是低功耗的以太网 PHY 芯片，I/O 引脚电压符合 IEEE 802.3：2005 标准，支持通过 RMII 与以太网 MAC 层通信，内置 10-BASE-T/100BASE-TX 全双工传输模块，支持 10Mb/s 和 100Mb/s。

LAN8720A 可以通过自动协商的方式选择与目的主机的最佳连接方式（速度和双工模式），支持 HP Auto-MDIX 自动翻转功能，无须更换网线即可将连接更改为直连或交叉连接。LAN8720A 的主要特点总结如下：

1）高性能的 10Mb/s 和 100Mb/s 以太网传输模块。

2）支持 RMII 以减少引脚数。

3）支持全双工和半双工模式。

4）两个状态 LED 输出。

5）可以使用 25MHz 晶振以降低成本。

6）支持自动协商模式。

7）支持 HP Auto-MDIX 自动翻转功能。

8）支持 SMI。

9）支持 MAC 接口。

LAN8720A 功能框图如图 8.4 所示。

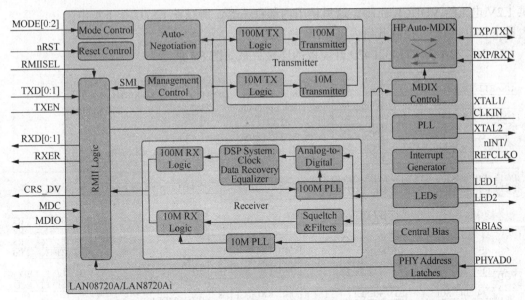

图 8.4 LAN8720A 功能框图

LAN8720A 的引脚数是比较少的，因此，很多引脚具有多种功能。这里介绍几个重要的设置。

（1）PHY 芯片地址设置

LAN8720A 可以通过 PHYAD0 引脚来配置 PHY 芯片地址。该引脚与 RXER 引脚复用，芯片内部自带下拉电阻，当硬复位结束后，LAN8720A 会读取该引脚电平，作为器件的 SMI 地址，接下拉电阻时（浮空也可以，因为芯片内部自带了下拉电阻），设置 SMI 地址为 0，当外接上拉电阻后，可以设置为 1。本章采用的是该引脚浮空，即设置 LAN8720A 地址为 0。

（2）nINT/REFCLKO 引脚功能配置

nINT/REFCLKO 引脚可以用作中断输出，或参考时钟输出。通过 LED2（nINTSEL）引脚设置，LED2 引脚的值在芯片复位后被 LAN8720A 读取。当 LED2 引脚接上拉电阻（或浮空，内置上拉电阻）时，正常工作后，nINT/REFCLKO 引脚将作为中断输出引脚（选中 REF_CLK IN 模式）。当该引脚接下拉电阻时，正常工作后，nINT/REFCLKO 引脚将作为参考时钟输出（选中 REF_CLK OUT 模式）。

在 REF_CLK IN 模式，外部必须提供 50MHz 参考时钟给 LAN8720A 的 XTAL1/CLKIN 引脚。

在 REF_CLK OUT 模式，LAN8720A 可以外接 25MHz 石英晶振，通过内部倍频到 50MHz，然后通过 REFCLKO 引脚输出 50MHz 参考时钟给 MAC 控制器。这种方式可以降低 BOM 成本。

本章设置 nINT/REFCLKO 引脚为参考时钟输出（REF_CLK OUT 模式），用于为 STM32F429 的 RMII 提供 50MHz 参考时钟。

（3）1.2V 内部稳压器配置

LAN8720A 需要 1.2V 电压为 VDDCR 供电，不过芯片内部集成了 1.2V 稳压器，可以通过 LED1（REGOFF）配置是否使用内部稳压器，当不使用内部稳压器时，必须由外部提供 1.2V 电压给 VDDCR 引脚。这里使用内部稳压器，所以在 LED1 接下拉电阻（或浮空，内置下拉电阻），以控制开启内部 1.2V 稳压器。

LAN8720A 与 STM32F429 开发板的连接关系如图 8.5 所示。

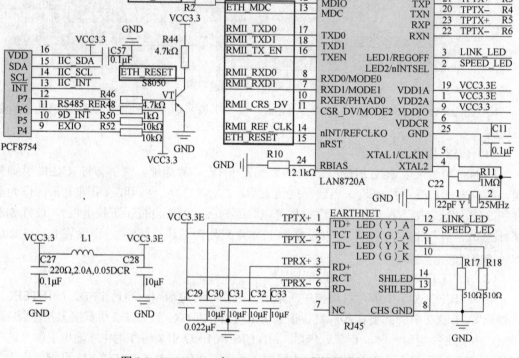

图 8.5　LAN8720A 与 STM32F429 开发板的连接关系

从图 8.5 可以看出，LAN8720A 共通过 10 根线与 STM32F429 开发板连接。注意，ETH_MDIO 和 USART2_TX、RMII_TX_EN 和 USART3_RX 共用一根线，它们不能同时使用。另外，LAN8720A 的 ETH_RESET 引脚连接在 PCF8574 的 P7 上（经过 VT 取反），所以，使用网络功能时，必须使 PCF8574 对 ETH_RESET 进行控制。

8.2　TCP/IP 和 LWIP 简介

1. TCP/IP 简介

TCP/IP（transmission control protocol/internet protocol，传输控制协议/互联网协议），又名网络通信协议，是 Internet（因特网）最基本的协议，由网络层的 IP 和传输层的 TCP 组成。TCP/IP 定义了电子设备如何连入 Internet，以及数据在它们之间传输的标准。通俗而言，TCP 负责发现传输的问题，一有问题就发出信号，要求重新传输，直到所有数据安全、正确地传输到目的地。IP 为 Internet 的每一台联网设备规定一个地址。

　　TCP/IP 不是 TCP 和 IP 这两个协议的合称，而是指 Internet 中整个 TCP/IP 协议族。从协议分层模型方面来讲，TCP/IP 由 4 层组成，即网络接口层、网络层、传输层、应用层。OSI/RM（open system interconnect/reference model，开放式系统互联参考模型）简称 OSI 参考模型，该模型包括 7 层，即物理层、数据链路层、网络层、传输层、会话层、表示层和应用层。TCP/IP 模型与 OSI 参考模型对比如表 8.1 所示。

表 8.1　TCP/IP 模型与 OSI 参考模型对比

编号	TCP/IP 模型	OSI 参考模型
1		应用层
2	应用层	表示层
3		会话层
4	传输层	传输层
5	网络层	网络层
6	网络接口层	数据链路层
7		物理层

　　本例程中的 PHY 芯片 LAN8720A 相当于物理层，STM32F429 自带的 MAC 层相当于数据链路层，而 LWIP 提供的是网络层、传输层的功能，应用层需要用户根据需要的功能实现。

　　2. LWIP 简介

　　LWIP（light weight internet protocol，轻量级互联网协议）是瑞典计算机科学院的 Adam Dunkels 等开发的一个小型开源的 TCP/IP 协议栈，是 TCP/IP 的一种实现方式。LWIP 有无操作系统的支持都可以运行，其实现的重点是在保持 TCP 主要功能的基础上减少对 RAM 的占用，它只需十几 KB 的 RAM 和 40KB 左右的 ROM 就可以运行，这使 LWIP 协议栈适合在低端的嵌入式系统中使用。本书采用的就是 1.4.1 版本的 LWIP。

　　关于 LWIP 的详细信息可以登录 http://savannah.nongnu.org/projects/lwip 网站查阅，LWIP 的主要特性如下：

　　1）支持 ARP（address resolution protocol，地址解析协议）。

　　2）支持 IP，包括 IPv4 和 IPv6，支持 IP 分片与重装，支持多网络接口下数据转发。

　　3）支持 ICMP（Internet control message protocol，Internet 控制报文协议），用于网络调试与维护。

　　4）支持 IGMP（Internet group management protocol，Internet 组管理协议），用于网络组管理，可以实现多播数据的接收。

　　5）支持 UDP。

　　6）支持 TCP，支持 TCP 拥塞控制、RTT 估计、快速恢复与重传等。

　　7）提供 3 种用户编程接口方式，即 raw/callback API、sequential API、BSD-style socket API。

8）支持 DNS（domain name systen，域名系统），可进行域名解析。

9）支持 SNMP（simple network management protocol，简单网络管理协议）。

10）支持 DHCP（dynamic host configuration protocol，动态主机配置协议）。

11）支持 AUTOIP，即 IP 地址自动配置。

12）支持 PPP（point to point protocol，点对点协议），支持 PPPoE。

从 LWIP 官网下载 LWIP 1.4.1 版本，打开后 LWIP 1.4.1 源码内容如图 8.6 所示。

图 8.6　LWIP 1.4.1 源码内容

打开从官网下载的 LWIP 1.4.1，其中包括 doc、src 和 test 3 个文件夹和 5 个其他文件。doc 文件夹下包含几个与协议栈使用相关的文本文档，doc 文件夹中有两个比较重要的文档，即 rawapi.txt 和 sys_arch.txt。

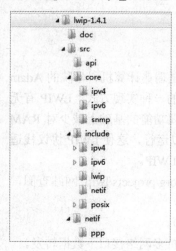

图 8.7　src 文件夹的内容

rawapi.txt 的作用是使读者了解使用 raw/callback API 进行编程的方法，sys_arch.txt 包含移植说明，在移植时用。src 文件夹是重点文件夹，其中包含 LWIP 的源码。test 文件夹中是 LWIP 提供的一些测试程序，方便使用 LWIP。打开 src 文件夹，其内容如图 8.7 所示。

src 文件夹由 4 个文件夹组成，即 api、core、include、netif。api 文件夹中是 LWIP 的 sequential API(Netconn)和 socket API 两种接口函数的源码，要使用这两种 API 需要操作系统的支持。core 文件夹中是 LWIP 内核源码，实现了各种协议支持。include 文件夹中是 LWIP 使用到的头文件。netif 文件夹中是与网络底层接口有关的文件。

关于 LWIP 的移植，请参考《STM32F429 LWIP 开发手册》资源中已经提供的第一章，该文档详细介绍 LWIP 在 STM32F429 上的移植。

8.3　网络通信实验

1. 实验要求

开机后，程序初始化 LWIP，包括初始化 LAN8720A、申请内存、开启 DHCP 服务、添加并打开网卡，等待 DHCP 获取 IP 地址。当 DHCP 获取 IP 地址成功后，在 LCD 屏幕上显示 DHCP 得到的 IP 地址；如果 DHCP 获取 IP 地址失败，将使用静态 IP（固定为 192.168.1.30），然后开启 Web 服务器服务，并进入主循环，等待按键输入选择需要测试的功能：

1）KEY0 按键，用于选择 TCP 服务器测试功能。

2）KEY1 按键，用于选择 TCP 客户端测试功能。

3）KEY2 按键，用于选择 UDP 测试功能。

4）TCP 服务器测试时，直接使用 DHCP 获取到 IP 地址（DHCP 失败，则使用静态 IP 地址）作为服务器地址，端口号固定为 8088。在计算机端，可以使用网络调试助手（TCP 客户端模式）连接开发板，连接成功后，屏幕显示连接上的客户端的 IP 地址，此时即可互相发送数据。按 KEY0 发送数据给计算机，计算机端发送过来的数据将会显示在 LCD 屏幕上。按 KEY_UP 可以退出 TCP 服务器测试。

TCP 客户端测试时，先通过 KEY0/KEY2 来设置远端 IP 地址（服务器的 IP），端口号固定为 8087。设置完成后，通过 KEY_UP 确认，此后开发板会不断尝试连接到所设置的远端 IP 地址（端口：8087）。此时，需要在计算机端使用网络调试助手（TCP 服务器模式），设置端口为 8087，开启 TCP 服务器服务，等待开发板连接。当连接成功后，测试方法同 TCP 服务器测试的方法一样。

UDP 测试与 TCP 客户端测试过程基本相同，先通过 KEY0/KEY2 设置远端 IP 地址（计算机端的 IP），端口号固定为 8089，然后按 KEY_UP 确认。计算机端使用网络调试助手（UDP 模式），设置端口为 8089，开启 UDP 服务。对于 UDP 通信，需先按开发板 KEY0，发送一次数据给计算机，此后才可以使计算机发送数据给开发板，实现数据互发。按 KEY_UP 可以退出 UDP 测试。

Web 服务器的测试相对简单，只需在浏览器端输入开发板的 IP 地址（DHCP 获取到的 IP 地址或 DHCP 失败时使用的静态 IP 地址），即可登录一个 Web 界面。在 Web 界面可以实现 DS1（LED1）控制、蜂鸣器控制、查看 ADC1 通道 5 的值、内部温度传感器温度值，以及查看 RTC 时间和日期等。

2. 硬件设计

本实验所要用到的硬件资源如下：

1）指示灯 DS0、DS1。

2）4 个按键（KEY0、KEY1、KEY2、KEY_UP）。

3）串口。

4）LCD 模块。

5）ETH（STM32F429 自带以太网功能）。

6）LAN8720A。

7）PCF8574。

本实验测试时，需自备网线一根、路由器一个。

3. 软件设计

本实验综合了 ALIENTEK《STM32F429 LWIP 开发手册》中的 4 个 LWIP 基础例程，即 UDP 实验、TCP 客户端实验、TCP 服务器实验和 Web 服务器实验。这些实验测试代码在工程 LWIP→lwip_app 文件夹下，如图 8.8 所示。其中共 5 个文件夹：lwip_comm 文件夹，存储 ALIENTEK 提供的 LWIP 扩展支持代码，方便使用和配置 LWIP，其他 4 个文件夹分别存储 TCP 客户端、TCP 服务器、UDP 和 Web 服务器测试的样例程序。详细介绍请参考《STM32F429 LWIP 开发手册》。本例程工程结构如图 8.9 所示。

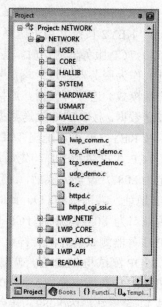

图 8.8　lwip_app 文件夹内容　　　　　　　　图 8.9　本例程工程结构

本节例程所实现的功能全部由 LWIP_APP 组下的几个.c 文件实现，这些文件的具体介绍请参考《STM32F429 LWIP 开发手册》。

其他部分代码不再详细介绍，主要介绍 main.c 中的代码，具体如下：

```
//加载 UI
//mode:
//bit0:0,不加载；1,加载前半部分 UI
//bit1:0,不加载；1,加载后半部分 UI
void lwip_test_ui(u8 mode)
{
    u8 speed;
    u8 buf[30];
    POINT_COLOR=RED;
    if(mode&1<<0)
    {
        LCD_Fill(30,30,lcddev.width,110,WHITE);    //清除显示
        LCD_ShowString(30,30,200,16,16,"Apollo STM32F4/F7");
        LCD_ShowString(30,50,200,16,16,"Ethernet lwIP Test");
        LCD_ShowString(30,70,200,16,16,"ATOM@ALIENTEK");
        LCD_ShowString(30,90,200,16,16,"2016/1/25");
    }
    if(mode&1<<1)
    {
```

```
        LCD_Fill(30,110,lcddev.width,lcddev.height,WHITE);//清除显示
        LCD_ShowString(30,110,200,16,16,"lwIP Init Successed");
        if(lwipdev.dhcpstatus==2)sprintf((char*)buf,"DHCP IP:%d.%d.%d.%d",
            lwipdev.ip[0],lwipdev.ip[1],lwipdev.ip[2],lwipdev.ip[3]);
                                    //输出动态 IP 地址
        else sprintf((char*)buf,"Static IP:%d.%d.%d.%d",lwipdev.ip[0],
            lwipdev.ip[1],lwipdev.ip[2],lwipdev.ip[3]);//输出静态 IP 地址
        LCD_ShowString(30,130,210,16,16,buf);
        speed=LAN8720_Get_Speed();      //得到网速
        if(speed&1<<1)LCD_ShowString(30,150,200,16,16,"Ethernet Speed:100M");
        else LCD_ShowString(30,150,200,16,16,"Ethernet Speed:10M");
        LCD_ShowString(30,170,200,16,16,"KEY0:TCP Server Test");
        LCD_ShowString(30,190,200,16,16,"KEY1:TCP Client Test");
        LCD_ShowString(30,210,200,16,16,"KEY2:UDP Test");
    }
}
int main(void)
{
    u8 t;
    u8 key;
    HAL_Init();                         //初始化 HAL 库
    Stm32_Clock_Init(360,25,2,8);       //设置时钟，180MHz
    delay_init(180);                    //初始化延时函数
    uart_init(115200);                  //初始化 UART
    usmart_dev.init(90);                //初始化 USMART
    LED_Init();                         //初始化 LED
    KEY_Init();                         //初始化按键
    SDRAM_Init();                       //初始化 SDRAM
    LCD_Init();                         //初始化 LCD
    PCF8574_Init();                     //初始化 PCF8574
    MY_ADC_Init();                      //初始化 ADC
    RTC_Init();                         //初始化 RTC
    TIM3_Init(1000-1,900-1);            //100kHz 的计数频率，计数 1000 为 10ms
    my_mem_init(SRAMIN);                //初始化内部内存池
    my_mem_init(SRAMEX);                //初始化外部内存池
    my_mem_init(SRAMCCM);               //初始化 CCM 内存池
    POINT_COLOR=RED;
    LED0=0;
    lwip_test_ui(1);                    //加载前半部分 UI
    LCD_ShowString(30,110,200,16,16,"lwIP Initing...");
    while(lwip_comm_init())             //LWIP 初始化
    {
        LCD_ShowString(30,110,200,20,16,"LWIP Init Falied! ");
        delay_ms(500);
        LCD_ShowString(30,110,200,16,16,"Retrying...          ");
        delay_ms(500);
    }
    LCD_ShowString(30,110,200,20,16,"LWIP Init Success!");
```

```
LCD_ShowString(30,130,200,16,16,"DHCP IP configing...");//等待 DHCP 获取
#if LWIP_DHCP                       //使用 DHCP
while((lwipdev.dhcpstatus!=2)&&(lwipdev.dhcpstatus!=0xFF))
                                    //等待 DHCP 获取成功/超时溢出
{
    lwip_periodic_handle();         //LWIP 内核需要定时处理的函数
}
#endif
lwip_test_ui(2);                    //加载后半部分 UI
httpd_init();                       //HTTP 初始化(默认开启 Web server)
while(1)
{
    key=KEY_Scan(0);
    switch(key)
    {
        case KEY0_PRES:             //TCP Server 模式
            tcp_server_test();
            lwip_test_ui(3);        //重新加载 UI
            break;
        case KEY1_PRES:             //TCP Client 模式
            tcp_client_test();
            lwip_test_ui(3);        //重新加载 UI
            break;
        case KEY2_PRES:             //UDP 模式
            udp_demo_test();
            lwip_test_ui(3);        //重新加载 UI
            break;
    }
    lwip_periodic_handle();
    delay_ms(2);
    t++;
    if(t==100)LCD_ShowString(30,230,200,16,16,"Please choose a mode!");
    if(t==200)
    {
        t=0;
        LCD_Fill(30,230,230,230+16,WHITE);//清除显示
        LED0=!LED0;
    }
}
}
```

这里开启了定时器 3 来为 LWIP 提供时钟，并通过 lwip_comm_init()函数初始化 LWIP，该函数包括初始化 STM32F429 的以太网外设、初始化 LAN8720A、分配内存、使能 DHCP、添加并打开网卡等操作。

注意，配置 STM32F429 的网卡使用自动协商功能（双工模式和连接速度），如果协商过程中遇到问题，会进行多次重试，需要等待很久，而且如果协商失败，直接返回错误，导致 LWIP 初始化失败，因此一定要插上网线，这样 LWIP 才能初始化成功，否则会初始

化失败。

在 LWIP 初始化成功后，进入 DHCP 获取 IP 状态；当 DHCP 获取 IP 地址成功后，显示开发板获取的 IP 地址，然后开启 HTTP 服务。此时，可以在浏览器输入开发板 IP 地址，登录 Web 控制界面，进行 Web 服务器测试。

在主循环中，可以通过按键选择 TCP 服务器测试、TCP 客户端测试和 UDP 测试等测试项目。另外，主循环中调用了 lwip_periodic_handle()函数周期性处理 LWIP 事务。

4. 实验效果

在开始测试之前，先用网线（需自备）将开发板和计算机连接起来。

对于有路由器的用户，直接用网线连接路由器，同时计算机也连接路由器，即可完成计算机与开发板的连接设置。

对于没有路由器的用户，直接用网线连接计算机的网口，再设置计算机的本地连接属性，如图 8.10 所示。

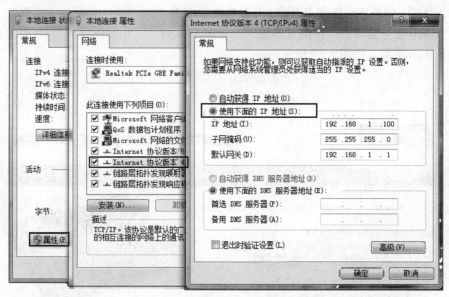

图 8.10　开发板与计算机直连时计算机本地连接属性设置

这里设置 IPv4 的属性，即设置 IP 地址为 192.168.1.100（100 是可以随意设置的，但是不能是 30 和 1），子网掩码为 255.255.255.0，网关为 192.168.1.1，DNS 部分可以不设置。

设置完成后，单击"确定"按钮，即可完成计算机端设置，这样开发板和计算机就可以互相通信了。

在代码编译成功之后，通过下载代码到阿波罗 STM32F429 开发板上（这里以路由器连接方式介绍，下同，且假设 DHCP 获取 IP 地址成功），LCD 显示图 8.11 所示的界面。

此时屏幕提示选择测试模式，可以选择 TCP Server、TCP Client 和 UDP 这 3 项测试。在选择测试项目前先查看网络连接是否正常。从图 8.11 可以看到，开发板通过 DHCP 获取的 IP 地址为 192.168.1.137。因此，在计算机上使用 ping 命令（"开始"→"运行"→输入"CMD"→ping 192.168.1.137）测试这个 IP 地址，查看能否连通，以检查连接是否正常，如图 8.12 所示。

图 8.11　DHCP 获取 IP 地址成功界面　　　　图 8.12　测试开发板 IP 地址

可以看到开发板所显示的 IP 地址，是可以 ping 通的，说明开发板和计算机连接正常，可以进行后续测试。

8.3.1　Web 服务器测试

这个测试不需要任何操作来开启，开发板在获取 IP 地址成功（也可以使用静态 IP）后，即开启了 Web 服务器功能。在浏览器输入"192.168.1.137"（开发板显示的 IP 地址），即可进入一个 Web 页面，如图 8.13 所示。

图 8.13　Web 服务器测试页面

该页面共有 5 个子页面：主页、LED/BEEP 控制、ADC/内部温度传感器、RTC 实时时钟和联系我们。登录 Web 时默认打开的是主页面，其中包括阿波罗 STM32F429 开发板资源、特点的介绍和 LWIP 的简介。

选择"LED/BEEP 控制"选项卡，进入该子页面，即可对开发板板载的 DS0（LED1）和蜂鸣器进行控制，如图 8.14 所示。

此时，点选 ON 单选按钮，单击 SEND 按钮，即可点亮 LED1 或打开蜂鸣器。同样，点选 OFF 单选按钮，单击 SEND 按钮，即可关闭 LED1 或蜂鸣器。

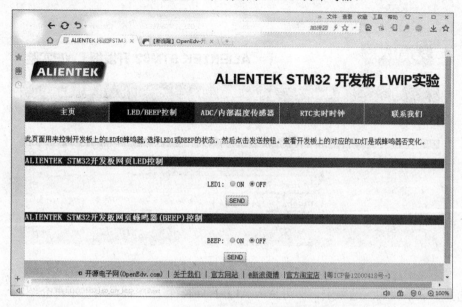

图 8.14   LED/BEEP 控制子页面

选择"ADC/内部温度传感器"选项卡，进入该子页面，会显示 ADC1 通道 5 的值和 STM32 内部温度传感器所测得的温度，如图 8.15 所示。

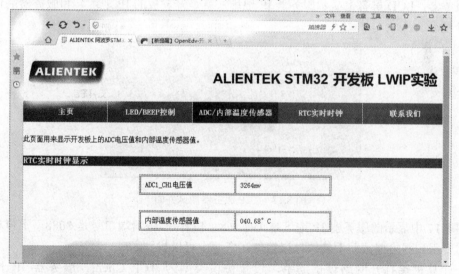

图 8.15   ADC/内部温度传感器子页面

ADC1_CH5 是开发板多功能接口 ADC 的输入通道，默认连接在 TPAD 上，TPAD 带有上拉电阻，所以这里显示 3.3V 左右，读者可以将 ADC 接其他地方来测量电压。同时，该子页面还显示了内部温度传感器采集到的温度值。说明：该子页面每隔 1s 刷新一次。

选择"RTC 实时时钟"选项卡，进入该子页面，如图 8.16 所示。此子页面显示了阿波罗 STM32F429 自带的 RTC 实时时钟的当前时间和日期等参数，每隔 1s 刷新一次。

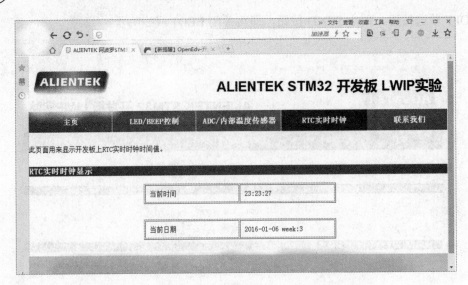

图 8.16　RTC 实时时钟子页面

选择"联系我们"选项卡，即可进入 ALIENTEK 官方店铺，这里不再介绍。

8.3.2　TCP 服务器测试

在选择测试项目提示界面，按 KEY0 键即可进入 TCP 服务器测试。此时，开发板作为 TCP 服务器，LCD 屏幕上显示服务器 IP 地址（就是开发板的 IP 地址）和服务器端口，如图 8.17 所示。

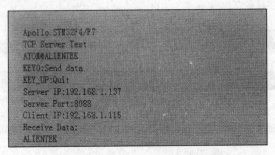

图 8.17　TCP 服务器测试界面

图 8.17 中显示的服务器 IP 地址是 192.168.1.137，服务器端口号是 8088。上位机配合测试需要用到网络调试助手软件，该软件在资源中可以找到。

在计算机端打开网络调试助手，设置协议类型为 TCP Client，服务器 IP 地址为 192.168.1.137，服务器端口号为 8088，然后单击"连接"按钮，即可连上开发板的 TCP 服务器。此时，开发板的 LCD 显示：Client IP:192.168.1.115（计算机的 IP 地址），如图 8.17 所示，而网络调试助手端显示连接成功，如图 8.18 所示。

按开发板的 KEY0 键，即可发送数据给计算机。同样，计算机端输入数据，也可以通过网络调试助手发送给开发板，如图 8.18 所示。按 KEY_UP 键，可以退出 TCP 服务器测试，返回选择界面。

网络参数设置

收到来自开发板的数据

计算机发送给
开发板的数据

计算机IP地址

图 8.18 计算机端网络调试助手 TCP 客户端测试界面

8.3.3 TCP 客户端测试

在选择测试项目提示界面，按 KEY1 键即可进行 TCP 客户端测试。此时，先进入一个远端 IP 设置界面，也就是设置客户端要连接的服务器端的 IP 地址。通过 KEY0/KEY2 键可以设置 IP 地址，通过 8.3.2 节的测试可以知道计算机的 IP 是 192.168.1.115，所以这里设置客户端要连接的远端 IP 为 192.168.1.115，如图 8.19 所示。

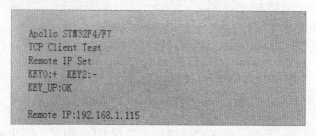

图 8.19 远端 IP 地址设置

设置完成后，按 KEY_UP 键确认，进入 TCP 客户端测试界面。开始时，屏幕显示 Disconnected。在计算机端打开网络调试助手，设置协议类型为 TCP Server，本地 IP 地址为 192.168.1.115（计算机 IP），本地端口号为 8087，然后单击"连接"按钮，开启计算机端的 TCP 服务器服务，如图 8.20 所示。

在计算机端开启服务器后，稍等片刻，开发板的 LCD 即显示 Connected，如图 8.21 所示。

在连接成功后，计算机和开发板即可互发数据。同样，在开发板还是按 KEY0 键发送数据给计算机，测试结果如图 8.21 所示。按 KEY_UP 键，可以退出 TCP 客户端测试，返回选择界面。

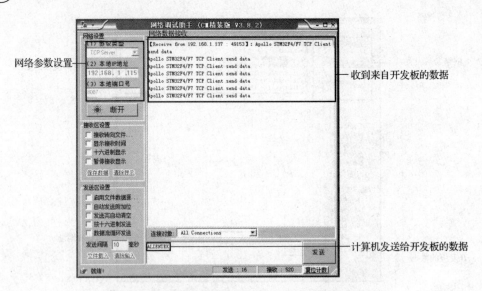

网络参数设置 ————————

——— 收到来自开发板的数据

——— 计算机发送给开发板的数据

图 8.20   计算机端网络调试助手 TCP 服务器测试界面

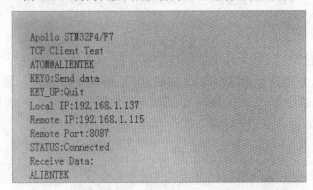

图 8.21   TCP 客户端测试界面

8.3.4   UDP 测试

在选择测试项目提示界面，按 KEY2 键即可进行 UDP 测试。UDP 测试同 TCP 客户端测试一样，要先设置远端 IP 地址，设置完成后，进入 UDP 测试界面，如图 8.22 所示。

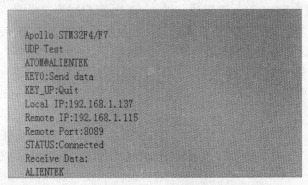

图 8.22   UDP 测试界面

可以看到，UDP 测试时要连接的端口号为 8089，所以网络调试助手需要设置端口号为

8089。另外，UDP 不是基于连接的传输协议，所以，在 UDP 测试界面直接显示 Connected。在计算机端打开网络调试助手，设置协议类型为 UDP，本地 IP 地址为 192.168.1.115（计算机 IP），本地端口号为 8089，然后单击"连接"按钮，开启计算机端的 UDP 服务，如图 8.23 所示。

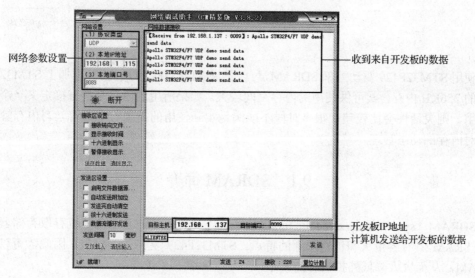

图 8.23　计算机端网络调试助手 UDP 测试界面

先按开发板的 KEY0 键，发送一次数据给计算机端网络调试助手，这样计算机端网络调试助手便会识别出开发板的 IP 地址，此后就可以互相发送数据了。按 KEY_UP 键，可以退出 UDP 测试，返回选择界面。

第9章 内存管理

　　使用 STM32F429 驱动外部 SDRAM,可以扩展 STM32F429 的内存,再加上 STM32F429 自带的 256KB 内存,其可供使用的内存空间较大。如果所用的内存都是直接定义一个数组来使用,则灵活性会比较差,很多时候不能满足实际使用的需求。本章将学习内存管理,实现对内存的动态管理。

9.1　SDRAM 简介

　　SDRAM(synchronous dynamic random access memory,同步动态随机存取存储器)相较于 SRAM 具有容量大和价格低廉的特点。STM32F429 支持 SDRAM,因此,可以外接 SDRAM,从而大大降低外扩内存的成本。

　　阿波罗板载的 SDRAM 型号为 W9825G6KH,其内部结构框图如图 9.1 所示。

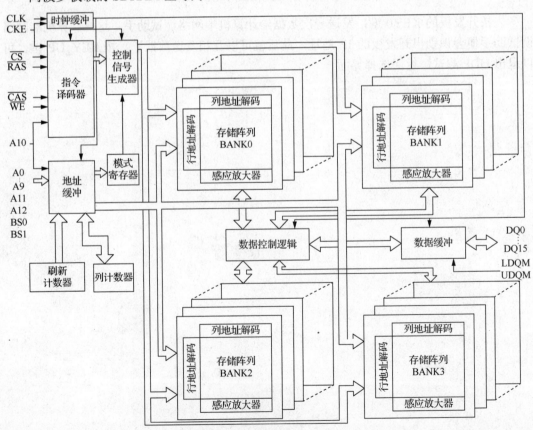

图 9.1　W9825G6KH 内部结构框图

下面结合图 9.1 对 SDRAM 的几个重要知识点进行介绍。

1. SDRAM 信号线

SDRAM 的信号线如表 9.1 所示。

表 9.1　SDRAM 的信号线

信号线	说明
CLK	时钟信号，在该时钟的上升沿采集输入信号
CKE	时钟使能，禁止时钟时，SDRAM 会进入自刷新模式
$\overline{CS}$	片选信号，低电平有效
$\overline{RAS}$	行地址选通信号，低电平时表示行地址
$\overline{CAS}$	列地址选通信号，低电平时表示列地址
$\overline{WE}$	写使能信号，低电平有效
A0~A12	地址线（行/列）
BS0、BS1	BANK 地址线
DQ0、DQ15	数据线
LDQM、UDQM	数据掩码，表示 DQ 的有效部分

2. 存储单元

SDRAM 的存储单元（称为 BANK）是以阵列的形式排列的，如图 9.1 所示。BANK 的结构示意图如图 9.2 所示。

对于这个存储阵列，可以将其看作一个表格，只需要给定行地址和列地址，就可以确定唯一位置，这就是 SDRAM 寻址的基本原理。一个 SDRAM 芯片内部一般有 4 个这样的存储单元（BANK），所以，在 SDRAM 内部寻址时，先指定 BANK 号和行地址，然后指定列地址即可。

SDRAM 的存储结构示意图如图 9.3 所示，寻址时首先 $\overline{RAS}$ 信号为低电平，选通行地址，地址线 A0~A12 所表示的地址会被传输并锁存到行地址译

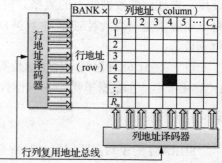

图 9.2　BANK 的结构示意图

码器中作为行地址，同时 BANK 地址线上面的 BS0、BS1 所表示的 BANK 地址，也会被锁存，选中对应的 BANK；$\overline{CAS}$ 信号为低电平，选通列地址，地址线 A0~A12 所表示的地址会被传输并锁存到列地址译码器中作为列地址。这样就完成了一次寻址。

W9825G6KH 的存储结构为行地址 8192 个，列地址 512 个，BANK 数为 4 个，位宽为 16 位。这样整个芯片的容量为 32MB（8192×512×4×16）。

3. 数据传输

在完成寻址以后，数据线 DQ0~DQ15 上的数据会通过图 9.1 中所示的数据控制逻辑写入（或读出）存储阵列。

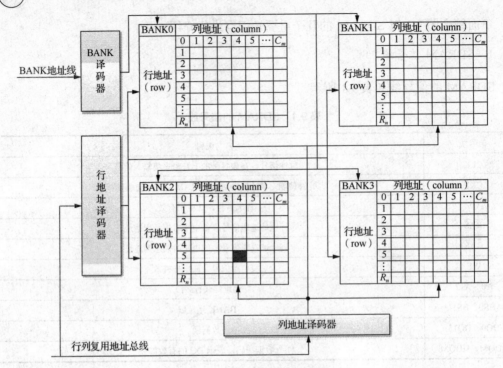

图 9.3　SDRAM 的存储结构示意图

　　注意，因为 SDRAM 的位宽可以达到 32 位，也就是最多有 32 条数据线，在实际使用时可能会以 8 位、16 位、24 位和 32 位等宽度来读写数据。因此，并不是每条数据线都会使用，未使用的数据线上的数据必须忽略，此时需要使用数据掩码（DQM）线来控制。每一条数据掩码线，对应 8 位数据，低电平表示对应数据位有效，高电平表示对应数据位无效。

　　以 W9825G6KH 为例，假设以 8 位数据访问，只需要 DQ0～DQ7 数据线上的数据，而 DQ8～DQ15 数据线上的数据需要忽略，此时，设置 LDQM 为低电平，UDQM 为高电平即可。

　　4. 控制命令

　　SDRAM 的驱动需要用到一些命令，如表 9.2 所示。

表 9.2　SDRAM 控制命令

命令	CS	RAS	CAS	WE	DQM	ADDR	DQ
No-Operation	L	H	H	H	×	×	×
Active	L	L	H	H	×	BANK/Row	×
Read	L	H	L	H	L/H	BANK/Col	DATA
Write	L	H	L	L	L/H	BANK/Col	DATA
Precharge	L	L	H	L	×	A10=H/L	×
Refresh	L	L	L	H	×	×	×
Mode Register Set	L	L	L	L	×	MODE	×
Burst Stop	L	H	H	L	×	×	DATA

注：L 表示低电平，H 表示高电平，×表示任意电平，DATA 表示数据，MODE 表示模式。

（1）No-Operation

No-Operation 即空操作命令，用于选中 SDRAM，防止 SDRAM 接受错误命令，为命令发送做准备。

（2）Active

Active 即激活命令，该命令必须在读写操作之前发送，用于设置所需要的 BANK 和行地址（同时设置这两个地址），BANK 地址由 BS0、BS1（也写作 BA0、BA1，下同）指定，行地址由 A0～A12 指定。其时序图如图 9.4 所示。

（3）Read/Write

Read/Write 即读/写命令，在发送完激活命令后，再发送列地址就可以完成对 SDRAM 的寻址，并进行读写操作。读/写命令和列地址的发送是通过一次传输完成的，如图 9.5 所示。

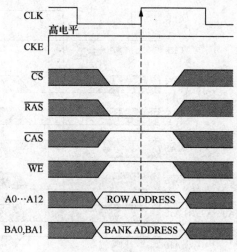

图 9.4 激活命令时序图

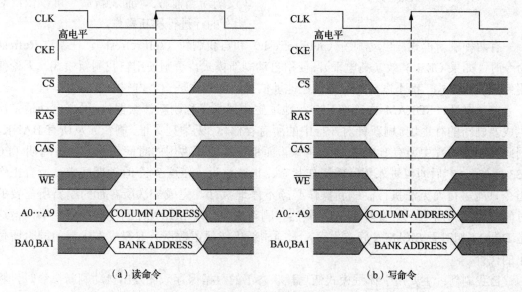

（a）读命令　　　　　　　　　　　（b）写命令

图 9.5 读/写命令时序图

列地址由 A0～A9 指定，$\overline{WE}$ 信号控制读/写命令，高电平表示读命令，低电平表示写命令，各条信号线的状态在 CLK 的上升沿被锁存到芯片内部。

（4）Precharge

Precharge 即预充电指令，用于关闭 BANK 中所打开的行地址。由于 SDRAM 的寻址具有独占性，因此在进行完读写操作后，如果要对同一 BANK 的另一行进行寻址，就要将原来有效（打开）的行关闭，重新发送行/列地址。BANK 关闭现有行，准备打开新行的操作称为预充电。

预充电命令时序图如图 9.6 所示。

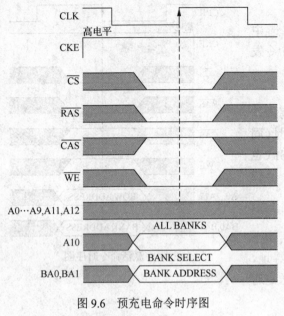

图 9.6　预充电命令时序图

预充电命令可以通过独立的命令发送，也可以在每次发送读/写命令时，使用地址线 A10 来设置自动预充电。在发送读/写命令时，当 A10=1，使能所有 BANK 的预充电，在读/写操作完成后，自动进行预充电。这样，下次读/写操作之前，就不需要再发预充电命令了，从而提高读/写速度。

（5）Refresh

Refresh 即刷新命令，用于刷新一行数据。SDRAM 中存储的数据需要不断地进行刷新操作才能保留。因此，刷新命令对于 SDRAM 来说尤为重要。预充电命令和刷新命令都可以实现对 SDRAM 数据的刷新，但是，预充电命令仅对当前打开的行有效（仅刷新当前行），而刷新命令可以依次对所有的行进行刷新操作。

有两种刷新模式：自动刷新（auto refresh）和自我刷新（self refresh）。在发送 Refresh 命令时，如果 CKE 有效（高电平），使用自动刷新模式，否则使用自我刷新模式。无论使用何种刷新方式，都不需要外部提供行地址信息，因为这是一个内部的自动操作。

自动刷新：SDRAM 内部有一个行地址生成器（又称刷新计数器），用来自动地依次生成要刷新的行地址。刷新针对一行中的所有存储体，无须列寻址。刷新涉及所有 BANK，因此在刷新过程中所有 BANK 停止工作，而每次刷新所占用的时间为 9 个时钟周期（PC 133 标准），之后即可进入正常的工作状态。也就是说，在这 9 个时钟期间内，所有工作指令只能等待而无法执行。刷新操作必须不停地执行，完成一次所有行的刷新所需要的时间称为刷新周期，一般为 64ms。显然，刷新操作会对 SDRAM 的性能造成影响，但这是 DRAM 相对于 SRAM（静态内存，无须刷新仍能保留数据）取得成本优势的同时所付出的代价。

自我刷新：主要用于休眠模式低功耗状态下的数据保存，在发出自动刷新命令时，将 CKE 置于无效状态（低电平），就进入了自我刷新模式。此时，不再依靠系统时钟工作，而是根据内部的时钟进行刷新操作。在自我刷新期间，除了 CKE 之外其他外部信号都是无效的（无须外部提供刷新指令），只有重新使 CKE 有效（高电平）才能退出自我刷新模式并进入正常操作状态。

（6）Mode Register Set

Mode Register Set 即设置模式寄存器命令。SDRAM 芯片内部有一个逻辑控制单元，控制单元的相关参数由模式寄存器提供，通过设置模式寄存器命令来完成对模式寄存器的设置。这个命令在每次对 SDRAM 进行初始化时都需要用到。

发送该命令时，通过地址线来传输模式寄存器的值，W9825G6KH 的模式寄存器描述如图 9.7 所示。

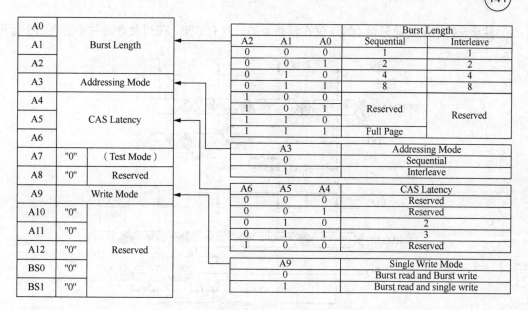

图 9.7　W9825G6KH 的模式寄存器描述

由图 9.7 可知，模式寄存器的配置分为几个部分：

1）Burst Length 即突发长度（简称 BL），通过 A0～A2 设置，是指在同一行中相邻的存储单元连续进行数据传输的方式，连续传输所涉及存储单元（列）的数量就是突发长度。

读/写操作都是一次对一个存储单元进行寻址，如果要连续读/写，还需对当前存储单元的下一个单元进行寻址，即要不断地发送列地址与读/写命令（行地址不变，所以不用再对行寻址）。虽然由于读/写延迟相同可以让数据的传输在 I/O 端连续，但是它占用了大量的内存控制资源，在数据进行连续传输时无法输入新的命令，效率很低。

为此，人们开发了突发传输技术，只要指定起始列地址与突发长度，内存就会自动对后面相应数量的存储单元进行读/写操作，而不再需要控制器连续地提供列地址。这样，除了第一个数据的传输需要若干周期外，其后每个数据只需一个周期即可。

非突发连续读取模式：不采用突发传输而是依次单独寻址，此时可等效于 BL=1。这样虽然可以让数据连续地传输，但是每次都要发送列地址与命令信息，控制资源占用极大。

突发连续读取模式：只要指定起始列地址与突发长度，寻址与数据的读取自动进行，而只要控制好两段突发读取命令的间隔周期（与 BL 相同）即可做到连续地突发传输。BL 的数值不能随意设置或在数据进行传输前临时决定，需在初始化时通过模式寄存器设置命令进行设置。目前，可用的选项是 1、2、4、8、全页（Full Page），常见的设定是 4 和 8。若传输长度小于突发长度，需要发送 Burst Stop（停止突发）命令，结束突发传输。

2）Addressing Mode 即突发访问的地址模式，通过 A3 设置，可以设置为 Sequential（顺序）或 Interleave（交错）。顺序方式地址连续访问，而交错模式地址是乱序的，一般选择连续模式。

3）CAS Latency 即列地址选通延迟（简称 CL）。在读命令（同时发送列地址）发送完之后需要等待几个时钟周期，DQ 数据线上的数据才会有效，这个延迟时间称为 CL，一般设置为 2/3 个时钟周期，如图 9.8 所示。

注意，列地址选通延迟（CL）仅在读命令的时候有效果，在写命令时并不需要这个延迟。

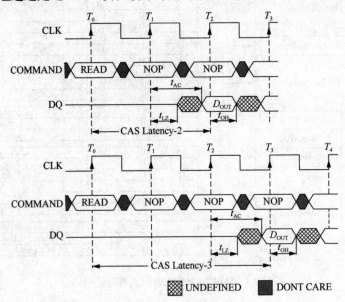

图 9.8　CAS 延迟（2/3）

4）Write Mode 即写模式，用于设置单次写的模式，可以选择突发写入或单次写入。

5. 初始化

SDRAM 上电后，必须进行初始化才可以正常使用。SDRAM 初始化时序图如图 9.9 所示。

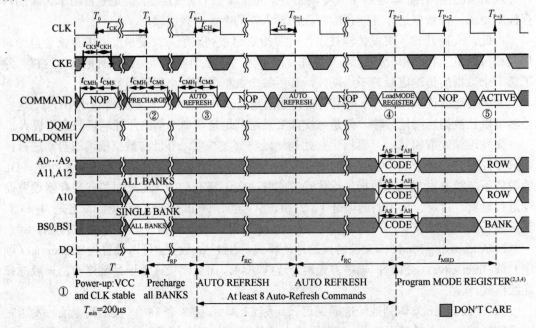

图 9.9　SDRAM 初始化时序图

初始化过程分为图 9.9 中的①～⑤共 5 步。

① 上电。此步给 SDRAM 供电，使能 CLK 时钟，并发送 NOP（No-Operation 命令），注意，上电后，要等待最少 200μs，再发送其他指令。

② 发送预充电命令。此步发送预充电命令，给所有 BANK 预充电。

③ 发送自动刷新命令。这一步至少要发送 8 次自动刷新命令，每一个自动刷新命令之间的间隔时间为 t_{RC}。

④ 设置模式寄存器。这一步发送模式寄存器的值，配置 SDRAM 的工作参数。配置完成后，需要等待 t_{MRD}（又称 t_{RSC}）使模式寄存器的配置生效后，才能发送其他命令。

⑤ 完成。

经过前面 4 步的操作，完成了 SDRAM 的初始化。之后可以发送激活命令和读/写命令，进行数据的读/写。

这里提到的 t_{RC}、t_{MRD} 和 t_{RSC} 见 SDRAM 的芯片数据手册。

6. 写操作

完成对 SDRAM 的初始化后，即可对 SDRAM 进行读写操作。首先介绍写操作，其时序图如图 9.10 所示。

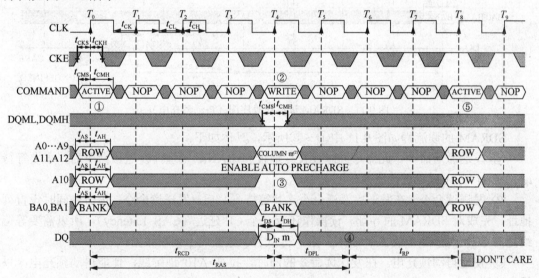

图 9.10　SDRAM 写时序图（自动预充电）

SDRAM 的写流程如图 9.10 中的①～⑤所示，具体介绍如下：

① 发送激活命令。此命令同时设置行地址和 BANK 地址，发送该命令后，需要等待 t_{RCD} 时间，才可以发送写命令。

② 发送写命令。在发送完激活命令，并等待 t_{RCD} 后，发送写命令，该命令同时设置列地址，完成对 SDRAM 的寻址。同时，将数据通过 DQ 数据线存入 SDRAM。

③ 使能自动预充电。在发送写命令的同时，拉高 A10 地址线，使能自动预充电，以提高读写效率。

④ 执行预充电。预充电在发送激活命令的 t_{RAS} 时间后启动，并且需要等待 t_{RP} 时间，来完成。

⑤ 完成一次数据写入。

最后，发送第二个激活命令，启动下一次数据传输。这样就完成了一次数据的写入。

7. 读操作

前面介绍了 SDRAM 的写操作，下面介绍读操作。SDRAM 读操作时序图如图 9.11 所示。

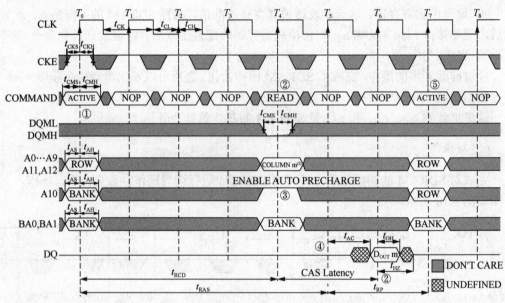

图 9.11　SDRAM 读操作时序图（自动预充电）

SDRAM 的读流程如图 9.11 中①～⑤所示，具体如下：

① 发送激活命令。此命令同时设置行地址和 BANK 地址，发送该命令后，需要等待 t_{RCD} 时间，才可以发送读命令。

② 发送读命令。在发送完激活命令，并等待 t_{RCD} 后，发送读命令，该命令同时设置列地址，完成对 SDRAM 的寻址。读操作还有一个 CL 延迟（CAS Latency），所以需要等待给定的 CL 延迟（2 个或 3 个 CLK）后，再从 DQ 数据线上读取数据。

③ 使能自动预充电。在发送读命令的同时，拉高 A10 地址线，使能自动预充电，以提高读写效率。

④ 执行预充电。预充电在发送激活命令的 t_{RAS} 时间后启动，并且需要等待 t_{RP} 时间来完成。

⑤ 完成一次数据写入。

最后，发送第二个激活命令，启动下一次数据传输。这样就完成了一次数据的读取。

t_{RCD}、t_{RAS} 和 t_{RP} 等时间参数见 SDRAM 的数据手册，且在后续配置 FMC 时会用到。

9.2　FMC SDRAM 接口简介

学习了 STM32F429 的 FMC 接口，并可以利用 FMC 接口来驱动 MCU 屏后，下面将介绍如何利用 FMC 接口驱动 SDRAM。STM32F429 FMC 接口的 SDRAM 控制器具有如下特点：

1）两个 SDRAM 存储区域，可独立配置。

2）支持 8 位、16 位和 32 位数据总线宽度。

3）支持 13 位行地址，11 位列地址，4 个内部存储区域：4×16M×32bit（256MB）、4×16M×16bit（128MB）、4×16M×8bit（64MB）。

4）支持字、半字和字节访问。

5）自动进行行和存储区域边界管理。

6）多存储区域乒乓访问。

7）可编程时序参数。

8）支持自动刷新操作，可编程刷新速率。

9）自刷新模式。

10）读 FIFO 可缓存，支持 6 行×32 位深度（6×14 位地址标记）。

通过 9.1 节的介绍，读者对 SDRAM 已经有了一个比较深入的了解，包括接线、命令、初始化流程和读写流程等，阿波罗 STM32F429 核心板板载的 W9825G6KH 芯片挂在 FMC SDRAM 的控制器 1 上面（SDNE0），其原理图如图 9.12 所示。

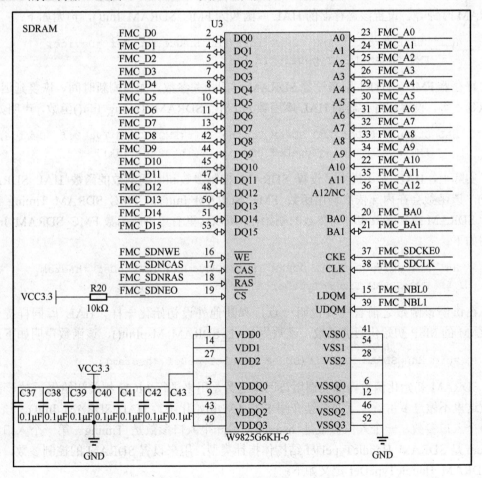

图 9.12　W9825G6KH 原理图

从原理图可以看出，W9825G6KH 与 STM32F429 的连接关系：A[0:12]接 FMC_A[0:12]、BA[0:1]接 FMC_BA[0:1]、DQ[0:15]接 FMC_D[0:15]、CKE 接 FMC_SDCKE0、CLK 接

FMC_SDCLK、UDQM 接 FMC_NBL1、LDQM 接 FMC_NBL0、$\overline{WE}$ 接 FMC_SDNWE、$\overline{CAS}$ 接 FMC_SDNCAS、$\overline{RAS}$ 接 FMC_SDNRAS、$\overline{CS}$ 接 FMC_SDNE0。

下面介绍使用 HAL 库驱动 W9825G6KH 时，需要对 FMC 进行的配置。对于 SDRAM 配置，要新引入的 HAL 库文件为 stm32f4xx_hal_sdram.c 和 stm32f4xx_hal_sdram.h。具体步骤如下：

1）使能 FMC 时钟，并配置 FMC 相关的 I/O 及其时钟使能。

要使用 FMC，首先应开启其时钟，然后需要将 FMC_D0～15、FMCA0～12 等相关 I/O 口全部配置为复用输出，并使能各 I/O 组的时钟。

使能时钟和初始化的 I/O 口方法前面已经进行多次讲解，这里不再累赘，请参考实验代码。

2）初始化 SDRAM 控制参数和时间参数，也就是设置寄存器 FMC_SDCR1 和 FMC_SDTR1。

寄存器 FMC_SDCR1 用来设置 SDRAM 的相关控制参数，如地址线宽度、CAS 延迟、SDRAM 时钟等。设置该寄存器的 HAL 库函数为 FMC_SDRAM_Init()，声明如下：

```
HAL_StatusTypeDef FMC_SDRAM_Init(FMC_SDRAM_TypeDef *Device,
    FMC_SDRAM_InitTypeDef *Init);
```

寄存器 FMC_SDTR1 用来设置 SDRAM 时间相关参数，如自刷新时间、恢复延迟、预充电延迟等。设置该寄存器的 HAL 库函数为 FMC_SDRAM_Timing_Init()函数，声明如下：

```
HAL_StatusTypeDef FMC_SDRAM_Timing_Init(FMC_SDRAM_TypeDef *Device,
    FMC_SDRAM_TimingTypeDef *Timing, uint32_t Bank);
```

实际上，HAL 库还提供了设置 SDRAM 控制参数和时间参数的函数 HAL_SDRAM_Init()，该函数会在内部依次调用函数 FMC_SDRAM_Init()和 FMC_SDRAM_Timing_Init() 进行 SDRAM 控制参数和时间参数的初始化，所以这里着重讲解函数 FMC_SDRAM_Init()，声明如下：

```
HAL_StatusTypeDef HAL_SDRAM_Init(SDRAM_HandleTypeDef *hsdram,
    FMC_SDRAM_TimingTypeDef *Timing);
```

在讲解该函数之前首先要说明一点，和其他外设初始化一样，HAL 库同样提供了 SDRAM 的 MSP 初始化回调函数，函数为 HAL_SDRAM_MspInit()，该函数声明如下：

```
void HAL_SDRAM_MspInit(SDRAM_HandleTypeDef *hsdram);
```

SDRAM 初始化函数内部会调用该回调函数，用来进行 MCU 相关初始化。对于 MSP 函数这里不做过多讲解。下面继续介绍 SDRAM 初始化函数 HAL_SDRAM_Init()。该函数有两个入口参数，一个入口参数是 hsdram，另一个入口参数是 Timing。第一个入口参数 hsdram 是 SDRAM_HandleTypeDef 结构体指针类型，用来设置 SDRAM 的控制参数。结构体 SDRAM_HandleTypeDef 定义如下：

```
typedef struct
{
    FMC_SDRAM_TypeDef *Instance;
    FMC_SDRAM_InitTypeDef Init;
```

```
        __IO HAL_SDRAM_StateTypeDef State;
        HAL_LockTypeDef Lock;
        DMA_HandleTypeDef *hdma;
    }SDRAM_HandleTypeDef;
```

该结构体有 5 个成员变量，第一个成员变量用来设置 BANK 寄存器基地址，根据其入口参数有效范围即可找到，这里设置为 FMC_SDRAM_DEVICE 即可；第三和第四个成员变量是 HAL 库使用的一些状态标识参数；最后一个成员变量 hdma 与 DMA 相关，这里不再介绍。

第二个成员变量 Init 是真正的初始化结构体类型变量，结构体 FMC_SDRAM_InitTypeDef 定义如下：

```
typedef struct
{
    uint32_t SDBank;
    uint32_t ColumnBitsNumber;    //列地址数量，FMC_SDCRx 寄存器的 NC 位
    uint32_t RowBitsNumber;       //行地址数量，FMC_SDCRx 寄存器的 NR 位
    uint32_t MemoryDataWidth;     //存储器数据总线宽度，FMC_SDCRx 的 MWID 位
    uint32_t InternalBankNumber;  //SDRAM 内部存储区域数量，FMC_SDCRx 的 NB 位
    uint32_t CASLatency;          //SDRAM 的 CAS 延迟，FMC_SDCRx 的 CAS 位
    uint32_t WriteProtection;     //写保护，FMC_SDCRx 的 WP
    uint32_t SDClockPeriod;       //SDRAM 的时钟，FMC_SDCRx 的 SDCLK 位
    uint32_t ReadBurst;           //使能突发读模式，FMC_SDCRx 的 RBURST 位
    uint32_t ReadPipeDelay;       //读取数据延迟，也就是 FMC_SDCRx 的 RPIPE 位
}FMC_SDRAM_InitTypeDef;
```

成员变量 SDBank 用来设置使用 SDRAM 的第几个 BANK。SDRAM 有两个独立的 BANK，取值为 FMC_SDRAM_BANK1 或 FMC_SDRAM_BANK2。这里使用 SDRAM 的 BANK1，设置为 FMC_SDRAM_BANK1 即可。

其他成员变量用来配置 FMC_SDCRx 控制寄存器相应位的值。

ColumnBitsNumber 用来设置列地址数量，也就是 FMC_SDCRx 寄存器的 NC 位。

RowBitsNumber 用来设置行地址数量，也就是 FMC_SDCRx 寄存器的 NR 位。

MemoryDataWidth 用来设置存储器数据总线宽度，也就是 FMC_SDCRx 的 MWID 位。

InternalBankNumber 用来设置 SDRAM 内部存储区域（BANK）数量，也就是 FMC_SDCRx 的 NB 位。

CASLatency 用来设置 SDRAM 的 CAS 延迟，也就是 FMC_SDCRx 的 CAS 位。

WriteProtection 用来设置写保护，也就是 FMC_SDCRx 的 WP。

SDClockPeriod 用来设置 SDRAM 的时钟，也就是 FMC_SDCRx 的 SDCLK 位。

ReadBurst 用来设置使能突发读模式，也就是 FMC_SDCRx 的 RBURST 位。

ReadPipeDelay 用来设置在 CAS 延迟多少个 HCLK 时钟周期读取数据，也就是 FMC_SDCRx 的 RPIPE 位。

第二个入口参数 Timing 是 FMC_SDRAM_TimingTypeDef 结构体指针类型，该结构体主要用来设置寄存器 FMC_SDTRx 的值。结构体 FMC_SDRAM_TimingTypeDef 定义如下：

```
typedef struct
```

```
{
    uint32_t LoadToActiveDelay;     //加载模式寄存器命令和激活或刷新命令之间的延迟
    uint32_t ExitSelfRefreshDelay;  //从发出自刷新命令到发出激活命令之间的延迟
    uint32_t SelfRefreshTime;       //自刷新周期
    uint32_t RowCycleDelay;         //刷新和激活命令之间的延迟及两个相邻刷新命令之间的延迟
    uint32_t WriteRecoveryTime;     //写命令和预充电命令之间的延迟
    uint32_t RPDelay;               //预充电命令与其他命令之间的延迟
    uint32_t RCDDelay;              //激活命令与读/写命令之间的延迟
}FMC_SDRAM_TimingTypeDef;
```

该结构体一共有 7 个成员变量，这些成员变量都是时间参数，每个参数与寄存器的 4 位对应，取值范围均为 1～16。

成员变量 LoadToActiveDelay 用来设置加载模式寄存器命令和激活或刷新命令之间的延迟，对应寄存器 FMC_SDTRx 的 TMRD 位。ExitSelfRefreshDelay 用来设置从发出自刷新命令到发出激活命令之间的延迟，对应 TXSR 位。SelfRefreshTime 用来设置自刷新周期，对应 TRAS 位。RowCycleDelay 用来设置刷新命令和激活命令之间的延迟及两个相邻刷新命令之间的延迟，对应 TRC 位。WriteRecoveryTime 用来设置写命令和预充电命令之间的延迟，对应 TWR 位。RPDelay 用来设置预充电命令与其他命令之间的延迟，对应 TRP 位。RCDDelay 用来设置激活命令与读/写命令之间的延迟，对应 TRCD 位。

函数 HAL_SDRAM_Init()的使用范例如下：

```
SDRAM_HandleTypeDef SDRAM_Handler;   //SDRAM 句柄
FMC_SDRAM_TimingTypeDef SDRAM_Timing;
    SDRAM_Handler.Instance=FMC_SDRAM_DEVICE;//SDRAM 在 BANK5,6
    SDRAM_Handler.Init.SDBank=FMC_SDRAM_BANK1;
    SDRAM_Handler.Init.ColumnBitsNumber=
        FMC_SDRAM_COLUMN_BITS_NUM_9;   //列数量
    SDRAM_Handler.Init.RowBitsNumber=FMC_SDRAM_ROW_BITS_NUM_13;//行数量
    SDRAM_Handler.Init.MemoryDataWidth=FMC_SDRAM_MEM_BUS_WIDTH_16;
    SDRAM_Handler.Init.InternalBankNumber=FMC_SDRAM_INTERN_BANKS_NUM_4;
    SDRAM_Handler.Init.CASLatency=FMC_SDRAM_CAS_LATENCY_3;
    SDRAM_Handler.Init.WriteProtection
        =FMC_SDRAM_WRITE_PROTECTION_DISABLE;
    SDRAM_Handler.Init.SDClockPeriod=FMC_SDRAM_CLOCK_PERIOD_2;
    SDRAM_Handler.Init.ReadBurst=FMC_SDRAM_RBURST_ENABLE;     //使能突发
    SDRAM_Handler.Init.ReadPipeDelay=FMC_SDRAM_RPIPE_DELAY_1;//读通道延时
    SDRAM_Timing.LoadToActiveDelay=2;//加载模式到激活时间的延迟为 2 个时钟周期
    SDRAM_Timing.ExitSelfRefreshDelay=8;//退出自刷新延迟为 8 个时钟周期
    SDRAM_Timing.SelfRefreshTime=6;   //自刷新时间为 6 个时钟周期
    SDRAM_Timing.RowCycleDelay=6;     //行循环延迟为 6 个时钟周期
    SDRAM_Timing.WriteRecoveryTime=2; //恢复延迟为 2 个时钟周期
    SDRAM_Timing.RPDelay=2;           //行预充电延迟为 2 个时钟周期
    SDRAM_Timing.RCDDelay=2;          //行到列延迟为 2 个时钟周期
    HAL_SDRAM_Init(&SDRAM_Handler,&SDRAM_Timing);
```

3）发送 SDRAM 初始化序列。这里根据 SDRAM 的初始化步骤对 SDRAM 进行初始化，首先使能时钟配置，然后等待至少 200μs，对所有 BANK 进行预充电、执行自刷新命令等，最后配置模式寄存器。完成对 SDRAM 的初始化。发送初始化序列主要是向 SRAM 存储区发送命令，HAL 库提供的发送命令函数如下：

```
HAL_StatusTypeDefHAL_SDRAM_SendCommand(SDRAM_HandleTypeDef *hsdram,
    FMC_SDRAM_CommandTypeDef *Command, uint32_t Timeout);
```

该函数的第一个入口参数 hsdram 是 SDRAM 句柄，第三个参数是发送命令 Timeout 时间，这两个参数都比较好理解。下面重点介绍第二个入口参数 Command，该参数是 FMC_SDRAM_CommandTypeDef 结构体指针类型，该结构体定义如下：

```
typedef struct
{
    uint32_t CommandMode;            //命令类型
    uint32_t CommandTarget;          //目标 SDRAM 存储区域
    uint32_t AutoRefreshNumber;      //自刷新次数
    uint32_t ModeRegisterDefinition; //SDRAM 模式寄存器的内容
}FMC_SDRAM_CommandTypeDef;
```

成员变量 CommandMode 用来设置命令类型，共有 7 种命令类型，包括时钟配置使能命令 FMC_SDRAM_CMD_CLK_ENABLE、自刷新命令 FMC_SDRAM_CMD_AUTOREFRESH_MODE 等，这里不再介绍。

CommandTarget 用来设置目标 SDRAM 存储区域，因为 SDRAM 控制器可以外接 2 个 SDRAM，发送命令时需要指定命令发送给哪个存储器，取值范围为 FMC_SDRAM_CMD_TARGET_BANK1、FMC_SDRAM_CMD_TARGET_BANK2 和 FMC_SDRAM_CMD_TARGET_BANK1_2。

AutoRefreshNumber 用来设置自刷新次数，ModeRegisterDefinition 用来设置 SDRAM 模式寄存器的内容。

了解了向 SRAM 存储区发送命令的方法后，发送 SDRAM 初始化序列，即发送命令到 SRAM 存储区就变得非常简单了。

4）设置刷新频率，也就是设置寄存器 FMC_ SDRTR 参数。

HAL 库提供的设置刷新频率函数如下：

```
HAL_StatusTypeDef HAL_SDRAM_ProgramRefreshRate(SDRAM_HandleTypeDef
    *hsdram, uint32_t RefreshRate);
```

该函数入口参数比较简单，这里不做过多介绍。

通过以上几个步骤完成了 FMC 的配置，即可访问 W9825G6KH。

9.3　STM32CubeMX 配置 FMC（SDRAM）

本节介绍配置 SDRAM 的方法。使用 STM32CubeMX 配置 SDRAM 的一般步骤如下：

1）进入 Pinout→FMC 配置栏，配置 FMC 基本参数。STM32F429 FMC 接口的 SDRAM 控制器一共有 2 个独立的 SDRAM 存储区域，这里使用的是区域 1，所以只需要配置 SDRAM1 即可。FMC 配置参数如图 9.13 所示。

其中，Clock and chip enable 用于配置时钟使能和片选引脚，使用 CKE 接 FMC_

SDCKE0，$\overline{CS}$接 FMC_SDNE0，所以选择第一个选项即可。Internal bank number 一共有 4 个选项，这里设置为 4 banks，地址设置为 13 位，数据设置为 16 位。

2）选择 Configuration→FMC 命令，进入 FMC 配置界面，在 SDRAM1 选项卡中配置相关参数。这些参数在 9.2 节介绍 HAL_SDRAM_Init()函数时已经介绍，这里不再赘述。配置方法如图 9.14 所示。

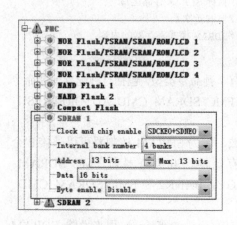

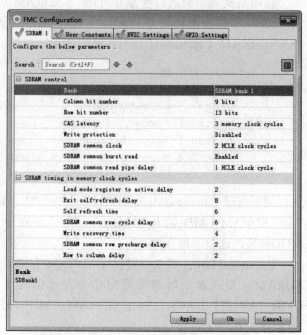

图 9.13　FMC 配置参数　　　　　图 9.14　FMC Configuration 对话框 SDRAM 1 选项卡

在该配置界面选择 GPIO Settings 选项卡，还可以配置相关 I/O 口的信息。经过上面的配置步骤，即可生成相应的初始化代码，读者可将生成代码和本章实验工程对比学习。

9.4　SDRAM API 函数

打开 sdram.c 文件，代码如下：

```
SDRAM_HandleTypeDef SDRAM_Handler;                  //SDRAM 句柄
//SDRAM 初始化
void SDRAM_Init(void)
{
    FMC_SDRAM_TimingTypeDef SDRAM_Timing;
    SDRAM_Handler.Instance=FMC_SDRAM_DEVICE;        //SDRAM 在 BANK5，6
    SDRAM_Handler.Init.SDBank=FMC_SDRAM_BANK1;      //SDRAM 的 BANK1
    SDRAM_Handler.Init.ColumnBitsNumber=FMC_SDRAM_COLUMN_BITS_NUM_9;
    SDRAM_Handler.Init.RowBitsNumber=FMC_SDRAM_ROW_BITS_NUM_13;//行数量
    SDRAM_Handler.Init.MemoryDataWidth=FMC_SDRAM_MEM_BUS_WIDTH_16;
    SDRAM_Handler.Init.InternalBankNumber=FMC_SDRAM_INTERN_BANKS_NUM_4;
    SDRAM_Handler.Init.CASLatency=FMC_SDRAM_CAS_LATENCY_3;    //CAS 为 3
    SDRAM_Handler.Init.WriteProtection=
```

```
        FMC_SDRAM_WRITE_PROTECTION_DISABLE;            //失能写保护
    SDRAM_Handler.Init.SDClockPeriod=FMC_SDRAM_CLOCK_PERIOD_2;
    SDRAM_Handler.Init.ReadBurst=FMC_SDRAM_RBURST_ENABLE;     //使能突发
    SDRAM_Handler.Init.ReadPipeDelay=FMC_SDRAM_RPIPE_DELAY_1; //读通道延时
    SDRAM_Timing.LoadToActiveDelay=2;
    //加载模式寄存器到激活时间的延迟为 2 个时钟周期
    SDRAM_Timing.ExitSelfRefreshDelay=8; //退出自刷新延迟为 8 个时钟周期
    SDRAM_Timing.SelfRefreshTime=6;          //自刷新时间为 6 个时钟周期
    SDRAM_Timing.RowCycleDelay=6;            //行循环延迟为 6 个时钟周期
    SDRAM_Timing.WriteRecoveryTime=2;        //恢复延迟为 2 个时钟周期
    SDRAM_Timing.RPDelay=2;                  //行预充电延迟为 2 个时钟周期
    SDRAM_Timing.RCDDelay=2;                 //行到列延迟为 2 个时钟周期
    HAL_SDRAM_Init(&SDRAM_Handler,&SDRAM_Timing);
    SDRAM_Initialization_Sequence(&SDRAM_Handler);//发送 SDRAM 初始化序列
    HAL_SDRAM_ProgramRefreshRate(&SDRAM_Handler,683);//设置刷新频率
}
                                        //发送 SDRAM 初始化序列
void SDRAM_Initialization_Sequence(SDRAM_HandleTypeDef *hsdram)
{
    u32 temp=0;
    //SDRAM 控制器初始化完成以后还需要按照如下顺序初始化 SDRAM
    SDRAM_Send_Cmd(0,FMC_SDRAM_CMD_CLK_ENABLE,1,0); //时钟配置使能
    delay_us(500);                          //至少延时 200μs
    SDRAM_Send_Cmd(0,FMC_SDRAM_CMD_PALL,1,0);      //对所有存储区预充电
    SDRAM_Send_Cmd(0,FMC_SDRAM_CMD_AUTOREFRESH_MODE,8,0);
                                            //设置自刷新次数
    temp=(u32)SDRAM_MODEREG_BURST_LENGTH_1 |     //设置突发长度:1
        SDRAM_MODEREG_BURST_TYPE_SEQUENTIAL |    //设置突发类型
        SDRAM_MODEREG_CAS_LATENCY_3 |       //设置 CAS 值:3(可以是 2/3)
        SDRAM_MODEREG_OPERATING_MODE_STANDARD |  //标准模式
        SDRAM_MODEREG_WRITEBURST_MODE_SINGLE;    //单点访问
    SDRAM_Send_Cmd(0,FMC_SDRAM_CMD_LOAD_MODE,1,temp);//发送命令
}
//SDRAM 底层驱动，引脚配置，时钟使能
//此函数会被 HAL_SDRAM_Init()调用
//hsdram:SDRAM 句柄
void HAL_SDRAM_MspInit(SDRAM_HandleTypeDef *hsdram)
{
    GPIO_InitTypeDef GPIO_Initure;
    __HAL_RCC_FMC_CLK_ENABLE();                      //使能 FMC 时钟
    __HAL_RCC_GPIOC_CLK_ENABLE();                    //使能 GPIOC 时钟
    …//此处省略部分 I/O 时钟使能，详情请参考实验工程
    GPIO_Initure.Pin=GPIO_PIN_0|GPIO_PIN_2|GPIO_PIN_3;
    GPIO_Initure.Mode=GPIO_MODE_AF_PP;              //推挽复用
    GPIO_Initure.Pull=GPIO_PULLUP;                  //上拉
    GPIO_Initure.Speed=GPIO_SPEED_HIGH;             //高速
```

```
    GPIO_Initure.Alternate=GPIO_AF12_FMC;              //复用为FMC
    HAL_GPIO_Init(GPIOC,&GPIO_Initure);                //初始化PC0, 2, 3
    …//此处省略部分I/O口初始化，详情请参考实验工程
}
//向SDRAM发送命令
//bankx:0, 向BANK5上的SDRAM发送指令; 1, 向BANK6上的SDRAM发送指令
//cmd:指令
//refresh:自刷新次数
//regval:模式寄存器的定义
//返回值:0, 正常; 1, 失败
u8 SDRAM_Send_Cmd(u8 bankx,u8 cmd,u8 refresh,u16 regval)
{
    u32 target_bank=0;
    FMC_SDRAM_CommandTypeDef Command;
    if(bankx==0) target_bank=FMC_SDRAM_CMD_TARGET_BANK1;
    else if(bankx==1) target_bank=FMC_SDRAM_CMD_TARGET_BANK2;
    Command.CommandMode=cmd;                        //命令
    Command.CommandTarget=target_bank;              //目标SDRAM存储区域
    Command.AutoRefreshNumber=refresh;              //自刷新次数
    Command.ModeRegisterDefinition=regval;          //要写入模式寄存器的值
    if(HAL_SDRAM_SendCommand(&SDRAM_Handler,&Command,0x1000)==HAL_OK)
                                                    //向SDRAM发送命令
    {
        return 0;
    }
    else return 1;
}
//在指定地址(WriteAddr+Bank5_SDRAM_ADDR)开始，连续写入n字节
//pBuffer:字节指针
//WriteAddr:要写入的地址
//n:要写入的字节数
void FMC_SDRAM_WriteBuffer(u8 *pBuffer,u32 WriteAddr,u32 n)
{
    for(;n!=0;n--)
    {
        *(vu8*)(Bank5_SDRAM_ADDR+WriteAddr)=*pBuffer;
        WriteAddr++;
        pBuffer++;
    }
}
//在指定地址((WriteAddr+Bank5_SDRAM_ADDR))开始，连续读出n字节
//pBuffer:字节指针
//ReadAddr:要读出的起始地址
//n:要写入的字节数
void FMC_SDRAM_ReadBuffer(u8 *pBuffer,u32 ReadAddr,u32 n)
{
    for(;n!=0;n--)
    {
```

```
        *pBuffer++=*(vu8*)(Bank5_SDRAM_ADDR+ReadAddr);
        ReadAddr++;
    }
}
```

此部分代码包含 6 个函数，SDRAM_Init()函数用于初始化 FMC/SDRAM 配置，发送 SDRAM 初始化序列和设置刷新时间等；函数 HAL_SDRAM_MspInit()是 SDRAM 的 MSP 初始化回调函数，用来初始化 I/O 口和使能时钟；函数 SDRAM_Initialization_Sequence()是单独的用来发送 SDRAM 初始化序列的函数，在初始化函数 SDRAM_Init()内部调用该函数。SDRAM_Send_Cmd()函数用于向 SDRAM 发送命令，在初始化时需要使用；FMC_SDRAM_WriteBuffer()和 FMC_SDRAM_ReadBuffer()这两个函数分别用于在外部 SDRAM 的指定地址写入和读取指定长度的数据（字节数），一般不使用。

这里需要注意的是，当位宽为 16 位时，HADDR 右移 1 位同地址对齐，但是 WriteAddr/ReadAddr 没有加 2，而是加 1。这是因为程序中所用的数据位宽是 8 位，通过 FMC_NBL1 和 FMC_NBL0 来控制高低字节位，所以地址可以只加 1。

内存测试程序如下：

```
u16 testsram[250000] __attribute__((at(0xC0000000)));//测试用数组
//SDRAM 内存测试
void fmc_sdram_test(u16 x,u16 y)
{
    u32 i=0;
    u32 temp=0;
    u32 sval=0;                      //在地址 0 读到的数据
    LCD_ShowString(x,y,180,y+16,16,"Ex Memory Test:   0KB ");
    //每隔 16KB 写入一个数据，共写入 2048 个数据，32MB
    for(i=0;i<32*1024*1024;i+=16*1024)
    {
        *(vu32*)(Bank5_SDRAM_ADDR+i)=temp;
        temp++;
    }
    //依次读出之前写入的数据,进行校验
    for(i=0;i<32*1024*1024;i+=16*1024)
    {
        temp=*(vu32*)(Bank5_SDRAM_ADDR+i);
        if(i==0)sval=temp;
        else if(temp<=sval)break; //后面读出的数据一定要比第一次读到的数据大
        LCD_ShowxNum(x+15*8,y,(u16)(temp-sval+1)*16,5,16,0);//显示内存容量
    printf("SDRAM Capacity:%dKB\r\n",(u16)(temp-sval+1)*16);//输出 SDRAM 容量
    }
}
int main(void)
{
    u8 key;
    u8 i=0;
    u32 ts=0;
```

```
HAL_Init();                                   //初始化 HAL 库
Stm32_Clock_Init(360,25,2,8);                 //设置时钟,180MHz
delay_init(180);                              //初始化延时函数
uart_init(115200);                            //初始化 UART
LED_Init();                                    //初始化 LED
KEY_Init();                                    //初始化按键
SDRAM_Init();                                  //初始化 SDRAM
LCD_Init();                                    //初始化 LCD
POINT_COLOR=RED;                               //设置字体为红色
LCD_ShowString(30,50,200,16,16,"APOLLO STM32F4/F7");
LCD_ShowString(30,70,200,16,16,"SDRAM TEST");
LCD_ShowString(30,90,200,16,16,"ATOM@ALIENTEK");
LCD_ShowString(30,110,200,16,16,"2015/12/9");
LCD_ShowString(30,130,200,16,16,"KEY0:Test SDRAM");
LCD_ShowString(30,150,200,16,16,"KEY1:TEST Data");
POINT_COLOR=BLUE;                              //设置字体为蓝色
for(ts=0;ts<250000;ts++)
{
    testsram[ts]=ts;                           //预存测试数据
}
while(1)
{
    key=KEY_Scan(0);                           //不支持连按
    if(key==KEY0_PRES)fsmc_sdram_test(30,170); //测试 SDRAM 容量
    else if(key==KEY1_PRES)                    //输出预存测试数据
    {
        for(ts=0;ts<250000;ts++)
        {
            LCD_ShowxNum(30,190,testsram[ts],6,16,0); //显示测试数据
            printf("testsram[%d]:%d\r\n",ts,testsram[ts]);
        }
    }else delay_ms(10);
    i++;
    if(i==20)                                  //DS0 闪烁
    {
        i=0;
        LED0=!LED0;
    }
}
```

　　此部分代码中除了 main()函数外,还有一个 fmc_sdram_test()函数,该函数用于测试外部 SDRAM 的容量并显示。
　　此段代码定义了一个超大数组 testsram,指定该数组定义在外部 sdram 起始地址 (__attribute__((at(0xC0000000)))),该数组用来测试外部 SDRAM 数据的读写。注意,该数组的定义方法是推荐的使用外部 SDRAM 的方法。如果要用 MDK 自动分配,不仅需要用到分散加载,还需要添加汇编的 FMC 初始化代码,相对来说比较麻烦。而且,外部 SDRAM

访问速度远不如内部 SRAM，如果将一些需要快速访问的 SRAM 定义到了外部 SDRAM，将严重拖慢程序运行速度。如果以推荐的方式来分配外部 SDRAM，就可以控制 SDRAM 的分配，可以有针对性地选择放在外部或内部，有利于提高程序运行速度，使用起来也比较方便。

另外，fmc_sdram_test()函数和 main()函数都加入了 printf 输出结果，对于没有 MCU 屏模块的读者来说，可以打开串口调试助手，观看实验结果。

9.5   SDRAM 测试效果

在代码编译成功之后，通过下载代码到 ALIENTEK 阿波罗 STM32F429 开发板上，得到图 9.15 所示的界面。

此时，按下 KEY0 键，即可在 LCD 上看到内存测试的画面；同样，按下 KEY1 键，即可看到 LCD 上显示存储在数组 testsram 中的测试数据，如图 9.16 所示。对于没有 MCU 屏模块的读者，可以用串口来检查测试结果，如图 9.17 所示。

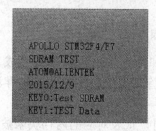
图 9.15   程序运行效果图

图 9.16   外部 SDRAM 测试界面

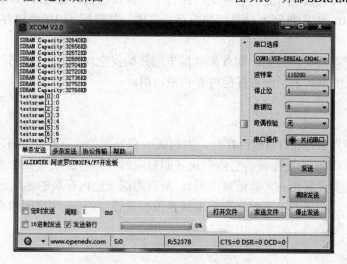
图 9.17   利用串口检查测试结果

9.6   内存管理概述

内存管理是指软件运行时对计算机内存资源的分配和使用的技术。其最主要的目的是高效、快速地分配内存，并在适当的时候释放和回收内存资源。内存管理的实现方法有很多种，它们最终都是要实现 2 个函数：malloc()和 free()。malloc()函数用于内存申请，free()函数用于内存释放。

本节介绍一种比较简单的方法来实现内存管理，即分块式内存管理。下面介绍该方法的实现原理，如图 9.18 所示。

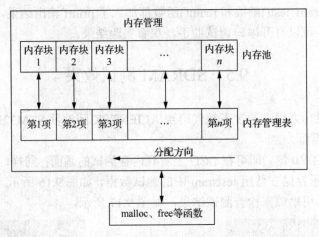

图 9.18   分块式内存管理原理

从图 9.18 可以看出，分块式内存管理由内存池和内存管理表两部分组成。内存池被等分为 n 块，对应的内存管理表大小也为 n，内存管理表的每一项对应内存池的一块内存。

内存管理表的项值代表的意义为，当该项值为 0 时，代表对应的内存块未被占用；当该项值非零时，代表该项对应的内存块已经占用，其数值代表被连续占用的内存块数。例如，某项值为 10，说明包括本项对应的内存块在内，共分配了 10 个内存块给外部的某个指针。

内存分配方向为从顶到底，即首先从最末端开始找空内存。当内存管理刚初始化时，内存管理表全部清零，表示没有任何内存块被占用。

1. 分配原理

当指针 p 调用 malloc()申请内存时，先判断 p 要分配的内存块数（m），从第 n 项开始向下查找，直到找到 m 块连续的空内存块（即对应内存管理表项为 0），然后将这 m 个内存管理表项的值都设置为 m（标记被占用），最后将这个空内存块的地址返回指针 p，完成一次分配。注意，如果内存不够（找到最后也没找到连续的 m 块空闲内存），返回 NULL 给 p，表示分配失败。

2. 释放原理

当 p 申请的内存用完，需要释放时，调用 free()函数实现。free()函数先判断 p 指向的内存地址所对应的内存块，然后找到对应的内存管理表项目，得到 p 所占用的内存块数目 m（内存管理表项目的值就是所分配内存块的数目），将这 m 个内存管理表项目的值清零，标记释放，完成一次内存释放。

9.7 内存管理实验

1. 实验要求

开机后,显示提示信息,等待外部输入。KEY0 用于申请内存,每次申请 2KB 内存。KEY1 用于写数据到申请到的内存中。KEY2 用于释放内存。KEY_UP 用于切换操作内存区(内部 SRAM 内存/外部 SDRAM 内存/内部 CCM 内存)。DS0 用于指示程序运行状态。本章还可以通过 USMART 调试测试内存管理函数。

2. 硬件设计

本实验用到的硬件资源如下:
1)指示灯 DS0。
2)4 个按键。
3)串口。
4)LCD 模块。
5)SDRAM。

3. 软件设计

打开本章实验工程可以看到新增了 MALLOC 分组,同时,在分组中新建了文件 malloc.c 及头文件 malloc.h。内存管理相关的函数和定义主要在这两个文件中。

打开 malloc.c 文件,代码如下:

```
//内存池(32 字节对齐)
__align(32) u8 mem1base[MEM1_MAX_SIZE];
                                                    //内部 SRAM 内存池
__align(32) u8 mem2base[MEM2_MAX_SIZE] __attribute__((at(0xC01F4000)));
                    //外部 SDRAM 内存池,前 2MB 供 LTDC 使用(1280*800*2)
__align(32) u8 mem3base[MEM3_MAX_SIZE] __attribute__((at(0x10000000)));
                                                    //内部 CCM 内存池
//内存管理表
u32 mem1mapbase[MEM1_ALLOC_TABLE_SIZE];            //内部 SDRAM 内存池 MAP
u32 mem2mapbase[MEM2_ALLOC_TABLE_SIZE]
    __attribute__((at(0xC01F4000+MEM2_MAX_SIZE)));//外部 SDRAM 内存池 MAP
u32 mem3mapbase[MEM3_ALLOC_TABLE_SIZE]
    __attribute__((at(0x10000000+MEM3_MAX_SIZE)));//内部 CCM 内存池 MAP
//内存管理参数
const u32 memtblsize[SRAMBANK]={ MEM1_ALLOC_TABLE_SIZE,
    MEM2_ALLOC_TABLE_SIZE,MEM3_ALLOC_TABLE_SIZE};//内存表大小
const u32 memblksize[SRAMBANK]={MEM1_BLOCK_SIZE,
    MEM2_BLOCK_SIZE,MEM3_BLOCK_SIZE};              //内存分块大小
const u32 memsize[SRAMBANK]={MEM1_MAX_SIZE,
    MEM2_MAX_SIZE,MEM3_MAX_SIZE};                  //内存总大小
//内存管理控制器
```

```
struct _m_mallco_dev mallco_dev=
{
    my_mem_init,                              //内存初始化
    my_mem_perused,                           //内存使用率
    mem1base,mem2base,mem3base,               //内存池
    mem1mapbase,mem2mapbase,mem3mapbase,      //内存管理状态表
    0,0,0,                                    //内存管理未就绪
};
//复制内存
//*des:目的地址
//*src:源地址
//n:需要复制的内存长度(字节为单位)
void mymemcpy(void *des,void *src,u32 n)
{
    u8 *xdes=des;
    u8 *xsrc=src;
    while(n--)*xdes++=*xsrc++;
}
//设置内存
//*s:内存首地址
//c:要设置的值
//count:需要设置的内存大小(字节为单位)
void mymemset(void *s,u8 c,u32 count)
{
    u8 *xs = s;
    while(count--)*xs++=c;
}
//内存管理初始化
//memx:所属内存块
void my_mem_init(u8 memx)
{
    mymemset(mallco_dev.memmap[memx],0,memtblsize[memx]*4);
                                              //内存状态表数据清零
    mallco_dev.memrdy[memx]=1;                //内存管理初始化完成
}
//获取内存使用率
//memx:所属内存块
//返回值:使用率(扩大了10倍, 0~1000, 代表0.0%~100.0%)
u16 my_mem_perused(u8 memx)
{
    u32 used=0;
    u32 i;
    for(i=0;i<memtblsize[memx];i++)
    {
        if(mallco_dev.memmap[memx][i])used++;
    }
    return (used*1000)/(memtblsize[memx]);
}
```

```
//内存分配(内部调用)
//memx:所属内存块
//size:要分配的内存大小(字节)
//返回值:0xFFFFFFFF,代表错误;其他表示内存偏移地址
u32 my_mem_malloc(u8 memx,u32 size)
{
    signed long offset=0;
    u32 nmemb;                          //需要的内存块数
    u32 cmemb=0;                        //连续空内存块数
    u32 i;
    if(!mallco_dev.memrdy[memx])mallco_dev.init(memx);//未初始化,先执行初始化
    if(size==0)return 0xFFFFFFFF;       //不需要分配
    nmemb=size/memblksize[memx];        //获取需要分配的连续内存块数
    if(size%memblksize[memx])nmemb++;
    for(offset=memtblsize[memx]-1;offset>=0;offset--)//搜索整个内存控制区
    {
        if(!mallco_dev.memmap[memx][offset])cmemb++;//连续空内存块数增加
        else cmemb=0;                   //连续内存块清零
        if(cmemb==nmemb)                //找到连续 nmemb 个空内存块
        {
            for(i=0;i<nmemb;i++)        //标注内存块非空
            {
                mallco_dev.memmap[memx][offset+i]=nmemb;
            }
            return (offset*memblksize[memx]);//返回偏移地址
        }
    }
    return 0xFFFFFFFF;                   //未找到符合分配条件的内存块
}
//释放内存(内部调用)
//memx:所属内存块
//offset:内存地址偏移
//返回值:0,释放成功;1,释放失败
u8 my_mem_free(u8 memx,u32 offset)
{
    int i;
    if(!mallco_dev.memrdy[memx])                     //未初始化,先执行初始化
    {
        mallco_dev.init(memx);
        return 1;                                    //未初始化
    }
    if(offset<memsize[memx])                         //偏移在内存池内
    {
        int index=offset/memblksize[memx];           //偏移所在内存块号码
        int nmemb=mallco_dev.memmap[memx][index];//内存块数量
        for(i=0;i<nmemb;i++)                         //内存块清零
        {
            mallco_dev.memmap[memx][index+i]=0;
```

```
        }
        return 0;
    }else return 2;                                    //偏移超区
}
//释放内存(外部调用)
//memx:所属内存块
//ptr:内存首地址
void myfree(u8 memx,void *ptr)
{
    u32 offset;
    if(ptr==NULL)return;                                //地址为0
    offset=(u32)ptr-(u32)mallco_dev.membase[memx];
    my_mem_free(memx,offset);                           //释放内存
}
//分配内存(外部调用)
//memx:所属内存块
//size:内存大小(字节)
//返回值:分配到的内存首地址
void *mymalloc(u8 memx,u32 size)
{
    u32 offset;
    offset=my_mem_malloc(memx,size);
    if(offset==0xFFFFFFFF)return NULL;
    else return (void*)((u32)mallco_dev.membase[memx]+offset);
}
//重新分配内存(外部调用)
//memx:所属内存块
//*ptr:旧内存首地址
//size:要分配的内存大小(字节)
//返回值:新分配到的内存首地址
void *myrealloc(u8 memx,void *ptr,u32 size)
{
    u32 offset;
    offset=my_mem_malloc(memx,size);
    if(offset==0xFFFFFFFF)return NULL;
    else
    {
        mymemcpy((void*)((u32)mallco_dev.membase[memx]+offset),ptr,size);
                                                //复制旧内存内容到新内存
        myfree(memx,ptr);                       //释放旧内存
        return(void*)((u32)mallco_dev.membase[memx]+offset); //返回新内存首地址
    }
}
```

这里通过内存管理控制器 mallco_dev 结构体（见 malloc.h 文件）实现对 3 个内存池的管理控制。

首先，将内部 SRAM 内存池，定义为

```
__align(32) u8 mem1base[MEM1_MAX_SIZE];
```

然后，将外部 SDRAM 内存池，定义为

```
__align(32) u8 mem2base[MEM2_MAX_SIZE] __attribute__((at(0xC01F4000)));
```

最后，将内部 CCM 内存池，定义为

```
__align(32) u8 mem3base[MEM3_MAX_SIZE] __attribute__((at(0x10000000)));
```

之所以要定义成 3 个内存池，是因为这 3 个内存区域的地址都不一样。STM32F429 内部内存分为两大块：①普通内存（地址从 0x20000000 开始，共 192KB），这部分内存任何外设都可以访问。②CCM（地址从 0x10000000 开始，共 64KB），这部分内存仅 CPU 可以访问，外设不可以直接访问，使用时需特别注意。

外部 SDRAM 地址是从 0xC0000000 开始的，共 32768KB（32MB），前 2MB 用作 RGB LCD 屏的显存，不用于内存管理，所以用于内存管理的外部 SDRAM 内存池首地址为 0xC01F4000（0xC0000000+1280×800×2）。

这样共有 3 部分内存，而内存池必须是连续的内存空间，因此 3 个内存区域有 3 个内存池，分成 3 块来管理。其中，MEM1_MAX_SIZE、MEM2_MAX_SIZE 和 MEM3_MAX_SIZE 为在 malloc.h 中定义的内存池大小，外部 SDRAM 内存池指定地址为 0xC01F4000，CCM 内存池从 0x10000000 开始，即从 CCM 内存的首地址开始，而内部 SRAM 内存池的首地址由编译器自动分配。__align(32)定义内存池为 32 字节对齐，以适应各种不同场合的需求。

此部分代码的核心函数为 my_mem_malloc()和 my_mem_free()，分别用于内存申请和内存释放。但是，这两个函数只能内部调用，外部调用使用的是 mymalloc()和 myfree()两个函数。其他函数这里不再介绍。打开 malloc.h，关键代码如下：

```
#ifndef NULL
#define NULL 0
#endif
//定义 3 个内存池
#define SRAMIN      0              //内部内存池
#define SRAMEX      1              //外部内存池(SDRAM)
#define SRAMCCM     2              //CCM 内存池(此部分 SRAM 仅 CPU 可以访问)
#define SRAMBANK    3              //定义支持的 SRAM 块数
//mem1 内存参数设置，mem1 完全处于内部 SRAM
#define MEM1_BLOCK_SIZE  64        //内存块大小为 64 字节
#define MEM1_MAX_SIZE    160*1024  //最大管理内存 160KB
#define MEM1_ALLOC_TABLE_SIZE MEM1_MAX_SIZE/MEM1_BLOCK_SIZE
                                   //内存表大小
//mem2 内存参数设置，mem2 的内存池处于外部 SDRAM
#define MEM2_BLOCK_SIZE  64        //内存块大小为 64 字节
#define MEM2_MAX_SIZE    28912 *1024 //最大管理内存 28912KB
#define MEM2_ALLOC_TABLE_SIZE MEM2_MAX_SIZE/MEM2_BLOCK_SIZE
                                   //内存表大小
//mem3 内存参数设置，mem3 处于 CCM，用于管理 CCM
#define MEM3_BLOCK_SIZE  64        //内存块大小为 64 字节
```

```
#define MEM3_MAX_SIZE 60*1024          //最大管理内存 60KB
#define MEM3_ALLOC_TABLE_SIZE MEM3_MAX_SIZE/MEM3_BLOCK_SIZE
                                       //内存表大小
//内存管理控制器
struct _m_mallco_dev
{
    void (*init)(u8);                  //初始化
    u16 (*perused)(u8);                //内存使用率
    u8 *membase[SRAMBANK];             //内存池管理 SRAMBANK 个区域的内存
    u32 *memmap[SRAMBANK];             //内存管理状态表
    u8 memrdy[SRAMBANK];               //内存管理是否就绪
};
extern struct _m_mallco_dev mallco_dev;    //在 mallco.c 中定义
void mymemset(void *s,u8 c,u32 count);     //设置内存
void mymemcpy(void *des,void *src,u32 n);  //复制内存
void my_mem_init(u8 memx);                 //内存管理初始化函数(外/内部调用)
u32 my_mem_malloc(u8 memx,u32 size);       //内存分配(内部调用)
u8 my_mem_free(u8 memx,u32 offset);        //内存释放(内部调用)
u16 my_mem_perused(u8 memx) ;              //获得内存使用率(外/内部调用)
//用户调用函数
void myfree(u8 memx,void *ptr);            //内存释放(外部调用)
void *mymalloc(u8 memx,u32 size);          //内存分配(外部调用)
void *myrealloc(u8 memx,void *ptr,u32 size); //重新分配内存(外部调用)
#endif
```

这部分代码定义了很多关键数据，如内存块大小的定义，MEM1_BLOCK_SIZE、MEM2_BLOCK_SIZE 和 MEM3_BLOCK_SIZE 都是 64 字节；内部 SRAM 内存池大小为160KB，外部 SDRAM 内存池大小为 28912KB，内部 CCM 内存池大小为 60KB。

MEM1_ALLOC_TABLE_SIZE 、 MEM2_ALLOC_TABLE_SIZE 和 MEM3_ALLOC_TABLE_SIZE 分别代表内存池 1、2 和 3 内存管理表的大小。

可以看出，内存分块越小，内存管理表越大，当分块为 4 字节 1 个块时，内存管理表就和内存池一样大了（管理表的每项都是 u32 类型）。这样显然是不合适的，因此取 64 字节，比例为 1：16，内存管理表相对比较小。

主函数代码如下：

```
int main(void)
{
    u8 paddr[20];                      //存放 P Addr:+p 地址的 ASCII 码值
    u16 memused=0;
    u8 key,i=0,*p=0,*tp=0;
    u8 sramx=0;                        //默认为内部 SRAM
    HAL_Init();                        //初始化 HAL 库
    Stm32_Clock_Init(360,25,2,8);      //设置时钟,180MHz
    delay_init(180);                   //初始化延时函数
    uart_init(115200);                 //初始化 UART
    usmart_dev.init(90);               //初始化 USMART
    LED_Init();                        //初始化 LED
```

```
    KEY_Init();                        //初始化按键
    SDRAM_Init();                      //初始化 SDRAM
    LCD_Init();                        //初始化 LCD
    my_mem_init(SRAMIN);               //初始化内部内存池
    my_mem_init(SRAMEX);               //初始化外部内存池
    my_mem_init(SRAMCCM);              //初始化 CCM 内存池
    …                                  //此处省略 LCD 显示部分代码
    while(1)
    {
        key=KEY_Scan(0);               //不支持连按
        switch(key)
        {
            case 0:                    //没有按键按下
                break;
            case KEY0_PRES:            //KEY0 按下
                p=mymalloc(sramx,2048); //申请 2KB,向 p 写入内容
            if(p!=NULL)sprintf((char*)p,"Memory Malloc Test%03d",i);
                break;
            case KEY1_PRES:            //KEY1 按下
                if(p!=NULL)
                {
                    sprintf((char*)p,"Memory Malloc Test%03d",i);//更新显示内容
                    LCD_ShowString(30,270,200,16,16,p);    //显示 p 的内容
                }
                break;
            case KEY2_PRES:            //KEY2 按下
                myfree(sramx,p);       //释放内存
                p=0;                   //指向空地址
                break;
            case WKUP_PRES:            //KEY UP 按下
                sramx++;
                if(sramx>2)sramx=0;
                if(sramx==0)LCD_ShowString(30,170,200,16,16,"SRAMIN ");
                else if(sramx==1)LCD_ShowString(30,170,200,16,16,"SRAMEX ");
                else LCD_ShowString(30,170,200,16,16,"SRAMCCM");
                break;
        }
        if(tp!=p&&p!=NULL)
        {
            tp=p;
            sprintf((char*)paddr,"P Addr:0x%08X",(u32)tp);
            LCD_ShowString(30,250,200,16,16,paddr);  //显示 p 的地址
            if(p)LCD_ShowString(30,270,200,16,16,p); //显示 p 的内容
            else LCD_Fill(30,270,239,266,WHITE);     //p=0,清除显示
        }
        delay_ms(10);
        i++;
        if((i%20)==0)                              //DS0 闪烁
```

```
            {
                memused=my_mem_perused(SRAMIN);
                sprintf((char*)paddr,"%d.%01d%%",memused/10,memused%10);
                LCD_ShowString(30+104,190,200,16,16,paddr);//显示内部内存使用率
                memused=my_mem_perused(SRAMEX);
                sprintf((char*)paddr,"%d.%01d%%",memused/10,memused%10);
                LCD_ShowString(30+104,210,200,16,16,paddr);//显示外部内存使用率
                memused=my_mem_perused(SRAMCCM);
                sprintf((char*)paddr,"%d.%01d%%",memused/10,memused%10);
                LCD_ShowString(30+104,230,200,16,16,paddr);//显示CCM内存使用率
                LED0=!LED0;
            }
        }
    }
```

该部分代码比较简单，主要是对 mymalloc 和 myfree 的应用。注意，如果对一个指针进行多次内存申请，而之前的申请又没有释放，将造成"内存泄露"，最终出现无内存可用的情况。这是内存管理时所不希望发生的情况，所以，在使用时，申请的内存在用完以后一定要进行释放。

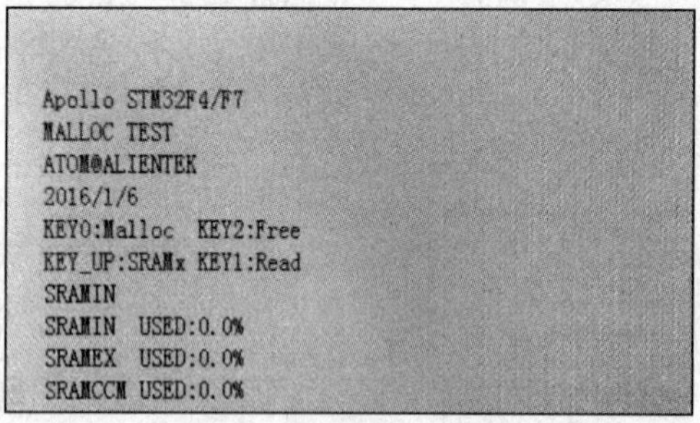

```
Apollo STM32F4/F7
MALLOC TEST
ATOM@ALIENTEK
2016/1/6
KEY0:Malloc  KEY2:Free
KEY_UP:SRAMx KEY1:Read
SRAMIN
SRAMIN  USED:0.0%
SRAMEX  USED:0.0%
SRAMCCM USED:0.0%
```

图 9.19　程序运行效果

4. 下载验证

在代码编译成功之后，通过下载代码到 ALIENTEK 阿波罗 STM32F429 开发板上，得到图 9.19 所示的界面。

可以看到，所有内存的使用率均为 0.0%，说明没有内存被使用，此时按 KEY0 键，可以看到内部 SRAM 内存使用 1.2%，同时可以看到提示指针 p 所指向的地址（即被分配到的内存地址）和内容。多按几次 KEY0 键，可以看到内存使用率持续上升（注意对比 p 的值，可以发现其是递减的，说明从顶部开始分配内存），此时如果按 KEY2 键，可以发现内存使用率降低了 1.2%，但是再次按 KEY2 键使用率将不再降低，说明"内存泄露"。这就是对一个指针多次申请内存，而之前申请的内存又未释放，导致的"内存泄露"情况。

按 KEY_UP 键，可以切换当前操作内存（内部 SRAM 内存/外部 SDRAM 内存/内部 CCM 内存）。KEY1 键用于更新 p 的内容，更新后的内容将重新显示在 LCD 模块上。注意当使外部 SDRAM 内存时，需要多次按 KEY0 键（15 次）才可以看到内存使用率上升 0.1%。因为按一次 KEY0 键只申请 2KB，15 次才申请 30KB，内存总大小为 28912KB，所以内存使用率为 30/28912≈0.001（0.1%）。

第 10 章　嵌入式操作系统 μC/OS-Ⅲ

多任务操作系统最主要的功能就是对任务进行管理，包括任务的创建、挂起、删除和调度等。因此，对于 μC/OS-Ⅲ操作系统中任务管理的理解就显得尤为重要。本章介绍μC/OS-Ⅲ中的任务管理。在 μC/OS-Ⅱ中有统计任务和空闲任务两个系统任务，在 μC/OS-Ⅲ中系统内部任务扩展到了 5 个，即空闲任务、时钟节拍任务、统计任务、定时任务、中断服务管理任务。

10.1　μC/OS-Ⅲ简介

μC/OS-Ⅲ是一个可裁剪、固化、剥夺的多任务系统，没有任务数目的限制，是 μC/OS的第三代内核。μC/OS-Ⅲ有以下几个重要特性。

1）可剥夺多任务管理：μC/OS-Ⅲ和 μC/OS-Ⅱ都属于可剥夺的多任务内核，总是执行当前就绪的最高优先级任务。

2）同优先级任务的时间片轮转调度：这是 μC/OS-Ⅲ与 μC/OS-Ⅱ的不同之处。μC/OS-Ⅲ允许一个任务优先级被多个任务使用，当这个优先级处于最高就绪态时，μC/OS-Ⅲ会轮流调度处于这个优先级的所有任务，让每个任务运行一段由用户指定的时间长度，称为时间片。

3）极短的关中断时间：μC/OS-Ⅲ可以采用锁定内核调度的方式（而不是关中断的方式）来保护临界段代码，这样可以将关中断的时间降到最短，使 μC/OS-Ⅲ能够非常快速地响应中断请求。

4）任务数目不受限制：μC/OS-Ⅲ本身是没有任务数目限制的，但是从实际应用角度考虑，任务数目会受到 CPU 所使用的存储空间的限制，包括代码空间和数据空间。

5）优先级数量不受限制：μC/OS-Ⅲ支持无限多的任务优先级。

6）内核对象数目不受限制：μC/OS-Ⅲ允许定义任意数目的内核对象。内核对象指任务、信号量、互斥信号量、事件标志组、消息队列、定时器和存储块等。

7）软件定时器：用户可以任意定义"单次"和"周期"型定时器。定时器是一个递减计数器，递减到零就会执行预先定义好的操作。每个定时器都可以指定所需操作，周期型定时器在递减到零时会执行指定操作，并自动重置计数器值。

8）同时等待多个内核对象：μC/OS-Ⅲ允许一个任务同时等待多个事件。也就是说，一个任务能够挂起在多个信号量或消息队列上，当其中任何一个等待的事件发生时，等待任务就会被唤醒。

9）直接向任务发送信号：μC/OS-Ⅲ允许中断或任务直接给另一个任务发送信号，避免创建和使用如信号量或事件标志等内核对象作为向其他任务发送信号的中介，该特性有效地提高了系统性能。

10）直接向任务发送消息：µC/OS-Ⅲ允许中断或任务直接给另一个任务发送消息，避免创建和使用消息队列作为中介。

11）任务寄存器：每个任务都可以设定若干任务寄存器。任务寄存器和 CPU 硬件寄存器是不同的，其主要用来保存各个任务的错误信息、ID 识别信息、中断关闭时间的测量结果等。

12）任务级时钟节拍处理：µC/OS-Ⅲ的时钟节拍是通过一个特定任务完成的，定时中断仅触发该任务。将延迟处理和超时判断放在任务级代码完成，能极大地减少中断延迟时间。

13）防止死锁：所有 µC/OS-Ⅲ的"等待"功能都提供了超时检测机制，有效地避免了死锁。

14）时间戳：µC/OS-Ⅲ需要一个 16 位或 32 位的自由运行计数器（时基计数器）来实现时间测量。在系统运行时，可以通过读取该计数器来测量某一个事件的时间信息。例如，当中断服务程序（interrupt service routines，ISR）给任务发送消息时，会自动读取该计数器的数值并将其附加在消息中。当任务读取消息时，可得到该消息携带的时标，通过读取当前的时标，并计算两个时标的差值，就可以确定传递这条消息所花费的确切时间。

µC/OS、µC/OS-Ⅱ、µC/OS-Ⅲ之间的特性比较如表 10.1 所示。

表 10.1　µC/OS、µC/OS-Ⅱ、µC/OS-Ⅲ之间的特性比较

特性	µC/OS	µC/OS-Ⅱ	µC/OS-Ⅲ
发布年份	1992	1998	2009
源代码	√	√	√
可剥夺型任务调度	√	√	√
最大任务数目	64	255	无限制
优先级相同的任务数目	1	1	无限制
时间片轮转调度	×	×	√
信号量	√	√	√
互斥信号量	×	√	√(可嵌套)
事件标志	×	√	√
消息邮箱	√	√	不再需要
消息队列	√	√	√
固定大小的存储管理	×	√	√
直接向任务发送信号	×	×	√
无须调度的发送机制	无	无	可选
直接向任务发送消息	×	×	√
软件定时器	×	√	√
任务挂起/恢复	×	√	√(可嵌套)
防止死锁	√	√	√
可裁剪	√	√	√
代码量	3～8KB	6～26KB	6～24KB

续表

特性	µC/OS	µC/OS-Ⅱ	µC/OS-Ⅲ
数据量	1KB 以上	1KB 以上	1KB 以上
代码可固化	√	√	√
运行时可配置	×	×	√
编译时可配置	√	√	√
支持内核对象的 ASCII 码命名	×	×	√
同时等待多个内核对象	×	×	√
任务寄存器	×	√	√
内置性能测试	×	基本	增强
用户可定义的介入函数	×	√	√
"POST" 操作可加时间戳	×	×	√
内核察觉式调试	×	√	√
用汇编语言优化的调度器	×	×	√
捕获退出的任务	×	×	√
任务级时钟节拍处理	×	×	√
系统服务函数的数目	～20	～90	～70

注：√—支持；×—不支持。

10.2 µC/OS-Ⅲ启动和初始化

在使用时要按照一定的顺序初始化并打开 µC/OS-Ⅲ。具体可以按照下面的顺序进行：

1）调用 OSInit()初始化 µC/OS-Ⅲ。

2）创建任务。一般在 main()函数中只创建一个 start_task 任务，其他任务都在 start_task 任务中创建，在调用 OSTaskCreate()函数创建任务时一定要调用 OS_CRITICAL_ENTER() 函数进入临界区，任务创建完以后调用 OS_CRITICAL_EXIT()函数退出临界区。

3）调用 OSStart()函数开启 µC/OS-Ⅲ。

打开"例 4-1 UCOSⅢ移植"实验工程的 main()函数，代码如下：

```
int main(void)
{
    OS_ERR err;
    CPU_SR_ALLOC();
    Stm32_Clock_Init(360,25,2,8);      //设置时钟, 180MHz
    HAL_Init();                        //初始化 HAL 库
    delay_init(180);                   //初始化延时函数
    uart_init(115200);                 //初始化 UART
    LED_Init();                        //初始化 LED
    OSInit(&err);                      //初始化 µC/OS-Ⅲ
    OS_CRITICAL_ENTER();               //进入临界区
    //创建开始任务
    OSTaskCreate((OS_TCB*      )&StartTaskTCB,    //任务控制块
```

```
            (CPU_CHAR*        )"start task",      //任务名称
            (OS_TASK_PTR      )start_task,        //任务函数
            (void*            )0,                 //传递给任务函数的参数
            (OS_PRIO          )START_TASK_PRIO,   //任务优先级
            (CPU_STK*         )&START_TASK_STK[0],//任务堆栈基地址
            (CPU_STK_SIZE     )START_STK_SIZE/10, //任务堆栈深度限位
            (CPU_STK_SIZE     )START_STK_SIZE,    //任务堆栈大小
            (OS_MSG_QTY       )0,                 //任务内部消息队列能够接收的
                                                  //最大消息数目,为0时禁止
                                                  //接收消息
            (OS_TICK          )0,        //当使能时间片轮转时的时间片长度
                                         //为0时表示默认长度
            (void*            )0,        //用户补充的存储区
            (OS_OPT           )OS_OPT_TASK_STK_CHK|OS_OPT_TASK_STK_CLR|\
                OS_OPT_TASK_SAVE_FP,
            (OS_ERR*          )&err);             //存放该函数错误时的返回值
    OS_CRITICAL_EXIT();                           //退出临界区
    OSStart(&err);                                //开启 μC/OS-Ⅲ
    while(1);
}
```

从代码中可以看出,按照本节提到的步骤来使用 μC/OS-Ⅲ,首先用 OSInit()函数初始化 μC/OS-Ⅲ,然后创建一个 start_task()任务,最后调用 OSStart()函数开启 μC/OS-Ⅲ。

注意,在调用 OSStart()函数开启 μC/OS-Ⅲ之前一定要至少创建一个任务,其实在调用 OSInit()函数初始化 μC/OS-Ⅲ的时候已经创建了一个空闲任务。

10.3 任务状态

μC/OS-Ⅲ支持单核 CPU,不支持多核 CPU,这样在某一时刻只有一个任务获得 CPU 使用权进入运行态,其他任务进入其他状态。μC/OS-Ⅲ中的任务有多个状态,如表 10.2 所示。

表 10.2 μC/OS-Ⅲ中任务的 5 个状态

任务状态	描述
休眠态	休眠态就是任务以任务函数的方式存在,是存储区中的一段代码,并未用 OSTaskCreate()函数创建这个任务,不受 μC/OS-Ⅲ管理
就绪态	任务在就绪表中已经登记,等待获取 CPU 使用权
运行态	正在运行的任务所处的状态
等待态	正在运行的任务需要等待某一个事件,如信号量、消息、事件标志组等,就会暂时让出 CPU 使用权,进入等待态
中断服务态	一个正在执行的任务被中断打断,CPU 转而执行 ISR,这时这个任务就会被挂起,进入中断服务态

在 μC/OS-Ⅲ中任务可以在这 5 个状态中转换,如图 10.1 所示。

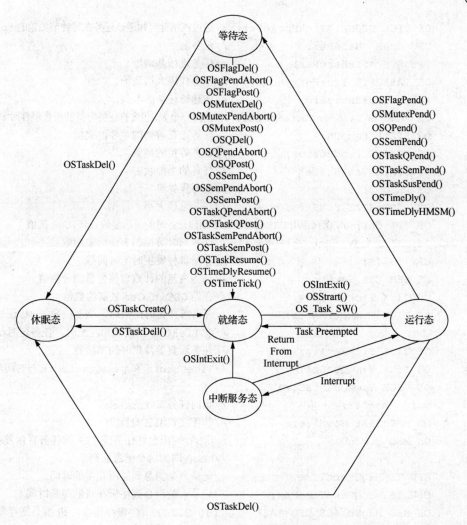

图 10.1　μC/OS-Ⅲ任务状态转换图

10.4　任务控制块

在学习 μC/OS-Ⅱ 时应了解了其有一个重要的数据结构：任务控制块 OS_TCB。在 μC/OS-Ⅲ中也有任务控制块。该任务控制块用来保存任务的信息，使用 OSTaskCreate()函数来创建任务时会给任务分配一个任务控制块。任务控制块是一个结构体，具体如下（这里去掉了条件编译语句）：

```
struct os_tcb {
    CPU_STK *StkPtr;                //指向当前任务堆栈的栈顶
    void *ExtPtr;                   //指向用户可定义的数据区
    CPU_STK *StkLimitPtr;           //可指向任务堆栈中的某个位置
    OS_TCB *NextPtr;                //NextPtr和PrevPtr用于在任务就绪表建立OS_TCB
    OS_TCB *PrevPtr;                //双向链表
    OS_TCB *TickNextPtr;//TickNextPtr和TickPrevPtr可将正在延时或在指定时间
    OS_TCB *TickPrevPtr;            //内等待某个事件的任务的OS_TCB构成双向链表
```

```
OS_TICK_SPOKE *TickSpokePtr;    //通过该指针可知道该任务在时钟节拍轮的 spoke 上
CPU_CHAR *NamePtr;              //任务名
CPU_STK *StkBasePtr;           //任务堆栈基地址
OS_TASK_PTR TaskEntryAddr;      //任务代码入口地址
void *TaskEntryArg;            //传递给任务的参数
OS_PEND_DATA *PendDataTblPtr;   //指向一个表，包含有任务等待的所有事件对象的信息
OS_STATE PendOn;               //任务正在等待的事件的类型
OS_STATUS PendStatus;          //任务等待的结果
OS_STATE TaskState;            //任务的当前状态
OS_PRIO Prio;                  //任务优先级
CPU_STK_SIZE StkSize;          //任务堆栈大小
OS_OPT Opt;   //保存调用 OSTaskCreat 创建任务时的可选参数 options 的值
OS_OBJ_QTY PendDataTblEntries; //任务同时等待的事件对象的数目
CPU_TS TS;                      //存储事件发生时的时间戳
OS_SEM_CTR SemCtr;             //任务内建的计数型信号量的计数值
OS_TICK TickCtrPrev;           //存储 OSTickCtr 之前的数值
OS_TICK TickCtrMatch;          //任务等待延时结束时，当 TickCtrMatch 和
                               //OSTickCtr 的数值相匹配时，任务延时结束
OS_TICK TickRemain;            //任务还要等待延时的节拍数
OS_TICK TimeQuanta;            //TimeQuanta 和 TimeQuantaCtr 与时间片有关
OS_TICK TimeQuantaCtr;
void *MsgPtr;                  //指向任务接收的消息
OS_MSG_SIZE MsgSize;           //任务接收消息的长度
OS_MSG_Q MsgQ;                 //μC/OS-III允许任务或 ISR 向任务直接发送消息
                               //MsgQ 即为这个消息队列
CPU_TS MsgQPendTime;           //记录一条消息到达所花费的时间
CPU_TS MsgQPendTimeMax;        //记录一条消息到达所花费的最长时间
OS_REG RegTbl[OS_CFG_TASK_REG_TBL_SIZE]; //寄存器表，和 CPU 寄存器不同
OS_FLAGS FlagsPend;            //任务正在等待的事件的标志位
OS_FLAGS FlagsRdy;             //任务在等待的事件标志中有哪些已经就绪
OS_OPT FlagsOpt;               //任务等待事件标志组时的等待类型
OS_NESTING_CTR SuspendCtr;     //任务被挂起的次数
OS_CPU_USAGE CPUUsage;         //CPU 使用率
OS_CPU_USAGE CPUUsageMax;      //CPU 使用率峰值
OS_CTX_SW_CTR CtxSwCtr;        //任务执行的频繁程度
CPU_TS CyclesDelta;            //该成员被调试器或运行监视器利用
CPU_TS CyclesStart;            //任务已经占用 CPU 多长时间
OS_CYCLES CyclesTotal;         //表示一个任务总的执行时间
OS_CYCLES CyclesTotalPrev;
CPU_TS SemPendTime;            //记录信号量发送所花费的时间
CPU_TS SemPendTimeMax;         //记录信号量发送到一个任务所花费的最长时间
CPU_STK_SIZE StkUsed;          //任务堆栈使用量
CPU_STK_SIZE StkFree;          //任务堆栈剩余量
CPU_TS IntDisTimeMax;          //该成员记录任务的最大中断关闭时间
CPU_TS SchedLockTimeMax;       //该成员记录锁定调度器的最长时间
OS_TCB *DbgPrevPtr;            //下面 3 个成员变量用于调试
```

```
            OS_TCB *DbgNextPtr;
            CPU_CHAR *DbgNamePtr;
    };
```

从 os_tcb 结构体中可以看出，μC/OS-Ⅲ的任务控制块要比 μC/OS-Ⅱ 的复杂，这也间接说明了 μC/OS-Ⅲ比 μC/OS-Ⅱ 功能强大。

10.5 任 务 堆 栈

在 μC/OS-Ⅲ中，任务堆栈是一个非常重要的概念，它用来在切换任务和调用其他函数时保存现有数据。因此，每个任务都应该有自己的堆栈，可以按照下面的步骤创建一个堆栈：

定义一个 CPU_STK 变量。在 μC/OS-Ⅲ中用 CPU_STK 数据类型来定义任务堆栈，CPU_STK 在 cpu.h 中定义。CPU_STK 实际是 CPU_INT32U，可以看出一个 CPU_STK 变量为 4 字节，因此任务的实际堆栈大小应该为定义的 4 倍。下面代码定义了一个任务堆栈 TASK_STK，堆栈大小为 256（64×4）字节。

```
    CPU_STK    TASK_STK[64];                        //定义一个任务堆栈
```

可以使用下面的方法定义一个堆栈，这样代码比较清晰，所有例程都使用下面的方法定义堆栈。

```
    #define TASK_STK_SIZE 64                         //任务堆栈大小
    CPU_STK TASK_STK[LED1_STK_SIZE];                 //任务堆栈
```

使用 OSTaskCreat()函数创建任务时，可以将创建的堆栈传递给任务，如下加粗部分所示将创建的堆栈传递给任务，将堆栈的基地址传递给OSTaskCreate()函数的参数 p_stk_base，将堆栈深度传递给参数 stk_limit，堆栈深度通常为堆栈大小的 1/10，主要用来检测堆栈是否为空，将堆栈大小传递给参数 stk_size。

```
    OSTaskCreate((OS_TCB*      )&StartTaskTCB,           //任务控制块
                 (CPU_CHAR*    )"start task",            //任务名称
                 (OS_TASK_PTR )start_task,               //任务函数
                 (void*        )0,                        //传递给任务函数的参数
                 (OS_PRIO      )START_TASK_PRIO,          //任务优先级
                 (CPU_STK*     )&TASK_STK[0],             //任务堆栈基地址
                 (CPU_STK_SIZE )TASK_STK_SIZE/10,         //任务堆栈深度限位
                 (CPU_STK_SIZE )TASK_STK_SIZE,            //任务堆栈大小
                 (OS_MSG_QTY   )0,
                 (OS_TICK      )0,
                 (void*        )0,                        //用户补充的存储区
                 (OS_OPT       )OS_OPT_TASK_STK_CHK|OS_OPT_TASK_STK_CLR,
                 (OS_ERR*      )&err);                     //存放该函数错误时的返回值
```

创建任务时会初始化任务堆栈，因此需要提前将 CPU 的寄存器保存在任务堆栈中，完成这个任务的是 OSTaskStkInit()函数。用户不能调用这个函数，其由 OSTaskCreate()函数在创建任务时调用。

10.6 任务就绪表

μC/OS-Ⅲ会将已经就绪的任务放到任务就绪表中。任务就绪表包括优先级位映射表 OSPrioTbl[]和就绪任务列表 OSRdyList[]两部分。

10.6.1 优先级位映射表

当某一个任务就绪后，μC/OS-Ⅲ会将优先级位映射表中相应的位置 1。优先级位映射表如图 10.2 所示，该表元素的位宽可以是 8 位、16 位或 32 位，随 CPU_DATA（见 cpu.h 文件）的不同而不同。在 STM32F407 中定义的 CPU_DATA 为 CPU_INT32U 类型，即 32 位。μC/OS-Ⅲ中任务数目由宏 OS_CFG_PRIO_MAX 配置（见 os_cfg.h 文件）。

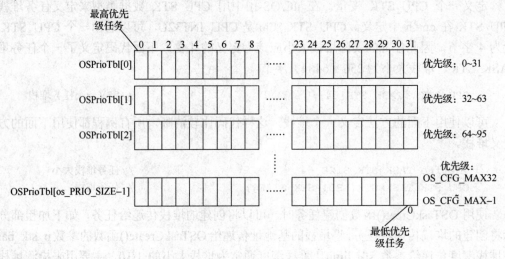

图 10.2 优先级位映射表

在图 10.2 中，从左到右优先级逐渐降低，但是，每个 OSPrioTbl[]数组的元素最低位在右边，最高位在左边，如 OSPrioTbl[0]的 bit31 为最高优先级 0，bit0 为优先级 31。之所以这样做主要是为了支持计算前导零（CLZ）这条指令，使用这条指令可以快速地找到最高优先级任务。

与优先级操作相关的有 3 个函数：OS_PrioGetHighest()、OS_PrioInsert()和 OS_PrioRemove()，作用分别为获取就绪表中最高优先级任务、将某个任务在就绪表中相对应的位置 1 和将某个任务在就绪表中相对应的位清零。OS_PrioGetHighest()函数代码如下：

```
OS_PRIO OS_PrioGetHighest (void)
{
    CPU_DATA *p_tbl;
    OS_PRIO prio;
    prio = (OS_PRIO)0;
    p_tbl = &OSPrioTbl[0];//从 OSPrioTbl[0]开始扫描映射表，直到遇到非零项
    while (*p_tbl == (CPU_DATA)0) {
```

```
//当数组 OSPrioTbl[]中的某个元素为 0 时，继续扫描下一个数组元素，prio 加
//DEF_INT_CPU_NBR_BITS 位，根据 CPU_DATA 长度的不同 DEF_INT_CPU_NBR_BITS
//值不同，定义 CPU_DATA 为 32 位，DEF_INT_CPU_NBR_BITS 就为 32，即 prio 加 32
    prio+=DEF_INT_CPU_NBR_BITS;
    p_tbl++; //p_tbl 加 1，继续寻找 OSPrioTbl[]数组的下一个元素
}
//一旦找到一个非零项，再加上该项的前导零数量就找到了最高优先级任务
prio+=(OS_PRIO)CPU_CntLeadZeros(*p_tbl);
return (prio);
}
```

从 OS_PrioGetHighest()函数可以看出，计算前导零时使用了函数 CPU_CntLeadZeros()。这个函数是由汇编语言编写的，在 cpu_a.asm 文件中，代码如下：

```
CPU_CntLeadZeros
    CLZ R0, R0; //计算前导零
    BX LR
```

函数 OS_PrioInsert()和 OS_PrioRemove()的代码如下：

```
//将参数 prio 对应的优先级映射表中的位置 1
void OS_PrioInsert (OS_PRIO prio)
{
    CPU_DATA bit;
    CPU_DATA bit_nbr;
    OS_PRIO ix;
    ix = prio / DEF_INT_CPU_NBR_BITS;
    bit_nbr = (CPU_DATA)prio & (DEF_INT_CPU_NBR_BITS - 1u);
    bit = 1u;
    bit <<= (DEF_INT_CPU_NBR_BITS - 1u) - bit_nbr;
    OSPrioTbl[ix] |= bit;
}
//将参数 prio 对应的优先级映射表中的位清零
void OS_PrioRemove (OS_PRIO prio)
{
    CPU_DATA bit;
    CPU_DATA bit_nbr;
    OS_PRIO ix;
    ix = prio / DEF_INT_CPU_NBR_BITS;
    bit_nbr = (CPU_DATA)prio & (DEF_INT_CPU_NBR_BITS - 1u);
    bit = 1u;
    bit <<= (DEF_INT_CPU_NBR_BITS - 1u) - bit_nbr;
    OSPrioTbl[ix] &= ~bit;
}
```

10.6.2　就绪任务列表

本节介绍就绪任务列表 OSRdyList[]，其用来记录每一个优先级下所有就绪的任务，

OSRdyList[]在 os.h 中有定义，数组元素的类型为 OS_RDY_LIST。OS_RDY_LIST 为一个结构体，结构体定义如下：

```
struct os_rdy_list {
    OS_TCB *HeadPtr;              //用于创建链表，指向链表头
    OS_TCB *TailPtr;             //用于创建链表，指向链表尾
    OS_OBJ_QTY NbrEntries;       //此优先级下的任务数量
};
```

  μC/OS-III支持时间片轮转调度，在一个优先级下会有多个任务，因此要对这些任务进行管理，这里使用 OSRdyList[]数组管理这些任务。OSRdyList[]数组中的每个元素对应一个优先级，如 OSRdyList[0]用来管理优先级 0 下的所有任务。OSRdyList[0]为 OS_RDY_LIST 类型，从 OS_RDY_LIST 结构体可以看到成员变量 HeadPtr 和 TailPtr 分别指向 OS_TCB，而 OS_TCB 是可以用来构造链表的，因此同一个优先级下的所有任务是通过链表来管理的。HeadPtr 和 TailPtr 分别指向这个链表的头和尾。NbrEntries 用来记录此优先级下的任务数量。图 10.3 表示了优先级 4 有 3 个任务时的就绪任务列表。

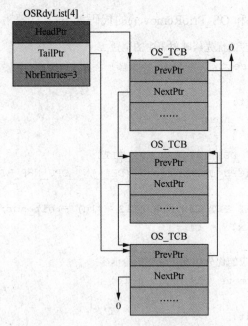

图 10.3　优先级 4 有 3 个任务时的就绪任务列表

  图 10.3 中的优先级 4 下的 3 个任务组成一个链表。OSRdyList[4]的 HeadPtr 指向链表头，TailPtr 指向链表尾，NbrEntries 为 3，表示共有 3 个任务。注意，有些优先级只能有一个任务，如 μC/OS-III自带的 5 个系统任务：空闲任务 OS_IdleTask()、时钟节拍任务 OS_TickTask()、统计任务 OS_StatTask、定时任务 OS_TmrTask()和中断服务管理任务 OS_IntQTask()。

  针对任务就绪列表的操作有以下 6 个函数，如表 10.3 所示。这些函数都在 os_core.c 文件中，是 μC/OS-III内部使用的，用户程序不能使用。

表 10.3　任务就绪表的操作函数

函数	描述
OS_RdyListInit()	由 OSInit()调用，用来初始化并清空任务就绪列表
OS_RdyListInsertHead()	向某一优先级下的任务双向链表头部添加一个任务控制块 OS_TCB
OS_RdyListInsertTail()	向某一优先级下的任务双向链表尾部添加一个任务控制块 OS_TCB
OS_RdyListRemove()	将任务控制块 OS_TCB 从任务就绪列表中删除
OS_RdyListInsertTail()	将一个任务控制块 OS_TCB 从双向链表的头部移到尾部
OS_RdyListInsert()	在就绪表中添加一个任务控制块 OS_TCB

10.7　任务调度和切换

10.7.1　可剥夺型调度

任务调度和切换就是让就绪表中优先级最高的任务获得 CPU 的使用权，μC/OS-III 是可剥夺型、抢占式的，可以抢占低优先级任务的 CPU 使用权。任务的调度是由一个称为任务调度器的设备来完成的。任务调度器有两种，一种是任务级调度器，另一种是中断级调度器。

1.　任务级调度器

任务级调度器为 OSSched()。OSSched()函数代码在 os_core.c 文件中，具体如下：

```
void OSSched (void)
{
    CPU_SR_ALLOC();
    //OSSched()为任务级调度器，如果是在中断服务函数中不能使用
    if (OSIntNestingCtr > (OS_NESTING_CTR)0) {                       ①
        return;
    }
    //调度器是否加锁
    if (OSSchedLockNestingCtr > (OS_NESTING_CTR)0) {                 ②
        return;
    }
    CPU_INT_DIS();                                                   ③
    OSPrioHighRdy = OS_PrioGetHighest();                            ④
    OSTCBHighRdyPtr = OSRdyList[OSPrioHighRdy].HeadPtr;              ⑤
    if (OSTCBHighRdyPtr == OSTCBCurPtr) {                           ⑥
    CPU_INT_EN();
        return;
    }
#if OS_CFG_TASK_PROFILE_EN > 0u
    OSTCBHighRdyPtr->CtxSwCtr++;
#endif
    OSTaskCtxSwCtr++;
#if defined(OS_CFG_TLS_TBL_SIZE) && (OS_CFG_TLS_TBL_SIZE > 0u)
```

```
            OS_TLS_TaskSw();
    #endif
    OS_TASK_SW();                                                    ⑦
    CPU_INT_EN();                                                    ⑧
}
```

下面介绍代码中从①～⑧标注的内容。

① 检查 OSSched() 函数是否在中断服务函数中调用，因为 OSSched() 为任务级调度函数，所以不能用于中断级任务调度。

② 检查调度器是否加锁。如果任务调度器加锁，不能做任务调度和切换操作。

③ 关中断。

④ 获取任务就绪表中就绪的最高优先级任务，OSPrioHighRdy 用来保存当前就绪表中就绪的最高优先级。

⑤ 获取下一次任务切换时要运行的任务，因为 μC/OS-III 的一个优先级下可以有多个任务，所以需要从这些任务中挑出任务切换后要运行的任务。从代码中可以看出，获取的是就绪任务列表中的第一个任务，OSTCBHighRdyPtr 指向将要切换任务的 OS_TCB。

⑥ 判断要运行的任务是否是正在运行的任务，如果是，不需要做任务切换，OSTCBCurPtr 指向正在执行的任务的 OS_TCB。

⑦ 执行任务切换。

⑧ 开中断。

在 OSSched 中真正执行任务切换的是宏 OS_TASK_SW()（在 os_cpu.h 中定义），宏 OS_TASK_SW() 就是函数 OSCtxSw()。OSCtxSw() 是 os_cpu_a.asm 中汇编的一段代码，OSCtxSw() 的任务是将当前任务 CPU 寄存器的值保存在任务堆栈中，即保存现有数据。保存完当前任务的数据后，将新任务 OS_TCB 中保存的任务堆栈指针的值加载到 CPU 的堆栈指针寄存器中，最后要从新任务的堆栈中恢复 CPU 寄存器的值。

2. 中断级调度器

中断级调度器为 OSIntExit()。调用 OSIntExit() 时，中断应该是关闭的。代码如下：

```
void OSIntExit (void)
{
    CPU_SR_ALLOC()
    if (OSRunning != OS_STATE_OS_RUNNING) {                         ①
        return;
    }
    CPU_INT_DIS();
    if (OSIntNestingCtr == (OS_NESTING_CTR)0) {                     ②
    CPU_INT_EN();
        return;
    }
    OSIntNestingCtr--;                                              ③
    if (OSIntNestingCtr > (OS_NESTING_CTR)0) {                      ④
    CPU_INT_EN();
        return;
```

```
    }
    if (OSSchedLockNestingCtr > (OS_NESTING_CTR)0) {                    ⑤
    CPU_INT_EN();
        return;
    }
    OSPrioHighRdy = OS_PrioGetHighest();                                ⑥
    OSTCBHighRdyPtr = OSRdyList[OSPrioHighRdy].HeadPtr;
    if (OSTCBHighRdyPtr == OSTCBCurPtr) {
    CPU_INT_EN();
        return;
    }
#if OS_CFG_TASK_PROFILE_EN > 0u
    OSTCBHighRdyPtr->CtxSwCtr++;
#endif
    OSTaskCtxSwCtr++;
#if defined(OS_CFG_TLS_TBL_SIZE) && (OS_CFG_TLS_TBL_SIZE > 0u)
    OS_TLS_TaskSw();
#endif
    OSIntCtxSw();                                                       ⑦
    CPU_INT_EN();                                                       ⑧
    }
```

下面介绍代码中以①～⑧标注的内容。

① 判断 μC/OS-III是否运行，如果 μC/OS-III未运行，直接跳出。

② OSIntNestingCtr 为中断嵌套计数器，进入中断服务函数后要调用 OSIntEnter()函数。在这个函数中会将 OSIntNestingCtr 加 1，用来记录中断嵌套的次数。这里检查 OSIntNestingCtr 是否为 0，确保在退出中断服务函数时调用 OSIntExit()后不会等于负数。

③ OSIntNestingCtr 减 1，因为 OSIntExit()是在退出中断服务函数时调用的，所以中断嵌套计数器要减 1。

④ 如果 OSIntNestingCtr 仍大于 0，说明还有其他中断发生，跳回 ISR，不需要做任务切换。

⑤ 检查调度器是否加锁，如果加锁，直接跳出，不需要做任务切换。

⑥ 从此处开始的 5 行程序和任务级调度器 OSSechd 的作用是一样的，即从 OSRdyList[] 中取出最高优先级任务的控制块 OS_TCB。

⑦ 调用中断级任务切换函数 OSIntCtxSw()。

⑧ 开中断。

在中断级调度器中真正完成任务切换的是中断级任务切换函数 OSIntCtxSw()。与任务级切换函数 OSCtxSw()不同的是，由于进入中断时现场已经保存，因此 OSIntCtxSw()不需要像 OSCtxSw()一样保存当前任务数据，只需要从将要执行的任务堆栈中恢复 CPU 寄存器的值即可。

10.7.2　时间片轮转调度

本章多次提到 μC/OS-III支持多个任务同时拥有一个优先级，要使用这个功能需要定义 OS_CFG_SCHED_ROUND_ROBIN_EN 为 1。在 μC/OS-III中允许一个任务运行一段时间（时间片）后让出 CPU 的使用权，让拥有同优先级的下一个任务运行，这种任务调度方法就是时间片轮转调度。图 10.4 展示了运行在同一优先级下的执行时间图，其中，在优先级 N 下有 3 个就绪的任务，将时间片划分为 4 个时钟节拍。

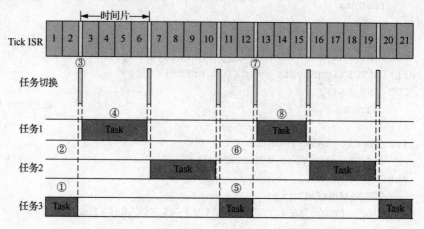

图 10.4　轮转调度

图 10.4 中①～⑧的介绍如下：

① 任务 3 正在运行，这时一个时钟节拍中断发生，但是任务 3 的时间片还未完成。

② 任务 3 的时钟片用完。

③ μC/OS-Ⅲ切换到任务 1，任务 1 是优先级 N 下的下一个就绪任务。

④ 任务 1 连续运行至时间片用完。

⑤ 任务 3 运行。

⑥ 任务 3 调用 OSSchedRoundRobinYield()函数（在 os_core.c 文件中定义）放弃剩余的时间片，从而使优先级 X 下的下一个就绪任务运行。

⑦ μC/OS-Ⅲ切换到任务 1。

⑧ 任务 1 执行完其时间片。

下面介绍时间片轮转调度器。如果当前任务的时间片已经运行完，但是同一优先级下有多个任务，那么 μC/OS-Ⅲ就会切换到该优先级对应的下一个任务，这一操作通过调用 OS_SchedRoundRobin()函数来完成。这个函数由 OSTimeTick()或 OS_IntQTask()调用，函数代码如下：

```
void OS_SchedRoundRobin (OS_RDY_LIST  *p_rdy_list)
{
    OS_TCB *p_tcb;
    CPU_SR_ALLOC();
    if (OSSchedRoundRobinEn != DEF_TRUE) {                    ①
        return;
    }
    CPU_CRITICAL_ENTER();
    p_tcb = p_rdy_list->HeadPtr;                              ②
    if (p_tcb == (OS_TCB *)0) {                               ③
        CPU_CRITICAL_EXIT();
        return;
```

```
    }
    if (p_tcb == &OSIdleTaskTCB) {                                    ④
        CPU_CRITICAL_EXIT();
        return;
    }
    if (p_tcb->TimeQuantaCtr > (OS_TICK)0) {                          ⑤
        p_tcb->TimeQuantaCtr--;
    }
    if (p_tcb->TimeQuantaCtr > (OS_TICK)0) {                          ⑥
        CPU_CRITICAL_EXIT();
        return;
    }
    if (p_rdy_list->NbrEntries < (OS_OBJ_QTY)2) {                     ⑦
        CPU_CRITICAL_EXIT();
        return;
    }
    if (OSSchedLockNestingCtr > (OS_NESTING_CTR)0) {                  ⑧
        CPU_CRITICAL_EXIT();
        return;
    }
    OS_RdyListMoveHeadToTail(p_rdy_list);                             ⑨
    p_tcb = p_rdy_list->HeadPtr;                                      ⑩
    if (p_tcb->TimeQuanta == (OS_TICK)0) {                            ⑪
    p_tcb->TimeQuantaCtr = OSSchedRoundRobinDfltTimeQuanta;
    } else {
        p_tcb->TimeQuantaCtr = p_tcb->TimeQuanta;                     ⑫
    }
    CPU_CRITICAL_EXIT();
}
```

下面介绍代码中标注①～⑫的内容。

①　检查时间片轮转调度是否允许。如果允许时间片轮转调度，需要使用 OSSchedRoundRobinCfg()函数。

②　获取某一优先级下就绪任务列表中的第一个任务。

③　如果 p_tcb 为 0，说明没有任务就绪，直接返回。

④　如果 p_tcb 为空闲任务的 TCB，直接返回。

⑤　任务控制块 OS_TCB 中的 TimeQuantaCtr 字段表示当前任务的时间片的剩余时间，TimeQuantaCtr 减 1。

⑥　经过⑤将 TimeQuantaCtr 减 1 后，判断此时 TimeQuantaCtr 是否大于 0，如果大于 0，说明任务的时间片没有用完，不能进行任务切换，直接返回。

⑦　就绪任务列表中的 NbrEntries 字段表示某一优先级下的任务数量。判断 NbrEntries 是否小于 2，如果任务数小于 2，不需要进行任务切换，直接返回。

⑧　判断调度器是否加锁，如果加锁，直接返回。

⑨　执行到这一步说明当前任务的时间片已经用完，将当前任务的 OS_TCB 从双向链表头移到链表尾。

⑩ 获取新的双向链表头，即下一个要执行的任务。

⑪ 为下一个要执行的任务装载时间片值，一般在新建任务时指定。这个指定的值存放在任务控制块 OS_TCB 的 TimeQuanta 字段中，判断 TimeQuanta 是否为 0，如果为 0 任务剩余的时间片 TimeQuantaCtr 使用默认值 OSSchedRoundRobinDfltTimeQuanta。如果使能了 μC/OS-III 的时间片轮转调度功能，在调用 OSInit()函数初始化 μC/OS-III 时 OSSchedRoundRobinDfltTimeQuanta 会初始化为 OSCfg_TickRate_Hz/10u，如 OSCfg_TickRate_Hz 为 200，默认的时间片就为 20。

⑫ 如果 TimeQuanta 不等于 0，即定义了任务的时间片，那么 TimeQuantaCtr 等于 TimeQuanta，也就是设置的时间片值。

通过上面的介绍可以清晰地看到，某一优先级下有多个任务时这些任务是如何调度和运行的。每次任务切换后运行的都是处于就绪任务列表 OSRdyList[]链表头的任务，当这个任务的时间片用完后，这个任务会被放到链表尾，再运行新的链表头的任务。

10.8　任务创建和删除实验

10.8.1　OSTaskCreate()函数

μC/OS_III 是多任务系统，必然要能创建任务。创建任务就是将任务控制块、任务堆栈、任务代码等联系在一起，并且初始化任务控制块的相应字段。在 μC/OS-III 中，通过函数 OSTaskCreate()来创建任务。调用 OSTaskCreat()创建一个任务以后，刚创建的任务就会进入就绪态。注意，不能在 ISR 中调用 OSTaskCreat()函数来创建任务。OSTaskCreate()函数原型如下（在 os_task.c 中定义）：

```
void OSTaskCreate (OS_TCB *p_tcb,
                   CPU_CHAR *p_name,
                   OS_TASK_PTR p_task,
                   void *p_arg,
                   OS_PRIO prio,
                   CPU_STK *p_stk_base,
                   CPU_STK_SIZE stk_limit,
                   CPU_STK_SIZE stk_size,
                   OS_MSG_QTY q_size,
                   OS_TICK time_quanta,
                   void *p_ext,
                   OS_OPT opt,
                   OS_ERR *p_err)
```

*p_tcb：指向任务的任务控制块 OS_TCB。

*p_name：指向任务的名称，可以给每个任务取一个名称。

p_task：执行任务代码，即任务函数名称。

*p_arg：传递给任务的参数。

prio：任务优先级，数值越低，优先级越高，用户不能使用系统任务使用的优先级。

*p_stk_base：指向任务堆栈的基地址。

stk_limit：任务堆栈的堆栈深度，用来检测和确保堆栈不溢出。

stk_size：任务堆栈大小。

q_size：μC/OS-Ⅲ中每个任务都有一个可选的内部消息队列，定义宏 OS_CFG_TASK_Q_EN>0 后，才会使用这个内部消息队列。

time_quanta：在使能时间片轮转调度时来设置任务的时间片长度，默认值为时钟节拍除以 10。

*p_ext：指向用户补充的存储区。

opt：包含任务的特定选项，有如下选项可以设置。OS_OPT_TASK_NONE 表示没有任何选项，OS_OPT_TASK_STK_CHK 指定是否允许检测该任务的堆栈，OS_OPT_TASK_STK_CLR 指定是否清除该任务的堆栈，OS_OPT_TASK_SAVE_FP 指定是否存储浮点寄存器，CPU 需要有浮点运算硬件并且有专用代码保存浮点寄存器。

*p_err：用来保存调用该函数后返回的错误码。

注意，参数 opt 的选项 OS_OPT_TASK_SAVE_FP 非常重要，如果某个任务用到了浮点运算，应选择 OS_OPT_TASK_SAVE_FP 选项，否则会出现 HardFault 异常。例如，"实验 4-1 UCOS-Ⅲ移植"例程中任务 float_task 就用到了浮点运算，在创建此任务时选择 OS_OPT_TASK_SAVE_FP。为了确保安全，建议读者在创建每个任务时都选择 OS_OPT_TASK_SAVE_FP。

10.8.2　OSTaskDel()函数

OSTaskDel()函数用来删除任务，当一个任务不需要运行时，即可将其删除。删除任务不是删除任务代码，而是 μC/OS-Ⅲ不再管理这个任务。在某些应用中只需要某个任务运行一次，运行完成后即可将其删除，如外设初始化任务。OSTaskDel()函数原型如下：

```
void OSTaskDel (OS_TCB  *p_tcb,
                OS_ERR  *p_err)
```

*p_tcb：指向要删除的任务 OS_TCB，也可以传递一个 NULL 指针来删除调用 OSTaskDel()函数的任务自身。

*p_err：指向一个变量用来保存调用 OSTaskDel()函数后返回的错误码。

虽然 μC/OS-Ⅲ允许用户在系统运行时删除任务，但是应该尽量避免这样的操作。如果多个任务使用同一个共享资源，且任务 A 正在使用这个共享资源，如果删除了任务 A，这个资源并没有得到释放，那么其他任务将得不到共享资源的使用权，导致结果出错。

调用 OSTaskDel()删除一个任务后，这个任务的任务堆栈、OS_TCB 所占用的内存并没有释放。因此，可以将它们用于其他任务，当然也可以使用内存管理的方法为任务堆栈和 OS_TCB 分配内存。这样，删除某个任务后就可以使用内存释放函数将这个任务的任务堆栈和 OS_TCB 所占用的内存空间释放。

10.8.3　实验程序设计

【例 10-1】 设计 3 个任务，一个为开始任务用于创建其他任务（任务 1、任务 2），创建完成后删除自身，任务 1 和任务 2 在 LCD 上有各自的运行区域，每隔 1s 切换一次各自运行区域的背景颜色，而且显示各自的运行次数，任务 1 运行 5 次后删除任务 2，两个任务运行的过程中要通过串口输出各自的运行次数，当任务 1 删除任务 2 后通过串口输出提示信息。

任务代码如下，完整工程请参考"例6-1 UCOSIII任务创建和删除"。

```
#define START_TASK_PRIO 3                        //start_task 任务优先级
#define START_STK_SIZE 128                       //start_task 任务堆栈大小
OS_TCB StartTaskTCB;                             //start_task 任务控制块
CPU_STK START_TASK_STK[START_STK_SIZE];  //start_task 任务堆栈
void start_task(void *p_arg);                    //start_task 任务函数


#define TASK1_TASK_PRIO 4                        //task1_task 任务优先级
#define TASK1_STK_SIZE 128                       //task1_task 任务堆栈大小
OS_TCB Task1_TaskTCB;                            //task1_task 任务控制块
CPU_STK TASK1_TASK_STK[TASK1_STK_SIZE];  //start_task 任务堆栈
void task1_task(void *p_arg);                    //task1_task 任务函数


#define TASK2_TASK_PRIO 5                        //task2_task 任务优先级
#define TASK2_STK_SIZE 128                       //task2_task 任务堆栈大小
OS_TCB Task2_TaskTCB;                            //task2_task 任务控制块
CPU_STK TASK2_TASK_STK[TASK2_STK_SIZE];  //task2_task 任务堆栈
void task2_task(void *p_arg);                    //task2_task 任务函数


//LCD 刷屏时使用的颜色
int lcd_discolor[14]={ WHITE, BLACK, BLUE, BRED,
                GRED, GBLUE, RED, MAGENTA,
                GREEN, CYAN, YELLOW,BROWN,
                BRRED, GRAY };
//主函数
int main(void)
{
    OS_ERR err;
    CPU_SR_ALLOC();
    Stm32_Clock_Init(360,25,2,8);              //设置时钟，180MHz
    HAL_Init();                                //初始化 HAL 库
    delay_init(180);                           //初始化延时函数
    uart_init(115200);                         //初始化 UART
    LED_Init();                                //初始化 LED
    SDRAM_Init();                              //初始化 SDRAM
    LCD_Init();                                //初始化 LCD
    POINT_COLOR = RED;
    LCD_ShowString(30,10,200,16,16,"Apollo STM32F4/F 7");
    LCD_ShowString(30,30,200,16,16,"UCOSIII Examp 6-1");
    LCD_ShowString(30,50,200,16,16,"Task Creat and Del");
    LCD_ShowString(30,70,200,16,16,"ATOM@ALIENTEK");
    LCD_ShowString(30,90,200,16,16,"2016/1/21");
    OSInit(&err);                              //初始化 µC/OS-III
    OS_CRITICAL_ENTER();                       //进入临界代码区
    //创建开始任务
    OSTaskCreate((OS_TCB*       )&StartTaskTCB, //任务控制块
```

①

```
                (CPU_CHAR*   )"start task",              //任务名称
                (OS_TASK_PTR )start_task,                //任务函数
                (void*       )0,        //传递给任务函数的参数
                (OS_PRIO     )START_TASK_PRIO,          //任务优先级
                 (CPU_STK*    )&START_TASK_STK[0],  //任务堆栈基地址
                (CPU_STK_SIZE)START_STK_SIZE/10,    //任务堆栈深度限位
                (CPU_STK_SIZE)START_STK_SIZE,        //任务堆栈大小
                (OS_MSG_QTY  )0,        //任务内部消息队列能够接收的最大消息数目
                                        //为 0 时禁止接收消息
                (OS_TICK     )0,        //当使能时间片轮转时的时间片长度
                                        //为 0 时表示默认长度
                (void*       )0,        //用户补充的存储区
                (OS_OPT      )OS_OPT_TASK_STK_CHK|OS_OPT_TASK_STK_CLR\
                OS_OPT_TASK_SAVE_FP, //任务选项
                (OS_ERR*     )&err);   //存放该函数错误时的返回值
    OS_CRITICAL_EXIT();                     //退出临界区
    OSStart(&err);                          //开启 μC/OS-III
}
//开始任务函数
void start_task(void *p_arg)
{
    OS_ERR err;
    CPU_SR_ALLOC();
    p_arg = p_arg;
    CPU_Init();
    #if OS_CFG_STAT_TASK_EN > 0u
        OSStatTaskCPUUsageInit(&err);   //统计任务
    #endif

    #ifdef CPU_CFG_INT_DIS_MEAS_EN      //如果使能了测量中断关闭时间
        CPU_IntDisMeasMaxCurReset();
    #endif

    #if OS_CFG_SCHED_ROUND_ROBIN_EN     //当使用时间片轮转时
    //使能时间片轮转调度功能，设置默认的时间片长度
        OSSchedRoundRobinCfg(DEF_ENABLED,1,&err);
    #endif
    OS_CRITICAL_ENTER();                    //进入临界代码区
    //创建 TASK1 任务
    OSTaskCreate((OS_TCB*     )&Task1_TaskTCB,                        ②
            (CPU_CHAR*   )"Task1 task",
            (OS_TASK_PTR )task1_task,
            (void*       )0,
            (OS_PRIO     )TASK1_TASK_PRIO,
            (CPU_STK*    )&TASK1_TASK_STK[0],
            (CPU_STK_SIZE)TASK1_STK_SIZE/10,
            (CPU_STK_SIZE)TASK1_STK_SIZE,
            (OS_MSG_QTY  )0,
```

```
                        (OS_TICK          )0,
                        (void*            )0,
                        (OS_OPT           )OS_OPT_TASK_STK_CHK|OS_OPT_TASK_STK_CLR,
                        (OS_ERR*          )&err);
        //创建 TASK2 任务
        OSTaskCreate((OS_TCB*          )&Task2_TaskTCB,                      ③
                        (CPU_CHAR*     )"task2 task",
                        (OS_TASK_PTR   )task2_task,
                        (void*         )0,
                        (OS_PRIO       )TASK2_TASK_PRIO,
                        (CPU_STK*      )&TASK2_TASK_STK[0],
                        (CPU_STK_SIZE)TASK2_STK_SIZE/10,
                        (CPU_STK_SIZE)TASK2_STK_SIZE,
                        (OS_MSG_QTY )0,
                        (OS_TICK      )0,
                        (void*        )0,
                        (OS_OPT       )OS_OPT_TASK_STK_CHK|OS_OPT_TASK_STK_CLR,
                        (OS_ERR*      )&err);
        OS_CRITICAL_EXIT();                    //退出临界代码区
        OSTaskDel((OS_TCB*)0,&err);            //删除 start_task 任务自身        ④
}
//task1 任务函数
void task1_task(void *p_arg)
{
        u8 task1_num=0;
        OS_ERR err;
        CPU_SR_ALLOC();
        p_arg=p_arg;
        POINT_COLOR=BLACK;
        OS_CRITICAL_ENTER();
        LCD_DrawRectangle(5,110,115,314); //画一个矩形
        LCD_DrawLine(5,130,115,130);       //画线
        POINT_COLOR=BLUE;
        LCD_ShowString(6,111,110,16,16,"Task1 Run:000");
        OS_CRITICAL_EXIT();
        while(1)
        {
            task1_num++;//任务 1 执行次数加 1, task1_num1 到 255 时清零
            LED0=~LED0;
            printf("任务 1 已经执行: %d 次\r\n",task1_num);
            if(task1_num==5)
            {
                //任务 1 执行 5 次后删除任务 2
                OSTaskDel((OS_TCB*)&Task2_TaskTCB,&err);                     ⑤
                printf("任务 1 删除了任务 2!\r\n");
            }
            LCD_Fill(6,131,114,313,lcd_discolor[task1_num%14]);//填充区域
```

```
        LCD_ShowxNum(86,111,task1_num,3,16,0x80);//显示任务执行次数
        OSTimeDlyHMSM(0,0,1,0,OS_OPT_TIME_HMSM_STRICT,&err);//延时1s    ⑥
    }
}
//task2 任务函数
void task2_task(void *p_arg)
{
    u8 task2_num=0;
    OS_ERR err;
    CPU_SR_ALLOC();
    p_arg=p_arg;
    POINT_COLOR=BLACK;
    OS_CRITICAL_ENTER();
    LCD_DrawRectangle(125,110,234,314);//画一个矩形
    LCD_DrawLine(125,130,234,130);    //画线
    POINT_COLOR=BLUE;
    LCD_ShowString(126,111,110,16,16,"Task2 Run:000");
    OS_CRITICAL_EXIT();
    while(1)
    {
        task2_num++;//任务2执行次数加1，task1_num2 加到255时清零
        LED1=~LED1;
        printf("任务2已经执行：%d 次\r\n",task2_num);
        LCD_ShowxNum(206,111,task2_num,3,16,0x80);//显示任务执行次数
        LCD_Fill(126,131,233,313,lcd_discolor[13-task2_num%14]);//填充区域
        OSTimeDlyHMSM(0,0,1,0,OS_OPT_TIME_HMSM_STRICT,&err);  //延时1s
    }
}
```

程序中①~⑥的介绍如下：

① 创建开始任务 start_task。start_task 任务用来创建另外两个任务 task1_task 和 task2_task。

② 开始任务 start_task 中用来创建任务 1：task1_task。

③ 开始任务 start_task 中用来创建任务 2：task2_task。

④ 开始任务 start_task 只用来创建任务 task1_task 和 task2_task，这个任务只需要执行一次，两个任务创建完成后即可删除。这里使用 OSTaskDel()函数删除任务自身，这里传递给 OSTaskDel()函数参数 p_tcb 的值为 0，表示删除任务自身。

⑤ 根据要求在任务 1 执行 5 次后由任务 1 删除任务 2，这里通过调用 OSTaskDel()函数删除任务 2。注意，此时传递给 OSTaskDel()中参数 p_tcb 的值为任务 2 的任务控制块 Task2_TaskTCB 的地址，因此使用了取址符号"&"。

⑥ 调用函数 OSTimeDlyHMSM()延时 1s，调用此函数后会发起一个任务切换。

10.8.4　程序运行结果分析

程序编译完成后下载到开发板中查看运行结果和实验要求是否一致，下载代码后看到任务 1 和任务 2 开始运行，根据串口调试助手输出信息可以看到任务 1 运行 5 次后删除了

任务 2，任务 2 停止运行，LCD 显示如图 10.5 所示。

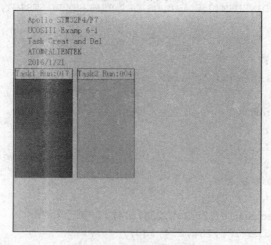

图 10.5　LCD 显示效果

图 10.5 中左边方框是任务 1 的运行区域，右边方框是任务 2 的运行区域，可以看出此时任务 1 运行了 17 次，而任务 2 运行后 4 次停止。串口调试助手的输出信息如图 10.6 所示。

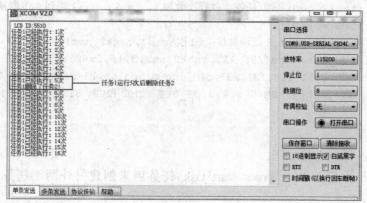

图 10.6　串口调试助手的输出信息

从图 10.6 中可以看出，开始任务 1 和任务 2 同时运行，因为任务 1 的优先级比任务 2 的优先级高，所以任务 1 先输出信息，再由任务 2 输出信息。当任务 1 运行 5 次后删除任务 2，以后只有任务 1 单独运行。

10.9　任务挂起和恢复实验

10.9.1　OSTaskSuspend()函数

有些任务因为某些原因需要暂停运行，此时可以使用 OSTaskSuspend()函数挂起这个任务，以后再恢复运行。OSTaskSuspend()函数的原型如下：

```
void OSTaskSuspend (OS_TCB *p_tcb,OS_ERR *p_err)
```

*p_tcb：指向需要挂起的任务的 OS_TCB，可以通过指向一个 NULL 指针将调用该函数的任务挂起。

*p_err：指向一个变量，用来保存该函数的错误码。

由于可以多次调用 OSTaskSuspend ()函数来挂起一个任务，需要调用同样次数的 OSTaskResume()函数才可以恢复被挂起的任务。

10.9.2　OSTaskResume()函数

OSTaskResume()函数用来恢复被 OSTaskSuspend()函数挂起的任务，OSTaskResume() 函数是唯一能恢复被挂起任务的函数。如果被挂起的任务还在等待其他内核对象，如事件标志组、信号量、互斥信号量、消息队列等，则即使使用 OSTaskResume()函数恢复了被挂起的任务，该任务也不一定能立即运行，仍需等待相应的内核对象，只有等到内核对象后才可以继续运行。OSTaskResume()函数原型如下：

```
void OSTaskResume (OS_TCB *p_tcb,OS_ERR *p_err)
```

*p_tcb：指向需要解挂的任务的 OS_TCB，指向一个 NULL 指针是无效的，因为该任务正在运行，不需要解挂。

*p_err：指向一个变量，用来保存该函数的错误码。

10.9.3　实验程序设计

【例 10-2】　本实验是在例 10-1 的基础上完成的。本实验同样设计了 3 个任务，开始任务用于创建其他任务，创建完成后删除自身，任务 1 和任务 2 在 LCD 上有各自的运行区域，每隔 1s 切换一次各自运行区域的背景颜色，并显示各自的运行次数。任务 1 运行 5 次后挂起任务 2，运行 10 次后重新恢复任务 2，两个任务运行的过程中通过串口输出各自的运行次数，当任务 1 挂起和恢复任务 2 后也通过串口输出提示信息。

程序部分代码如下，完整工程请参考"例 6-2　UCOSⅢ任务挂起和恢复"。

```
//task1 任务函数
void task1_task(void *p_arg)
{
    u8 task1_num=0;
    OS_ERR err;
    CPU_SR_ALLOC();
    p_arg=p_arg;
    POINT_COLOR=BLACK;
    OS_CRITICAL_ENTER();
    LCD_DrawRectangle(5,110,115,314);    //画一个矩形
    LCD_DrawLine(5,130,115,130);         //画线
    POINT_COLOR=BLUE;
    LCD_ShowString(6,111,110,16,16,"Task1 Run:000");
    OS_CRITICAL_EXIT();
    while(1)
    {
        task1_num++;                     //任务1执行次数加1，task1_num1到255时清零
        LED0=~LED0;
```

```
printf("任务 1 已经执行：%d 次\r\n",task1_num);
if(task1_num==5)
{
    //任务 1 执行 5 次后挂起任务 2
    OSTaskSuspend((OS_TCB*)&Task2_TaskTCB,&err);   ①
    printf("任务 1 挂起了任务 2!\r\n");
}
if(task1_num==10)
{
    //任务 1 运行 10 次后恢复任务 2
    OSTaskResume((OS_TCB*)&Task2_TaskTCB,&err);    ②
    printf("任务 1 恢复了任务 2!\r\n");
}
LCD_Fill(6,131,114,313,lcd_discolor[task1_num%14]);  //填充区域
LCD_ShowxNum(86,111,task1_num,3,16,0x80);//显示任务执行次数
OSTimeDlyHMSM(0,0,1,0,OS_OPT_TIME_HMSM_STRICT,&err);  //延时 1s
    }
}
```

这里只列出了任务 1 的任务函数，任务 2 和其他代码同例 10-1。下面介绍标注①、②处的内容。

① 根据要求任务 1 运行 5 次后调用 OSTaskSuspend()函数挂起任务 2。

② 当任务 1 运行到第 10 次时调用 OSTaskResume()函数恢复任务 2。

10.9.4　程序运行结果分析

程序编译完成后下载到开发板中查看运行结果和实验要求是否一致，当任务 1 运行大于 5 次小于 10 次时 LCD 显示如图 10.7 所示。

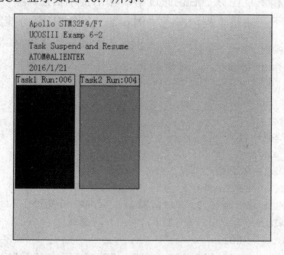

图 10.7　任务 2 被挂起

从图 10.7 中可以看出，任务 1 在继续运行，此时已经运行了 6 次，而任务 2 运行了 4 次后停止，说明任务 1 挂起了任务 2。因为任务 1 的优先级比任务 2 的优先级高，所以在任务 1 运行第 5 次时直接挂起了任务 2，而此时任务 2 已经就绪，但是因为被挂起而不能运行，

故显示任务 2 只运行了 4 次。当任务 1 运行到第 10 次后会恢复任务 2，如图 10.8 所示。

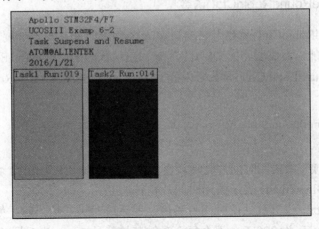

图 10.8　任务 2 恢复

从图 10.8 中可以看出，任务 1 运行了 19 次，已经恢复了任务 2 的运行，此时任务 2 运行了 14 次，相比任务 1 少了 5 次。串口调试助手的输出信息如图 10.9 所示。

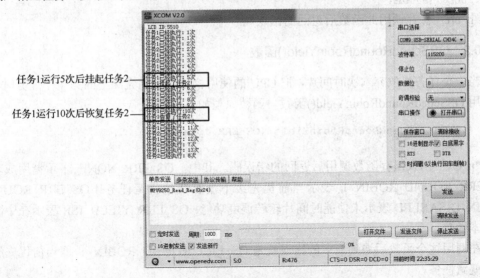

图 10.9　串口调试助手的输出信息

从串口调试助手中能更清晰地看出任务 1 挂起和恢复任务 2 的过程。最后任务 1 和任务 2 都可以运行，因为任务 2 被挂起了 5 个 "轮回"，故最后任务 1 的运行次数比任务 2 多 5 次。

10.10　时间片轮转调度实验

μC/OS-Ⅲ是支持多个任务拥有同一个优先级的，这些任务采用时间片轮转调度方法进行任务调度。在 os_cfg.h 文件中有宏 OS_CFG_SCHED_ROUND_ROBIN_EN，使用时间片轮转调度时需要将 OS_CFG_SCHED_ROUND_ROBIN_EN 定义为 1，这样 μC/OS-Ⅲ中有关时间片轮转调度的代码才会被编译，否则不能使用时间片轮转调度。

10.10.1　OSSchedRoundRobinCfg()函数

OSSchedRoundRobinCfg()函数用来控制 μC/OS-III 的时间片轮转调度功能，如果要使用时间片轮转调度功能，不仅要将宏 OS_CFG_SCHED_ROUND_ROBIN_EN 定义为 1，还需要调用 OSSchedRoundRobinCfg()函数来使能 μC/OS-III。OSSchedRoundRobinCfg()函数原型如下：

```
void OSSchedRoundRobinCfg (CPU_BOOLEAN en,OS_TICK dflt_time_quanta,
                           OS_ERR *p_err)
```

en：用于设置打开或关闭时间片轮转调度机制，为 DEF_ENABLED 表示打开时间片轮转调度，为 DEF_DISABLED 表示关闭时间片轮转调度。

dflt_time_quanta：设置默认的时间片长度，即系统时钟节拍个数，如设置系统时钟频率 OSCfg_TickRate_Hz 为 200Hz，那么每个时钟节拍就是 5ms。当设置 dflt_time_quanta 为 n 时，时间片长度就是($5×n$)ms。如果设置 dflt_time_quanta 为 0，μC/OS-III 会使用系统默认的时间片长度 OSCfg_TickRate_Hz/10，如 OSCfg_TickRate_Hz 为 200，那么时间片长度为 100（200/10×5）ms。

*p_err：保存调用此函数后返回的错误码。

10.10.2　OSSchedRoundRobinYield()函数

当一个任务要放弃本次时间片，把 CPU 的使用权让给同优先级下的另一个任务时，可以使用 OSSchedRoundRobinYield()函数。函数原型如下：

```
void OSSchedRoundRobinYield (OS_ERR *p_err)
```

*p_err：用来保存函数调用后返回的错误码。其中，OS_ERR_NONE 表示调用成功；OS_ERR_ROUND_ROBIN_1 表示当前优先级下没有其他就绪任务；OS_ERR_ROUND_ROBIN_DISABLED 表示未使能时间片轮转调度功能；OS_ERR_YIELD_ISR 表示在中断调用了本函数。

在调用这个函数后遇到最多的错误就是 OS_ERR_ROUND_ROBIN_1，即当前优先级下没有就绪任务。

10.10.3　实验程序设计

【例 10-3】　本实验设计了 3 个任务，开始任务用于创建其他任务，创建完成以后删除自身。任务 1 和任务 2 拥有同样的优先级，这两个任务采用时间片轮转调度，两个任务都是通过串口输出一些数据，然后在 LCD 上显示任务的运行次数。可以通过串口输出的信息来观察时间片轮转调度的运行。

实验关键代码如下，实验完整工程见"例 6-3　UCOSIII 时间片轮转调度"。为了测试时间片轮转调度，这里需要将两个任务设置为同一优先级。

```
#define TASK1_TASK_PRIO 4                //任务1优先级
#define TASK2_TASK_PRIO 4                //任务2优先级
```

因为要使用时间片轮转调度功能，所以 start_task 任务函数中在创建另外两个测试任务时需要进行相应的设置，如开启时间片轮转调度功能，创建任务时还需要设置每个任务的时间片数量。start_task 任务函数如下：

```
//开始任务函数
void start_task(void *p_arg)
{
    OS_ERR err;
    CPU_SR_ALLOC();
    p_arg = p_arg;
    #if OS_CFG_SCHED_ROUND_ROBIN_EN  //当使用时间片轮转时
//使能时间片轮转调度功能，设置默认的时间片长度，此处为5ms(系统时钟周期为1ms)
        OSSchedRoundRobinCfg(DEF_ENABLED,5,&err);           ①
    #endif
    OS_CRITICAL_ENTER();                     //进入临界区
    //创建 TASK1 任务
    OSTaskCreate((OS_TCB *      )&Task1_TaskTCB,
                (CPU_CHAR*      )"Task1 task",
                (OS_TASK_PTR  )task1_task,
                (void*          )0,
                (OS_PRIO        )TASK1_TASK_PRIO,
                (CPU_STK*       )&TASK1_TASK_STK[0],
                (CPU_STK_SIZE )TASK1_STK_SIZE/10,
                (CPU_STK_SIZE )TASK1_STK_SIZE,
                (OS_MSG_QTY  )0,
                (OS_TICK      )10,      //时间片长度10ms     ②
                (void *        )0,
                (OS_OPT        )OS_OPT_TASK_STK_CHK|OS_OPT_TASK_STK_CLR|
                    OS_OPT_TASK_SAVE_FP,
                (OS_ERR*       )&err);

    //创建 TASK2 任务
    OSTaskCreate((OS_TCB *      )&Task2_TaskTCB,
                (CPU_CHAR*    )"task2 task",
                (OS_TASK_PTR )task2_task,
                (void*          )0,
                (OS_PRIO        )TASK2_TASK_PRIO,
                (CPU_STK *     )&TASK2_TASK_STK[0],
                (CPU_STK_SIZE )TASK2_STK_SIZE/10,
                (CPU_STK_SIZE )TASK2_STK_SIZE,
                (OS_MSG_QTY  )0,
                (OS_TICK      )10,      //时间片长度10ms     ③
                (void *        )0,
                (OS_OPT        )OS_OPT_TASK_STK_CHK|OS_OPT_TASK_STK_CLR|\
                    OS_OPT_TASK_SAVE_FP,
                (OS_ERR*       )&err);
    OS_CRITICAL_EXIT();                      //退出临界区
    OSTaskDel((OS_TCB*)0,&err);              //删除 start_task 任务
}
```

下面介绍代码中标注①～③的内容。

① 使能时间片轮转调度机制，只有在宏 OS_CFG_SCHED_ROUND_ROBIN_EN 定义为 1 时，即允许使用时间片轮转调度时，才调用 OSSchedRoundRobinCfg() 函数。

② 任务 task1_task 的时间片长度为 10ms。

③ 任务 task2_task 的时间片长度也为 10ms。

任务 1 和任务 2 的任务函数代码如下：

```
//task1 任务函数
void task1_task(void *p_arg)
{
    u8 i,task1_num=0;
    OS_ERR err;
    CPU_SR_ALLOC();
    p_arg = p_arg;

    POINT_COLOR = RED;
    LCD_ShowString(30,130,110,16,16,"Task1 Run:000");
    POINT_COLOR = BLUE;
    while(1)
    {
        task1_num++;                //任务1执行次数加1,task1_num1到255时清零
        LCD_ShowxNum(110,130,task1_num,3,16,0x80);   //显示任务执行次数
        for(i=0;i<5;i++) printf("Task1:01234\r\n");   ①
        LED0=~LED0;
        OSTimeDlyHMSM(0,0,1,0,OS_OPT_TIME_HMSM_STRICT,&err); //延时 1s
    }
}

//task2 任务函数
void task2_task(void *p_arg)
{
    u8 i,task2_num=0;
    OS_ERR err;
    CPU_SR_ALLOC();
    p_arg = p_arg;

    POINT_COLOR = RED;
    LCD_ShowString(30,150,110,16,16,"Task2 Run:000");
    POINT_COLOR = BLUE;
    while(1)
    {
        task2_num++;                //任务2执行次数加1,task1_num2到255时清零
        LCD_ShowxNum(110,150,task2_num,3,16,0x80);  //显示任务执行次数
        for(i=0;i<5;i++) printf("Task2:56789\r\n");   ②
        LED1=~LED1;
        OSTimeDlyHMSM(0,0,1,0,OS_OPT_TIME_HMSM_STRICT,&err); //延时 1s
    }
}
```

下面介绍代码中标注①、②的内容。

① 任务 1 中通过串口打印 5 次"Task1:01234\r\n"这个字符串，方便观察任务未运行结束，但是时间片用完被其他任务抢夺 CPU 使用权的情况。

② 作用和任务 1 一样，为了与任务 1 区分，这里通过串口输出字符串"Task2: 56789\r\n"。

10.10.4　实验程序运行结果

代码编译完成后下载到开发板上观察和分析实验现象，程序运行过程中，LCD 显示如图 10.10 所示。

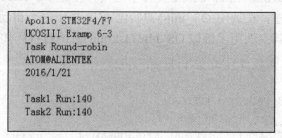

图 10.10　LCD 显示

从图 10.10 中可以看到，任务 1 和任务 2 各自运行了 140 次，说明使用了时间片轮转调度功能。这是因为任务 1 和任务 2 拥有相同的优先级，如果不使用时间片轮转调度会出错。但是，从图 10.10 中并不能看出时间片轮转调度执行的细节，这时需要观察串口输出，如图 10.11 所示。

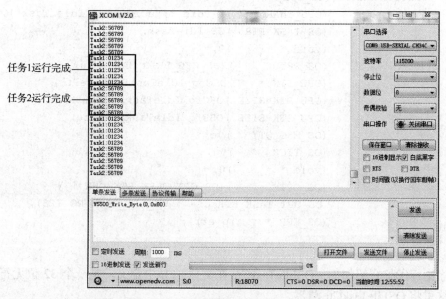

图 10.11　串口调试助手的输出信息

在任务 1 中通过串口循环输出 5 次字符串"Task1:01234"，任务 2 中通过串口循环输出 5 次字符串"Task2:56789"。通过图 10.11 可以看出，任务 1 和任务 2 运行正常，说明时间片轮转调度正常。

10.11　μC/OS-III系统内部任务

系统内部任务包括空闲任务、时钟节拍任务、统计任务、定时任务、中断服务管理任务、钩子函数。

10.11.1　空闲任务

空闲任务 OS_IdleTask()在 os_core.c 文件中定义。任务 OS_IdleTask()是必须创建的，但不需要用户手动创建，在调用 OS_Init()初始化 μC/OS-III时会自动创建。打开 OSInit()函数，可以看到，在其中调用了函数 OS_IdleTaskInit()。函数代码如下：

```
void OS_IdleTaskInit (OS_ERR *p_err)
{
    #ifdef OS_SAFETY_CRITICAL
        if (p_err == (OS_ERR *)0) {
            OS_SAFETY_CRITICAL_EXCEPTION();
            return;
        }
    #endif

    OSIdleTaskCtr = (OS_IDLE_CTR)0;                            ①
    OSTaskCreate((OS_TCB *      )&OSIdleTaskTCB,
                 (CPU_CHAR *    )((void *)"uC/OS-III Idle Task"),
                 (OS_TASK_PTR   )OS_IdleTask,
                 (void *        )0,
                 (OS_PRIO       )(OS_CFG_PRIO_MAX - 1u),
                 (CPU_STK *     )OSCfg_IdleTaskStkBasePtr,
                 (CPU_STK_SIZE  )OSCfg_IdleTaskStkLimit,
                 (CPU_STK_SIZE  )OSCfg_IdleTaskStkSize,
                 (OS_MSG_QTY    )0u,
                 (OS_TICK       )0u,
                 (void *        )0,
                 (OS_OPT        )(OS_OPT_TASK_STK_CHK | \
                  OS_OPT_TASK_STK_CLR | OS_OPT_TASK_NO_TLS),
                 (OS_ERR *      )p_err);
}
```

程序中标①处介绍如下：OSIdleTaskCtr 在文件 os.h 中定义，是一个 32 位无符号整型变量。这里将 OSIdleTaskCtr 清零。

从上面的代码可以看出，函数 OS_IdleTaskInit()很简单，只是调用了 OSTaskCreate()来创建一个任务，这个任务就是空闲任务。空闲任务的任务优先级为 OS_CFG_PRIO_MAX−1，说明空闲任务的优先级最低。其中，OS_CFG_PRIO_MAX 是一个宏，在文件 os_cfg.h 中定义。OS_CFG_PRIO_MAX 定义了 μC/OS-III可用的任务数。μC/OS-III的任务数是无限制的，但是在实际使用中应考虑硬件资源（ROM 和 RAM）等因素，不可能使用无数任务，所以

在 μC/OS-Ⅲ中可以使用宏 OS_CFG_PRIO_MAX 来定义可使用的任务数，默认情况下 OS_CFG_PRIO_MAX 为 64。

空闲任务堆栈大小为 OSCfg_IdleTaskStkSize。OSCfg_IdleTaskStkSize 也是一个宏，在 os_cfg_app.c 文件中定义，默认为 128，空闲任务堆栈默认为 512（128×4）字节。

空闲任务的任务函数为 OS_IdleTask()。函数代码如下：

```
void OS_IdleTask (void *p_arg)
{
    CPU_SR_ALLOC();

    p_arg = p_arg;
    while (DEF_ON) {
        CPU_CRITICAL_ENTER();           ①
        OSIdleTaskCtr++;                ②
        #if OS_CFG_STAT_TASK_EN > 0u    ③
            OSStatTaskCtr++;            ④
        #endif
        CPU_CRITICAL_EXIT();            ⑤
        OSIdleTaskHook();               ⑥
    }
}
```

程序中标注①～⑥的介绍如下：

①和⑤为临界段代码保护，这里不做介绍。

② OSIdleTaskCtr 加 1，即每进入一次空闲任务，OSIdleTaskCtr 加 1。可以通过查看 OSIdleTaskCtr 变量的递增速度来判断 CPU 执行应用任务的繁忙程度。如果递增得快，说明应用任务花费时间少。

③ 宏 OS_CFG_STAT_TASK_EN 大于 0 说明开启了统计任务。

④ OSStatTaskCtr 默认也是一个 32 位的无符号整型变量，在文件 os.h 中定义。这里将 OSStatTaskCtr 加 1，以统计任务中用到的 OSStatTaskCtr，用来统计 CPU 的使用率。

⑥ OSIdleTaskHook 称为钩子函数，将在 10.11.6 节详细介绍。

10.11.2　时钟节拍任务

时钟节拍任务 OS_Ticktask()在 OSInit()函数中调用了一个函数 OS_TickTaskInit()。函数代码如下：

```
void OS_TickTaskInit (OS_ERR *p_err)
{
    #ifdef OS_SAFETY_CRITICAL
        if (p_err == (OS_ERR *)0) {
            OS_SAFETY_CRITICAL_EXCEPTION();
            return;
        }
    #endif
```

```
OSTickCtr = (OS_TICK)0u;
OSTickTaskTimeMax = (CPU_TS)0u;
OS_TickListInit();
if (OSCfg_TickTaskStkBasePtr == (CPU_STK *)0) {
  *p_err = OS_ERR_TICK_STK_INVALID;
   return;
}
if (OSCfg_TickTaskStkSize < OSCfg_StkSizeMin) {
  *p_err = OS_ERR_TICK_STK_SIZE_INVALID;
   return;
}

if (OSCfg_TickTaskPrio >= (OS_CFG_PRIO_MAX - 1u)) {
  *p_err = OS_ERR_TICK_PRIO_INVALID;
   return;
}

OSTaskCreate((OS_TCB *      )&OSTickTaskTCB,
             (CPU_CHAR*  )((void *)"uC/OS-III Tick Task"),
             (OS_TASK_PTR )OS_TickTask,
             (void*         )0,
             (OS_PRIO       )OSCfg_TickTaskPrio,
             (CPU_STK*      )OSCfg_TickTaskStkBasePtr,
             (CPU_STK_SIZE)OSCfg_TickTaskStkLimit,
             (CPU_STK_SIZE)OSCfg_TickTaskStkSize,
             (OS_MSG_QTY  )0u,
             (OS_TICK     )0u,
             (void*        )0,
             (OS_OPT        )(OS_OPT_TASK_STK_CHK |\
              OS_OPT_TASK_STK_CLR | OS_OPT_TASK_NO_TLS),
             (OS_ERR*      )p_err);
}
```

可以看到，在函数 OS_TickTaskInit()最后调用 OSTaskCreate()来创建一个任务，任务函数为 OS_TickTask()，所以时钟节拍任务是 μC/OS-III必须创建的，且不需要手动创建。

时钟节拍任务的优先级为 OSCfg_TickTaskPrio，可以尽可能高一点，ALIENTEK 默认设置时钟节拍任务的任务优先级为 1。

时钟节拍任务的作用是跟踪正在延时的任务，以及在指定时间内等待某个内核对象的任务。OS_TickTask()任务函数的代码如下：

```
void OS_TickTask (void *p_arg)
{
    OS_ERR err;
    CPU_TS ts_delta;
    CPU_TS ts_delta_dly;
```

```
        CPU_TS ts_delta_timeout;
        CPU_SR_ALLOC();
        (void)&p_arg;
        while (DEF_ON) {
            (void)OSTaskSemPend((OS_TICK  )0,
                                (OS_OPT   )OS_OPT_PEND_BLOCKING,
                                (CPU_TS  *)0,
                                (OS_ERR  *)&err);
        if (err == OS_ERR_NONE) {
            OS_CRITICAL_ENTER();
            OSTickCtr++;
            #if (defined(TRACE_CFG_EN) && (TRACE_CFG_EN > 0u))
                TRACE_OS_TICK_INCREMENT(OSTickCtr);
            #endif
            OS_CRITICAL_EXIT();
            ts_delta_dly = OS_TickListUpdateDly();
            ts_delta_timeout = OS_TickListUpdateTimeout();
            ts_delta = ts_delta_dly + ts_delta_timeout;
            if (OSTickTaskTimeMax < ts_delta) {
                OSTickTaskTimeMax = ts_delta;
            }
        }
    }
}
```

10.11.3　统计任务

在 μC/OS-Ⅲ中，统计任务可用来统计 CPU 的使用率、各个任务 CPU 的使用率和各任务堆栈的使用情况。默认情况下，统计任务是不会创建的，如果要使能统计任务，需要将宏 OS_CFG_STAT_TASK_EN 置 1。宏 OS_CFG_STAT_TASK_EN 在 os_cfg.h 文件中定义。当将宏 OS_CFG_STAT_TASK_EN 置 1 后，OSInit()函数中有关统计任务的代码即可编译。OS_StatTaskInit()函数用来创建统计任务，其优先级通过宏 OS_CFG_STAT_TASK_PRIO 设置，ALIENTEK 将统计任务的优先级设置为 OS_CFG_PRIO_MAX-2。

如果要使用统计任务，需要在 main()函数创建的第一个也是唯一一个应用任务中调用 OSStatTaskCPUUsageInit()函数。注意，在 OSStart()函数之前只能创建一个任务，在提供的所有例程中 main()函数只创建了一个任务，即 start_task()。该函数的示例代码如下：

```
//开始任务函数
void start_task(void *p_arg)
{
    OS_ERR err;
    CPU_SR_ALLOC();
    p_arg = p_arg;
    CPU_Init();
    #if OS_CFG_STAT_TASK_EN > 0u
```

```
        OSStatTaskCPUUsageInit(&err);  //统计任务
        #endif

    #ifdef CPU_CFG_INT_DIS_MEAS_EN        //如果使能了测量中断关闭时间
        CPU_IntDisMeasMaxCurReset();
    #endif

    #if OS_CFG_SCHED_ROUND_ROBIN_EN
    //当使用时间片轮转时使能时间片轮转调度功能,设置默认时间片长度
        OSSchedRoundRobinCfg(DEF_ENABLED,5,&err);
    #endif

    OS_CRITICAL_ENTER();                  //进入临界区
    …
    创建其他任务
    …
    OS_TaskSuspend((OS_TCB*)&StartTaskTCB,&err); //挂起开始任务
    OS_CRITICAL_EXIT();                   //进入临界区
    }
```

从上面代码中可以看出,最先调用了函数 OSStatTaskCPUUsageInit(),创建其他任务只能在 OSStatTaskCPUUsageInit()函数之后。CPU 的总使用率保存在变量 OSStatTaskCPUUsage 中,可以通过读取这个值来获取 CPU 的使用率。μC/OS-III从 V3.03.00 版本起,CPU 的使用率用一个范围为 0~10000 的整数表示(对应 0.00%~100.00%),之前版本 CPU 使用率均用 0~100 的整数表示。

如果将宏 OS_CFG_STAT_TASK_STK_CHK_EN 置 1,表示检查任务堆栈使用情况,统计任务会调用 OSTaskStkChk()函数来计算所有已创建任务的堆栈使用量,并将检测结果写入每个任务的 OS_TCB 的 StkFree 和 StkUsed 中。

10.11.4 定时任务

μC/OS-III提供软件定时器功能,定时任务是可选的,将宏 OS_CFG_TMR_EN 设置为 1 会使能定时任务,在 OSInit()中会调用函数 OS_TmrInit()来创建定时任务。定时任务的优先级通过宏 OS_CFG_TMR_TASK_PRIO 定义,ALIENTEK 默认将定时器任务优先级设置为 2。

10.11.5 中断服务管理任务

当将 os_cfg.h 文件中的宏 OS_CFG_ISR_POST_DEFERRED_EN 置 1 时,μC/OS-III会使能中断服务管理任务,并创建一个名为 OS_IntQTask()的任务,该任务负责"延迟"在 ISR 中调用系统 post 类函数的操作。中断服务管理任务的任务优先级是最高的,即为 0。

在 μC/OS-III中可以通过关闭中断和任务调度器加锁两种方式来管理临界段代码(有关临界段代码保护第 11 章会详细讲解),如果采用后一种方式,在中断服务函数中调用的 post 类函数不允许操作如任务就绪表、等待表等系统内部数据结构。

当中断服务函数调用 μC/OS-III提供的 post 类函数时,要发送的数据和发送的目的地都

会存入一个特别的缓冲队列中。当所有嵌套的 ISR 都执行完成后，μC/OS-Ⅲ会进行任务切换，运行中断服务管理任务，该任务会将缓存队列中存放的信息重发给相应的任务。这样做的优点是可以减少中断关闭的时间，否则，在 ISR 中还需要将任务从等待列表中删除，并放入就绪表，以及做一些其他耗时的操作。

10.11.6　钩子函数

1. 空闲任务的钩子函数介绍

10.11.1 节中提到了空闲任务的钩子函数 OSIdleTaskHook()，本节以该钩子函数为例，介绍钩子函数的相关知识。函数 OSIdleTaskHook()的代码如下：

```
void OSIdleTaskHook (void)
{
    #if OS_CFG_APP_HOOKS_EN > 0u
        if (OS_AppIdleTaskHookPtr != (OS_APP_HOOK_VOID)0) {
            (*OS_AppIdleTaskHookPtr)();
        }
    #endif
}
```

从上面的函数代码中可以看出，要使用空闲任务的钩子函数，需要将宏 OS_CFG_APP_HOOKS_EN 置 1，即允许使用空闲任务的钩子函数。使能空闲任务的钩子函数后，每次进入空闲任务时会调用指针 OS_AppIdleTaskHookPtr 所指向的函数。打开 os_app_hooks.c 文件，在文件中定义了函数 App_OS_SetAllHooks()。其代码如下：

```
void App_OS_SetAllHooks (void)
{
    #if OS_CFG_APP_HOOKS_EN > 0u
        CPU_SR_ALLOC();
        CPU_CRITICAL_ENTER();
        OS_AppTaskCreateHookPtr = App_OS_TaskCreateHook;
        OS_AppTaskDelHookPtr = App_OS_TaskDelHook;
        OS_AppTaskReturnHookPtr = App_OS_TaskReturnHook;

        OS_AppIdleTaskHookPtr = App_OS_IdleTaskHook;
        OS_AppStatTaskHookPtr = App_OS_StatTaskHook;
        OS_AppTaskSwHookPtr = App_OS_TaskSwHook;
        OS_AppTimeTickHookPtr = App_OS_TimeTickHook;
        CPU_CRITICAL_EXIT();
    #endif
}
```

加粗代码显示将 App_OS_IdleTaskHook 复制给 OS_AppIdleTaskHookPtr。查看 os_app_hooks.c 文件会发现 App_OS_IdleTaskHook 是一个函数，且代码如下：

```
void App_OS_IdleTaskHook (void)
```

```
    {

    }
```

在 OSIdleTaskHook 中最终调用的是函数 App_OS_IdleTaskHook()，即如果要在空闲任务的钩子函数中做一些其他处理，需要将程序代码写在 App_OS_IdleTaskHook()函数中。

注意，在空闲任务的钩子函数中不能调用任何可以使空闲任务进入等待态的代码。这是因为 CPU 总是在不停地运行，为了让 CPU 一直运行，在 μC/OS-III 中当所有应用任务都进入等待态时 CPU 会执行空闲任务，且要求空闲任务的任务函数 OS_IdleTask()中没有任何可以让空闲任务进入等待态的代码。如果在函数 OS_IdleTask()中有可以让空闲任务进入等待态的代码，可能会在同一时刻所有任务（应用任务和空闲任务）同时进入等待态，此时 CPU 会停止运行，这是不允许的。

2. 实验程序设计

【例 10-4】 在"例 4-1　UCOSIII移植"的基础上完成本实验，空闲任务每执行 50000 次，通过串口输出字符串"Idle Task Running 50000 times！"。因为要使用串口输出，为了防止打扰，删除例 4-1 中的浮点测试任务。实验步骤如下：

1）将宏 OS_CFG_APP_HOOKS_EN 定义为 1，使能钩子函数。

2）调用 App_OS_SetAllHooks()函数设置所有钩子函数使用的 app 函数，在开始任务的 start_task()函数中使用条件编译语句来设置，代码如下：

```
#if OS_CFG_APP_HOOKS_EN                 //使用钩子函数
    App_OS_SetAllHooks();
#endif
```

当 OS_CFG_APP_HOOKS_EN 大于 1 时，说明要使用钩子函数，此时会编译函数 App_OS_SetAllHooks()。注意，需要在 main.c 文件中添加头文件 os_app_hooks.h。

3）编写钩子函数的内容，即在函数 App_OS_IdleTaskHook()中编写需要的功能代码，代码如下：

```
void App_OS_IdleTaskHook (void)
{
    static int num;
    num++;
    if(num%1000==0)
    {
        printf("Idle Task Running 10 times!\r\n");
    }
}
```

3. 实验程序运行结果

代码编译完成后下载到开发板上观察和分析实验现象，可以看到 LED0 和 LED1 闪烁，打开串口调试助手，如图 10.12 所示。

图 10.12　空闲任务的钩子函数发送数据

从图 10.12 中可以看到，串口调试助手接收到字符串"Idle Task Running 50000 times!"，说明钩子函数运行正常。

4. 其他任务钩子函数

μC/OS-Ⅲ中共有 8 个钩子函数，除了空闲任务的钩子函数外，其余 7 个钩子函数分别为 OSInitHook()、OSStatTaskHook()、OSTaskCreateHook()、OSTaskDelHook()、OSTaskReturnHook()、OSTaskSwHook()和 OSTimeTickHook()。这些钩子函数的使用方法与空闲任务的钩子函数的使用方法类似，这里不再详细说明。感兴趣的读者可以自行学习这些钩子函数。

第11章 μC/OS-Ⅲ中断和时间管理

本章介绍 μC/OS-Ⅲ中断和时间管理的相关知识。使用 μC/OS 操作系统和不使用该系统对 ISR 的处理是不同的，使用该系统时要对中断服务程序的操作进行修改。

11.1 中 断 管 理

11.1.1 μC/OS-Ⅲ中断处理过程

STM32 支持中断。中断是一种硬件机制，主要用来向 CPU 通知一个异步事件的发生。此时，CPU 会先将当前 CPU 寄存器值入栈，然后转而执行 ISR。在 CPU 执行 ISR 时，可能会有更高优先级的任务就绪，那么在退出 ISR 后，CPU 会直接执行这个最高优先级的任务。

μC/OS-Ⅲ支持中断嵌套，即高优先级的中断可以打断低优先级的中断，并使用 OSIntNestingCtr 来记录中断嵌套次数（最大支持 250 级的中断嵌套），每进入一次中断服务函数，OSIntNestingCtr 就会加 1，当退出中断服务函数时 OSIntNestingCtr 减 1。

在编写 μC/OS-Ⅲ的 ISR 时需要使用两个函数 OSIntEnter()和 OSIntExit()。OSIntExit() 函数 10.7.1 节已经介绍，这里不再赘述。OSIntEnter()函数的代码如下：

```
void OSIntEnter (void)
{
    if (OSRunning != OS_STATE_OS_RUNNING) {      //判断 μC/OS-Ⅲ是否运行
        return;
    }
    if (OSIntNestingCtr >= (OS_NESTING_CTR)250u) { //判断中断嵌套次数是否大于250
        return;
    }
    OSIntNestingCtr++;                            //中断嵌套次数加 1
}
```

从上面代码可以看出，OSIntEnter()函数的作用是将 OSIntNestingCtr 进行简单的加 1 操作，用来判断中断嵌套的次数。

在 μC/OS-Ⅲ环境中如何编写中断服务函数呢？一般按照下面所示代码编写中断服务函数：

```
void ×××_Handler(void)                                               ①
{
    OSIntEnter();                    //进入中断                        ②
```

```
    用户自行编写的 ISR;              //这部分就是 ISR            ③

    OSIntExit();                  //触发任务切换软中断          ④
}
```

程序中标注①～④处的内容介绍如下：

① ×××为不同中断源的中断函数名称。

② 调用 **OSIntEnter()**函数来标记进入中断服务函数，并且记录中断嵌套次数。

③ 此部分是需要自行编写的 ISR，即平时不使用 µC/OS-Ⅲ时的 ISR。

④ 退出中断服务函数时调用 **OSIntExit()**函数，发起一次中断级任务切换。

11.1.2　直接发布和延迟发布

相比 µC/OS-Ⅱ，在 µC/OS-Ⅲ中从中断发布消息有两种模式，即直接发布和延迟发布。用户可以通过宏 OS_CFG_ISR_POST_DEFERRED_EN 来选择是直接发布还是延迟发布。宏 OS_CFG_ISR_POST_DEFERRED_EN 在 os_cfg.h 文件中有定义，当定义为 0 时使用直接发布模式，定义为 1 时使用延迟发布模式。无论使用哪种模式，应用程序都不需要做出任何修改，编译器会根据不同的设置编译相应的代码。

1. 直接发布模式

在 µC/OS-Ⅱ中使用的就是直接发布模式。直接发布模式如图 11.1 所示。

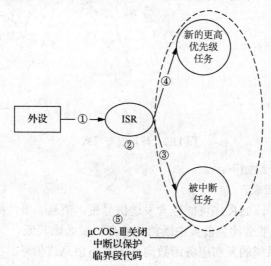

图 11.1　直接发布模式

图 11.1 中①～⑤介绍如下：

① 外设产生中断请求。

② ISR 开始运行，该 ISR 中可能包含发送信号量、消息、事件标志组等事件。等待这个事件的任务的优先级要么比当前被中断的任务高，要么比其低。

③ 如果中断对应的事件使某个比被中断的任务优先级低的任务进入就绪态，则中断退出后仍恢复运行被中断的任务。

④ 如果中断对应的事件使某个比被中断的任务优先级更高的任务进入就绪态，则

μC/OS-Ⅲ将进行任务切换，ISR 退出后执行更高优先级的任务。

⑤ 如果使用直接发布模式，则 μC/OS-Ⅲ必须关中断以保护临界段代码，防止中断处理程序访问临界段代码。

使用直接发布模式，μC/OS-Ⅲ会对临界段代码采用关闭中断的保护措施，这样会延长中断的响应时间。虽然 μC/OS-Ⅲ已经采用了所有可能的措施来降低中断关闭时间，但仍然有一些复杂的功能会使中断关闭相对较长的时间。

2. 延迟发布模式

当设置宏 OS_CFG_ISR_POST_DEFERRED_EN 为 1 时，μC/OS-Ⅲ不是通过关中断的方法，而是通过为任务调度器加锁的方法来保护临界段代码的。在延迟发布模式下基本不存在关闭中断的情况。延迟发布模式如图 11.2 所示。

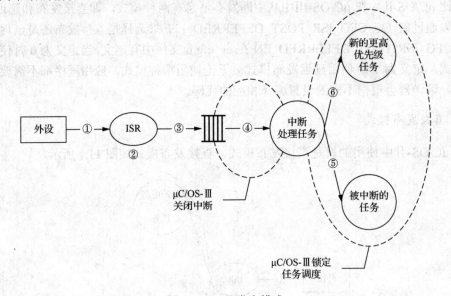

图 11.2　延迟发布模式

图 11.2 中①～⑥介绍如下：

① 外设产生中断请求。

② ISR 开始运行，该 ISR 中可能包含发送信号量、消息、事件标志组等事件。等待这个事件的任务的优先级要么比当前被中断的任务高，要么比其低。

③ ISR 通过调用系统的发布服务函数向任务发布消息或信号。在延迟发布模式下，这个过程不是直接进行发布操作的，而是先将这个发布函数调用和相应的参数写入专用队列中，该队列称为中断队列；然后使中断队列处理任务进入就绪态，这个任务是 μC/OS-Ⅲ的内部任务，并且具有最高优先级（0）。

④ ISR 处理结束时，μC/OS-Ⅲ切换执行中断队列处理任务，该任务从中断队列中提取发布函数调用信息，此时仍需关闭中断以防止 ISR 同时对中断队列进行访问。中断队列处理任务提取发布函数调用的信息后重新开中断，锁定任务调度器，再次进行发布函数调用，相当于发布函数调用一直是在任务级代码中进行的，这样应该在临界段中处理的代码就被放到了任务级完成。

⑤ 中断队列处理任务处理完中断队列后，将自身挂起，并重启任务调度来运行处于最高优先级的就绪任务。如果原先被中断的任务仍然是最高优先级的就绪任务，则 μC/OS-III恢复这个任务的运行。

⑥ 由于中断队列处理任务的发布操作使更重要的任务进入就绪态，因此内核将切换到更高优先级的任务运行。

使用延迟发布模式时，额外增加的操作都是为了避免使用关中断来保护临界段代码。这些额外增加的操作仅包括将发布调用及其参数复制到中断队列中、从中断队列提取发布调用和相关参数，以及一次额外的任务切换。

3. 直接发布模式和延迟发布模式的对比

直接发布模式下，μC/OS-III通过关闭中断来保护临界段代码。延迟发布模式下，μC/OS-III通过锁定任务调度来保护临界段代码。

在延迟发布模式下，μC/OS-III在访问中断队列时，仍然需要关闭中断，但这个时间是非常短的。

如果应用中存在非常快速的中断请求源，则当 μC/OS-III在直接发布模式下的中断关闭时间不能满足要求时，可以使用延迟发布模式来缩短中断关闭时间。

11.1.3　OSTimeTick 函数

μC/OS-III需要一个系统时钟节拍，作为系统心跳，这个时钟一般使用 MCU 的硬件定时器。Cortex-M 内核提供了一个定时器用于产生系统时钟节拍，这个定时器就是 Systick。μC/OS-III通过时钟节拍来对任务进行整个节拍的延迟，并为等待事件的任务提供超时判断。时钟节拍中断必须调用 OSTimeTick()函数，使用 Systick 来为系统提供时钟，因此在 Systick 的 ISR 中必须调用 OSTimeTick()函数。函数代码如下：

```
void OSTimeTick(void)
{
OS_ERR err;
#if OS_CFG_ISR_POST_DEFERRED_EN > 0u
    CPU_TS ts;
#endif
OSTimeTickHook();                                          ①
#if OS_CFG_ISR_POST_DEFERRED_EN > 0u
t=OS_TS_GET();
    OS_IntQPost((OS_OBJ_TYPE      ) OS_OBJ_TYPE_TICK,     ②
            (void*          )&OSRdyList[OSPrioCur],
            (void*          ) 0,
            (OS_MSG_SIZE    ) 0u,
            (OS_FLAGS       ) 0u,
            (OS_OPT         ) 0u,
            (CPU_TS         ) ts,
            (OS_ERR*        )&err);
#else
    (void)OSTaskSemPost((OS_TCB*)&OSTickTaskTCB,          ③
        (OS_OPT   ) OS_OPT_POST_NONE,
```

```
                 (OS_ERR *)&err);
#if OS_CFG_SCHED_ROUND_ROBIN_EN > 0u
    OS_SchedRoundRobin(&OSRdyList[OSPrioCur]);            ④
#endif
#if OS_CFG_TMR_EN > 0u
    OSTmrUpdateCtr--;
    if (OSTmrUpdateCtr == (OS_CTR)0u) {
        OSTmrUpdateCtr = OSTmrUpdateCnt;
        OSTaskSemPost((OS_TCB* )&OSTmrTaskTCB,            ⑤
                      (OS_OPT ) OS_OPT_POST_NONE,
                      (OS_ERR *)&err);
    }
#endif
#endif
}
```

程序中标注①~⑤处的内容如下：

① 时钟节拍 ISR 中首先会调用钩子函数 OSTimeTickHook()，这个函数中用户可以放置一些代码。

② 如果使用了延迟发布模式，则 μC/OS-III 读取当前时间戳信息，并在中断队列中放入发布函数调用请求和相关参数，延迟向时钟节拍任务发信号的操作。中断队列处理任务根据中断队列向时钟节拍任务发信号。

③ 向时钟节拍任务（OS_TickTask()）发送一个信号量。

④ 如果 μC/OS-III 使用了时间片轮转调度机制，则判断当前任务分配的运行时间片是否已经用完。

⑤ 如果使用定时器，则向定时器任务（OS_TmrTask()）发送信号量。

11.1.4　临界段代码保护

某些代码需要保证其完整运行，不能被打断，这些不能被打断的代码就是临界段代码，又称临界区。在进入临界段代码时，使用宏 OS_CRITICAL_ENTER()；在退出临界段代码时，使用宏 OS_CRITICAL_EXIT()或 OS_CRITICAL_EXIT_NO_SCHED()。

当宏 OS_CFG_ISR_POST_DEFERRED_EN 定义为 0 时，进入临界段代码时 μC/OS-III 会使用关中断的方式，退出临界段代码后重新打开中断。当 OS_CFG_ISR_POST_DEFERRED_EN 定义为 1 时，进入临界段代码前为任务调度器加锁，并在退出临界段代码时为任务调度器解锁。进入和退出临界段代码的宏在 os.h 文件中有定义，代码如下：

```
//采用调度器加锁的方式保护临界段代码区
#if OS_CFG_ISR_POST_DEFERRED_EN > 0u                          ①
#define OS_CRITICAL_ENTER()                        \         ②
    do {                                           \
        CPU_CRITICAL_ENTER();                      \
        OSSchedLockNestingCtr++;                   \
        if (OSSchedLockNestingCtr == 1u) {         \
        OS_SCHED_LOCK_TIME_MEAS_START();           \
        }                                          \
```

```
                CPU_CRITICAL_EXIT();                          \
        } while (0)
    #define OS_CRITICAL_EXIT()                               \       ③
        do {                                                 \
            CPU_CRITICAL_ENTER();                            \
            OSSchedLockNestingCtr--;                         \
            if (OSSchedLockNestingCtr == (OS_NESTING_CTR)0) {  \
                OS_SCHED_LOCK_TIME_MEAS_STOP();              \
                if (OSIntQNbrEntries > (OS_OBJ_QTY)0) {  \
                    CPU_CRITICAL_EXIT();                     \
                    OS_Sched0();                             \
                } else {                                     \
                    CPU_CRITICAL_EXIT();                     \
                }                                            \
            } else {                                         \
                CPU_CRITICAL_EXIT();                         \
            }                                                \
        } while (0)

    #define OS_CRITICAL_EXIT_NO_SCHED()                      \       ④
        do {                                                 \
            CPU_CRITICAL_ENTER();                            \
            OSSchedLockNestingCtr--;                         \
            if (OSSchedLockNestingCtr == (OS_NESTING_CTR)0) {  \
                OS_SCHED_LOCK_TIME_MEAS_STOP();              \
            }                                                \
            CPU_CRITICAL_EXIT();                             \
        } while (0)
#else                                                                ⑤
//采用关中断的方式保护临界段代码区
#define OS_CRITICAL_ENTER()              CPU_CRITICAL_ENTER()
#define OS_CRITICAL_EXIT()              CPU_CRITICAL_EXIT()
#define OS_CRITICAL_EXIT_NO_SCHED() CPU_CRITICAL_EXIT()
```

程序中标注①~⑤处的内容介绍如下:

① 如果宏 OS_CFG_ISR_POST_DEFERRED_EN 大于 0，那么采用任务调度器加锁的方式来保护临界段代码区。

② 采用任务调度器加锁的方式保护临界代码区，因为 OSSchedLockNestingCtr 是全局变量，在访问全局资源时一定要进行保护。这里使用宏 CPU_CRITICAL_ENTER 来保护 OSSchedLockNestingCtr。在为 OSSchedLockNestingCtr 加 1，即调度器上锁后，调用宏 CPU_CRITICAL_EXIT()退出中断。注意，这里仅仅是因为要操作全局资源 OSSchedLockNestingCtr 才会关闭和打开中断，真正对于临界段代码区的保护应采用调度器加锁的方式。

③ 退出临界段代码区，任务调度器解锁，其实就是对 OSSchedLockNestingCtr 做减 1 操作。

④ 退出临界段代码区，不过使用宏 OS_CRITICAL_EXIT_NO_SCHED 在退出临界段时不会进行任务调度。

⑤ 如果宏 OS_CFG_ISR_POST_DEFERRED_EN 等于 0，说明对于临界段代码区的保护采用关闭中断的方式。这里又有两个宏 CPU_CRITICAL_ENTER 和 CPU_CRITICAL_EXIT，它们最终调用的还是函数 CPU_SR_Save() 和 CPU_SR_Restore()。这两个函数的作用是使用汇编方式实现的关闭和打开中断，在 cpu_a.asm 文件中有定义。

11.2 时 间 管 理

11.2.1 OSTimeDly()函数

当需要对一个任务进行延时操作时，可以使用函数 OSTimeDly()。其原型如下。

```
void OSTimeDly (OS_TICK dly,OS_OPT opt,OS_ERR *p_err)
```

dly：指定延时的时间长度，这里单位为时间节拍数。

opt：指定延迟使用的选项，有 4 种选项，OS_OPT_TIME_DLY 表示相对模式，OS_OPT_TIME_TIMEOUT 的含义与 OS_OPT_TIME_DLY 相同，OS_OPT_TIME_MATCH 表示绝对模式，OS_OPT_TIME_PERIODIC 表示周期模式。

*p_err：指向调用该函数后返回的错误码。

相对模式在系统负荷较重时有可能延时会少一个节拍，甚至偶尔会少多个节拍，在周期模式下，任务仍然可能被推迟执行，但它总会和预期的"匹配值"同步。因此，推荐使用周期模式来实现长时间运行的周期性延时。

绝对模式可以用来在上电后指定的时间执行具体动作，如可以规定上电 *n*s 后关闭某个外设。

11.2.2 OSTimeDlyHMSM()函数

也可调用 OSTimeDlyHMSM()函数来更加直观地对某个任务延时。OSTimeDlyHMSM()函数原型如下：

```
void OSTimeDlyHMSM (CPU_INT16U hours,          //需要延时的小时数
                    CPU_INT16U minutes,        //需要延时的分钟数
                    CPU_INT16U seconds,        //需要延时的秒数
                    CPU_INT32U milli,          //需要延时的毫秒数
                    OS_OPT opt,                //选项
                    OS_ERR *p_err)
```

hours、minutes、seconds、milli：这 4 个参数用来设置需要延时的时间，使用的是小时、分钟、秒和毫秒这种格式。这个延时最小单位和设置的时钟节拍频率有关，如设置时钟节拍频率 OS_CFG_TICK_RATE_HZ 为 200，那么最小延时单位就是 5ms。

opt：相比 OSTimeDly()函数多了 OS_OPT_TIME_HMSM_STRICT 和 OS_OPT_TIME_HMSM_NON_STRICT 两个选项。使用 OS_OPT_TIME_HMSM_STRICT 选项将会检查延时参数，hours 的范围为 0～99，minutes 的范围为 0～59，seconds 的范围为 0～59，milli 的范围为 0～999。

使用 OS_OPT_TIME_HMSM_NON_STRICT 选项，hours 的范围为 0～999，minutes 的范围为 0～9999，seconds 的范围为 0～65535，milli 的范围为 0～4294967259。

*p_err：调用此函数后返回的错误码。

11.2.3　其他时间函数

1. OSTimeDlyResume()函数

一个任务可以通过调用这个函数来"解救"那些因为调用了 OSTimeDly()或 OSTimeDlyHMSM()函数而进入等待态的任务。函数原型如下：

```
void OSTimeDlyResume (OS_TCB *p_tcb,OS_ERR *p_err)
```

*p_tcb：需要恢复的任务的任务控制块。
*p_err：指向调用这个函数后返回的错误码。

2. OSTimeGet()和 OSTimeSet()函数

OSTimeGet()函数用来获取当前时钟节拍计数器的值。OSTimeSet()函数可以设置当前时钟节拍计数器的值，这个函数应谨慎使用。

第 12 章 μC/OS-Ⅲ软件定时器

在学习单片机时会使用定时器来完成很多定时任务，这个定时器是单片机自带的，即硬件定时器。在 μC/OS-Ⅲ中提供了软件定时器，用以完成某些功能。本章介绍 μC/OS-Ⅲ的软件定时器。

12.1 定时器工作模式

定时器其实就是一个递减计数器，当计数器递减到 0 时会触发一个动作，这个动作由回调函数完成，在定时器计时完成后就会自动调用这个回调函数。因此，可以使用这个回调函数来完成一些设计，如定时 10s 后打开某个外设等。在回调函数中应避免任何可以阻塞或删除定时任务的函数。如果要使用定时器，需要将宏 OS_CFG_TMR_DEL_EN 定义为 1。定时器的分辨率由定义的系统节拍频率 OS_CFG_TICK_RATE_HZ 决定，如定义为 200，系统时钟周期就是 5ms，定时器的最小分辨率是 5ms。定时器的实际分辨率是通过宏 OS_CFG_TMR_TASK_RATE_HZ 定义的，这个值绝对不能大于 OS_CFG_TICK_RATE_HZ 的定义值。例如，如果定义 OS_CFG_TMR_TASK_RATE_HZ 为 100，则定时器的时间分辨率为 10ms。有关 μC/OS-Ⅲ定时器的函数都在 os_tmr.c 文件中。

12.1.1 创建一个定时器

在使用定时器前，应先创建它。在 μC/OS-Ⅲ中使用 OSTmrCreate()函数来创建一个定时器，这个函数也用来确定定时器的运行模式。OSTmrCreate()函数原型如下：

```
void OSTmrCreate (OS_TMR              *p_tmr,
            CPU_CHAR            *p_name,
            OS_TICK             dly,
            OS_TICK             period,
            OS_OPT              opt,
            OS_TMR_CALLBACK_PTR p_callback,
            void                *p_callback_arg,
            OS_ERR              *p_err)
```

*p_tmr：指向定时器的指针，宏 OS_TMR 是一个结构体。

*p_name：定时器名称。

dly：初始化定时器的延迟值。

period：重复周期。

opt：定时器运行选项，这里有两个模式供选择。OS_OPT_TMR_ONE_SHOT 为单次定时器，OS_OPT_TMR_PERIODIC 为周期定时器。

p_callback：指向回调函数的名称。

*p_callback_arg：回调函数的参数。

*p_err：调用此函数后返回的错误码。

12.1.2　单次定时器

使用OSTmrCreate()函数创建定时器时，将参数 opt 设置为OS_OPT_TMR_ONE_SHOT，即创建单次定时器。创建一个单次定时器后，一旦调用 OSTmrStart()函数，定时器就会从创建时定义的 dly 开始倒计数，直到减为 0 调用回调函数，如图 12.1 所示。

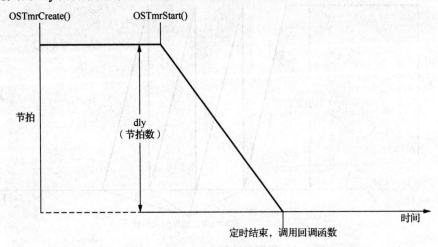

图 12.1　单次定时器

图 12.1 展示了单次定时器在调用 OSTmrStart()函数后开始倒计数，将 dly 减为 0 后调用回调函数的过程，至此定时器的功能完成。可以调用 OSTmrStop()函数来删除这个运行完成的定时器；也可以重新调用 OSTmrStart()函数来开启一个已经运行完成的定时器，并通过调用 OSTmrStart()函数来重新触发单次定时器，如图 12.2 所示。

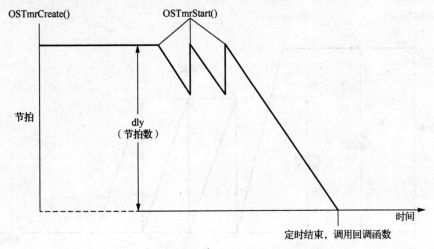

图 12.2　重新触发一次单次定时器

12.1.3 周期定时器(无初始化延迟)

使用 OSTmrCreate()函数创建定时器时将参数 opt 设置为 OS_OPT_TMR_PERIODIC，即创建周期定时器。当倒计数完成后，定时器就会调用回调函数，并重置计数器开始下一轮的定时，依此循环。如果使用 OSTmrCreate()函数创建定时器，且参数 dly 为 0，那么定时器在每个周期开始时计数器的初值为 period，如图 12.3 所示。

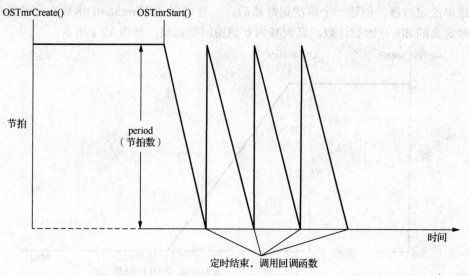

图 12.3   周期定时器（dly=0，period>0）

12.1.4 周期定时器(有初始化延迟)

在创建定时器时也可以创建带有初始化延时功能的定时器。定时器的第一个周期是 dly，在第一个周期完成后以参数 period 作为周期值，调用 OSTmrStart()函数开启有初始化延时功能的定时器，如图 12.4 所示。

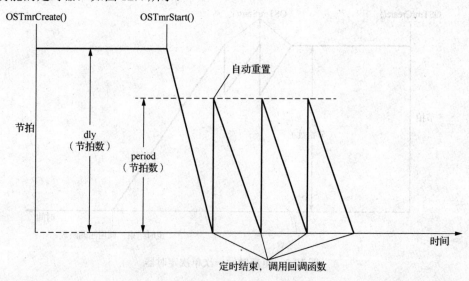

图 12.4   周期定时器（dly>0，period>0）

12.2　µC/OS-III定时器实验

12.2.1　实验程序设计

本实验新建两个任务，即开始任务和任务 1。开始任务用于创建两个定时器，即定时器 1 和定时器 2，以及任务 1。其中，定时器 1 为周期定时器，初始延时为 200ms，以后的定时器周期为 1000ms，定时器 2 为单次定时器，延时为 2000ms。

任务 1 作为按键检测任务，当按下 KEY_UP 键时，打开定时器 1；当按下 KEY0 键时，打开定时器 2；当按下 KEY1 键时，同时关闭定时器 1 和 2；另外，任务 1 还用来控制 LED0，使其闪烁，提示系统正在运行。

定时器 1 定时完成后，调用回调函数刷新其工作区域的背景，并在 LCD 上显示定时器 1 运行的次数。定时器 2 定时完成后，也调用其回调函数来刷新其工作区域的背景，并显示运行次数。定时器 2 是单次定时器，因此通过串口输出来观察单次定时器的运行情况。

实验关键代码如下，实验完整工程见"例 9-1　UCOSIII 软件定时器"，这里主要介绍 main.c 文件。

1）定义两个定时器，OS_TMR 是一个结构体，代码如下：

```
OS_TMR tmr1;                              //定时器 1
OS_TMR tmr2;                              //定时器 2
```

2）main()函数，main()函数比较简单，代码如下：

```
//主函数
int main(void)
{
    OS_ERR err;
    CPU_SR_ALLOC();

    Stm32_Clock_Init(360,25,2,8);        //设置时钟，180MHz
    HAL_Init();                          //初始化 HAL 库
    delay_init(180);                     //初始化延时函数
    uart_init(115200);                   //初始化 UART
    LED_Init();                          //初始化 LED
    KEY_Init();                          //初始化按键
    SDRAM_Init();                        //初始化 SDRAM
    LCD_Init();                          //初始化 LCD

    POINT_COLOR = RED;
    LCD_ShowString(30,10,200,16,16,"Apollo STM32F4/F7");
    LCD_ShowString(30,30,200,16,16,"UCOSIII Examp 9-1");
    LCD_ShowString(30,50,200,16,16,"KEY_UP:Start Tmr1");
    LCD_ShowString(30,70,200,16,16,"KEY0:Start Tmr2");
    LCD_ShowString(30,90,200,16,16,"KEY1:Stop Tmr1 and Tmr2");
```

```
        LCD_DrawLine(0,108,239,108);              //画线
        LCD_DrawLine(119,108,119,319);            //画线

        POINT_COLOR = BLACK;
        LCD_DrawRectangle(5,110,115,314);         //画一个矩形
        LCD_DrawLine(5,130,115,130);              //画线

        LCD_DrawRectangle(125,110,234,314);       //画一个矩形
        LCD_DrawLine(125,130,234,130);            //画线
        POINT_COLOR = BLUE;
        LCD_ShowString(6,111,110,16,16,   "TIMER1:000");
        LCD_ShowString(126,111,110,16,16,"TIMER2:000");

        OSInit(&err);                             //初始化 μC/OS-Ⅲ
        OS_CRITICAL_ENTER();                      //进入临界代码区
        //创建开始任务
        OSTaskCreate((OS_TCB *        )&StartTaskTCB,
                     (CPU_CHAR*        )"start task",
                     (OS_TASK_PTR     )start_task,
                     (void*           )0,
                     (OS_PRIO         )START_TASK_PRIO,
                     (CPU_STK *       )&START_TASK_STK[0],
                     (CPU_STK_SIZE    )START_STK_SIZE/10,
                     (CPU_STK_SIZE    )START_STK_SIZE,
                     (OS_MSG_QTY      )0,
                     (OS_TICK         )0,
                     (void *          )0,
                     (OS_OPT          )OS_OPT_TASK_STK_CHK|\
                      OS_OPT_TASK_STK_CLR| OS_OPT_TASK_SAVE_FP,
                     (OS_ERR *        )&err);
        OS_CRITICAL_EXIT();                       //退出临界代码区
        OSStart(&err);                            //开启 μC/OS-Ⅲ
    }
```

在 main()函数中主要完成外设的初始化，在 LCD 上显示一些提示信息，绘制定时器 1
和定时器 2 的工作区域等。另外，在 main()函数中调用 OSTaskCreate()函数创建了一个任务，
任务函数为 start_task()。其代码如下：

```
    //开始任务函数
    void start_task(void *p_arg)
    {
        OS_ERR err;
        CPU_SR_ALLOC();
        p_arg = p_arg;

        CPU_Init();
        #if OS_CFG_STAT_TASK_EN > 0u
            OSStatTaskCPUUsageInit(&err); //统计任务
```

```
    #endif

    #ifdef CPU_CFG_INT_DIS_MEAS_EN    //如果使能了测量中断关闭时间
        CPU_IntDisMeasMaxCurReset();
    #endif

    #if OS_CFG_SCHED_ROUND_ROBIN_EN  //当使用时间片轮转时
    //使能时间片轮转调度功能，时间片长度为1个系统时钟节拍，即15=5ms
        OSSchedRoundRobinCfg(DEF_ENABLED,1,&err);
    #endif
    //创建定时器1
    OSTmrCreate((OS_TMR*        )&tmr1, //定时器1                             ①
                (CPU_CHAR*      )"tmr1",//定时器名称
                (OS_TICK        )20,    //20×10=200ms
                (OS_TICK        )100,   //100×10=1000ms
                (OS_OPT         )OS_OPT_TMR_PERIODIC,   //周期模式
                (OS_TMR_CALLBACK_PTR)tmr1_callback, //定时器1回调函数
                (void*          )0,     //参数为0
                (OS_ERR*        )&err); //返回的错误码
    //创建定时器2
    OSTmrCreate((OS_TMR*        )&tmr2,                                       ②
                (CPU_CHAR*      )"tmr2",
                (OS_TICK        )200,   //200×10=2000ms
                (OS_TICK        )0,
                (OS_OPT         )OS_OPT_TMR_ONE_SHOT,   //单次定时器
                (OS_TMR_CALLBACK_PTR)tmr2_callback, //定时器2回调函数
                (void*          )0,
                (OS_ERR*        )&err);

    OS_CRITICAL_ENTER();                   //进入临界代码区
    //创建任务1
    OSTaskCreate((OS_TCB *      )&Task1_TaskTCB,                             ③
                (CPU_CHAR*      )"Task1 task",
                (OS_TASK_PTR )task1_task,
                (void*          )0,
                (OS_PRIO        )TASK1_TASK_PRIO,
                (CPU_STK*       )&TASK1_TASK_STK[0],
                (CPU_STK_SIZE)TASK1_STK_SIZE/10,
                (CPU_STK_SIZE)TASK1_STK_SIZE,
                (OS_MSG_QTY )0,
                (OS_TICK        )0,
                (void*          )0,
                (OS_OPT         )OS_OPT_TASK_STK_CHK|OS_OPT_TASK_STK_CLR|\
    OS_OPT_TASK_SAVE_FP,
                (OS_ERR*        )&err);
    OS_CRITICAL_EXIT();                   //退出临界代码区
    OSTaskDel((OS_TCB*)0,&err);       //删除 start_task 任务
}
```

程序中标注①~③处的内容介绍如下：

① 这里使用 OSTmrCreate()函数创建一个软件定时器 1，该定时器为周期定时器，初始延时为 200ms，周期为 1000ms，对应的回调函数为 tmr1_callback()。

② 创建定时器 2，该定时器为单次定时器，初始延时为 2000ms，回调函数为 tmr2_callback()。

③ 使用 OSTaskCreate()函数创建任务 1。

定时器 1、定时器 2 的回调函数，以及任务 1 的任务函数如下：

```
//任务 1 的任务函数
void task1_task(void *p_arg)
{
    u8 key,num;
    OS_ERR err;
    while(1)
    {
        key = KEY_Scan(0);
        switch(key)
        {
            case WKUP_PRES:              //当 KEY_UP 按下时打开定时器 1
                OSTmrStart(&tmr1,&err); //开启定时器 1
                printf("开启定时器 1\r\n");
                break;
            case KEY0_PRES:              //当 KEY0 按下时打开定时器 2
                OSTmrStart(&tmr2,&err); //开启定时器 2
                printf("开启定时器 2\r\n");
                break;
            case KEY1_PRES:              //当 KEY1 按下时关闭定时器
                OSTmrStop(&tmr1,OS_OPT_TMR_NONE,0,&err); //关闭定时器 1
                OSTmrStop(&tmr2,OS_OPT_TMR_NONE,0,&err); //关闭定时器 2
                printf("关闭定时器 1 和 2\r\n");
                break;
        }
        num++;
        if(num==50)                      //每 500msLED0 闪烁一次
        {
            num=0;
            LED0=~LED0;
        }
        OSTimeDlyHMSM(0,0,0,10,OS_OPT_TIME_PERIODIC,&err); //延时 10ms
    }
}

//定时器 1 的回调函数
void tmr1_callback(void *p_tmr, void *p_arg)
{
    static u8 tmr1_num=0;
```

```
    LCD_ShowxNum(62,111,tmr1_num,3,16,0x80);        //显示定时器 1 的执行次数
    LCD_Fill(6,131,114,313,lcd_discolor[tmr1_num%14]);//填充区域
    tmr1_num++;                                      //定时器 1 执行次数加 1
}

//定时器 2 的回调函数
void tmr2_callback(void *p_tmr,void *p_arg)
{
    static u8 tmr2_num = 0;
    tmr2_num++;                                      //定时器 2 执行次数加 1
    LCD_ShowxNum(182,111,tmr2_num,3,16,0x80);        //显示定时器 2 执行次数
    LCD_Fill(126,131,233,313,lcd_discolor[tmr2_num%14]);//填充区域
    LED1=~LED1;
    printf("定时器 2 运行结束\r\n");
}
```

这 3 个函数比较简单，后面都有注释，这里不再详细说明。注意，在定时器的回调函数中一定要避免使用任何可以阻塞或删除定时器任务的函数。

12.2.2　实验程序运行结果

代码编译完成后下载到开发板上观察和分析实验现象，上电后 LCD 界面如图 12.5 所示。定时器 1 和定时器 2 都没有开启，只有 LED0 在闪烁，提示系统正在运行。

从图 12.5 中可以看到，此时定时器 1 和定时器 2 都没有开启，它们的工作区域背景都是白色的，并且两个定时器的运行次数都为 0。按下 KEY_UP 键后，定时器 1 开始运行，此时 LCD 界面如图 12.6 所示。

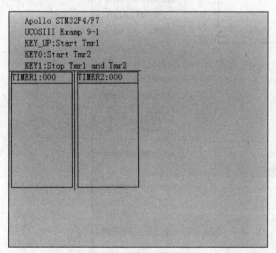
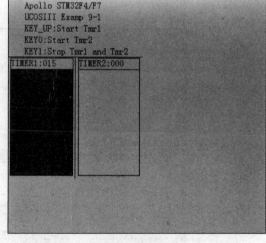

图 12.5　上电后 LCD 界面　　　　　图 12.6　启动定时器 1 后的 LCD 界面

从图 12.6 中可以看出，此时定时器 1 运行了 15 次，而定时器 2 的运行次数为 0。注意，在按下 KEY_UP 键后，左边区域并没有立即刷新为其他颜色，这是因为按下 KEY_UP 键后，定时器 1 开始运行，直到运行完成并初始化延迟 200ms 后才会调用定时器 1 的回调函数刷新左边区域的背景颜色，只有初始化延时为 200ms，以后的周期均为 1000ms。

按下 KEY0 键，开启定时器 2，等待 2000ms 后右边区域的背景刷新为其他颜色，如图 12.7 所示。由于定时器 2 配置为单次模式，从按下按键开始等待定时器 2 计数器减到 0 后，调用一次回调函数，此后定时器 2 停止运行。再次按下 KEY0 键，开启定时器 2，等待 2000ms 后右边区域背景则再次刷新为其他颜色，说明定时器 2 回调函数再一次被调用。

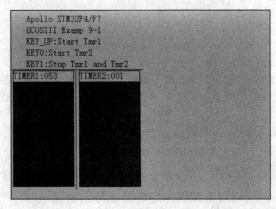

图 12.7　开启定时器 2 后的 LCD 界面

按下 KEY1 键会同时关闭定时器 1 和定时器 2，虽然定时器 2 为单次定时器，每次执行完毕后会自行关闭，但是这里仍会通过调用 OSTmrStop()函数来关闭定时器 2。

观察串口调试助手输出的信息，如图 12.8 所示。操作时串口调试助手会接收到相应的信息，读者可对照源码自行分析串口调试助手显示的信息。

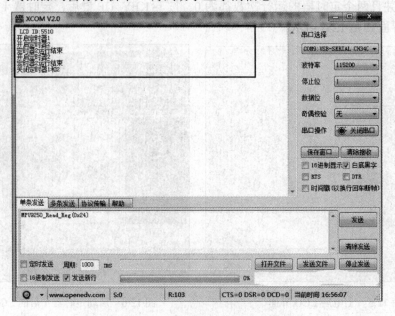

图 12.8　串口调试助手接收的信息

第13章 μC/OS-Ⅲ信号量和互斥信号量

在μC/OS-Ⅲ中可能有多个任务访问共享资源,因此最初人们用信号量来控制任务存取共享资源。现在信号量也可以用来实现任务间的同步,以及任务和 ISR 间同步。在可剥夺的内核中,当任务独占式使用共享资源时,会出现低优先级的任务先于高优先级任务运行的现象,称为优先级反转。为了解决优先级反转问题,μC/OS-Ⅲ引入了互斥信号量这个概念。本章介绍 μC/OS-Ⅲ的信号量和互斥信号量。

13.1 信 号 量

信号量如同一种加锁机制,其要求代码必须获得对应的"钥匙"才能继续执行,一旦获得了"钥匙",也就意味着该任务具有进入被锁部分代码的权限。一旦执行至被锁代码段,任务会一直等待,直到对应被锁部分代码的"钥匙"被再次释放才能继续执行。

信号量分为两种:二进制信号量与计数型信号量。其中,二进制信号量只能取 0 和 1 两个值;计数型信号量的值大于 1,在共享资源中只有任务可以使用信号量,ISR 不能使用。

1. 二进制信号量

如果某一资源对应的信号量为 1,即可使用这一资源;如果对应资源的信号量为 0,等待该信号量的任务就会存储在等待信号量的任务表中。在等待信号量时,也可以设置超时,如果超过设定的时间任务没有等到信号量,该任务进入就绪态。任务以"发信号"的方式操作信号量。如果一个信号量为二进制信号量,则一次只能一个任务使用共享资源。

2. 计数型信号量

有时需要同时有多个任务访问共享资源,此时二进制信号量不可用,计数型信号量就是用来解决这个问题的。例如,某一个信号量初始化值为 10,只有前 10 个请求该信号量的任务可以使用共享资源,以后的任务需要等待前 10 个任务释放信号量。在有任务请求信号量时,信号量的值减 1,直到减为 0。当有任务释放信号量时信号量的值加 1。

有关信号量的 API 函数如表 13.1 所示。

表 13.1 有关信号量的 API 函数

函数	描述
OSSemCreate()	创建一个信号量
OSSemDel()	删除一个信号量
OSSemPend()	等待一个信号量
OSSemPendAbort()	取消等待
OSSemPost()	释放一个信号量
OSSemSet()	强制设置一个信号量的值

13.1.1 创建信号量

要想使用信号量，必须先创建一个信号量。使用函数 OSSemCreate()来创建信号量，函数原型如下：

```
void OSSemCreate ( OS_SEM    *p_sem,
                   CPU_CHAR  *p_name,
                   OS_SEM_CTR cnt,
                   OS_ERR     *p_err)
```

*p_sem：指向信号量控制块，需要按照如下的方式定义一个全局信号量，并将这个信号量的指针传递给函数 OSSemCreate()。

```
OS_SEM TestSem;
```

*p_name：指向信号量的名称。

cnt：设置信号量的初始值，如果此值为 1，代表此信号量为二进制信号量；如果大于 1，代表此信号量为计数型信号量。

*p_err：保存调用此函数后返回的错误码。

13.1.2 请求信号量

当一个任务需要独占式地访问某个特定的系统资源时，需要与其他任务或 ISR 同步，或需要等待某个事件的发生，应该调用函数 OSSemPend()。函数原型如下：

```
OS_SEM_CTR OSSemPend ( OS_SEM  *p_sem,
                       OS_TICK timeout,
                       OS_OPT  opt,
                       CPU_TS *p_ts,
                       OS_ERR *p_err)
```

*p_sem：指向一个信号量的指针。

timeout：指定等待信号量的超时时间（时钟节拍数），如果在指定时间内没有等到信号量，则允许任务恢复执行。如果指定时间为 0，任务会一直等待，直到等到信号量。

opt：用于设置是否使用阻塞模式，有下面两个选项。

OS_OPT_PEND_BLOCKING 指定信号量无效时，任务挂起以等待信号量。

OS_OPT_PEND_NON_BLOCKING 信号量无效时，任务直接返回。

*p_ts：指向一个时间戳，用来记录接收信号量的时刻，如果给这个参数赋值 NULL，说明用户没有要求时间戳。

*p_err：保存调用本函数后返回的错误码。

13.1.3 发送信号量

任务获得信号量后即可访问共享资源了，在任务访问完共享资源后必须释放信号量。释放信号量又称发送信号量，使用函数 OSSemPost()发送信号量。如果没有任务在等待该信号量，则 OSSemPost()函数只是简单地将信号量加 1，然后返回调用该函数的任务中继续运行。如果有一个或多个任务在等待这个信号量，则优先级最高的任务将获得这个信号量，然后由调度器来判定刚获得信号量的任务是否为系统中优先级最高的就绪任务。如果是，则系统将进行任务切换，运行这个就绪任务。OSSemPost()函数原型如下：

```
OS_SEM_CTR OSSemPost ( OS_SEM  *p_sem,
                       OS_OPT   opt,
                       OS_ERR  *p_err)
```

*p_sem：指向一个信号量的指针。

opt：用来选择信号量发送的方式。

OS_OPT_POST_1，仅向等待该信号量优先级最高的任务发送信号量。

OS_OPT_POST_ALL，向等待该信号量的所有任务发送信号量。

OS_OPT_POST_NO_SCHED，该选项禁止在本函数内执行任务调度操作。即使该函数使更高优先级的任务结束挂起进入就绪状态，也不会执行任务调度，而是会在其他后续函数中完成任务调度。

*p_err：用来保存调用此函数后返回的错误码。

13.2　直接访问共享资源区实验

信号量主要用于访问共享资源和进行任务同步，这里进行直接访问共享资源的实验，并查看实验结果。

13.2.1　实验程序设计

【例 13-1】 创建 3 个任务，开始任务用于创建另外两个任务，其执行一次后会被删除。任务 1 和任务 2 都可以访问共享资源 D，任务 1 和任务 2 对共享资源 D 是直接访问的。通过本实验观察直接访问共享资源会造成什么样的后果。

本实验部分源码如下，完整的工程详见"例 10-1　UCOSIII 直接访问共享资源"。

这里设置一个数组为共享资源，任务 1 和任务 2 都可以访问这个共享资源。

```
u8 share_resource[30];               //共享资源区
```

开始任务 start_task()用于创建两个任务，这里不再介绍。任务 1 和任务 2 的任务函数代码如下：

```
//任务 1 的任务函数
void task1_task(void *p_arg)
{
    OS_ERR err;
    u8 task1_str[]="First task Running!";
    while(1)
    {
        printf("\r\n 任务 1:\r\n");
        LCD_Fill(0,110,239,319,CYAN);
        memcpy(share_resource,task1_str,sizeof(task1_str));
                                     //向共享资源区复制数据       ①
        delay_ms(200);
```

```
        printf("%s\r\n",share_resource);    //串口输出共享资源区数据
        LED0 = !LED0;
        OSTimeDlyHMSM(0,0,1,0,OS_OPT_TIME_PERIODIC,&err);//延时 1s
    }
}

//任务 2 的任务函数
void task2_task(void *p_arg)
{
    u8 i=0;
    OS_ERR err;
    u8 task2_str[]="Second task Running!";
    while(1)
    {
        printf("\r\n 任务 2:\r\n");
        LCD_Fill(0,110,239,319,BROWN);
        memcpy(share_resource,task2_str,sizeof(task2_str));
                                         //向共享资源区复制数据        ②
        delay_ms(200);
        printf("%s\r\n",share_resource);    //串口输出共享资源区数据
        LED1=~LED1;
        OSTimeDlyHMSM(0,0,1,0,OS_OPT_TIME_PERIODIC,&err);//延时 1s
    }
}
```

程序中标注①、②处的内容介绍如下：

① 任务 1 向共享资源区复制数据 "First task Running!"，然后延时 200ms，开通过串口输出复制到共享资源区中的数据。

② 任务 2 也向共享资源区中复制数据 "Second task Running!"，同样延时 200ms，并通过串口复制到共享资源区中的数据。

任务 1 和任务 2 都使用了共享资源 share_resource，且在任务 1 和任务 2 中均使用函数 delay_ms()进行延时。delay_ms()函数会引起任务切换，而对于共享资源的访问没有进行任何保护，势必会造成意想不到的结果产生。

13.2.2　实验程序运行结果

代码编译完成后下载到开发板上观察和分析实验现象，这里借助串口调试助手来分析任务 1 和任务 2 对于共享资源的使用情况。串口调试助手的输出信息如图 13.1 所示。

从图 13.1 中可以看出，系统并没有按照想要的方式输出信息，想要的输出如下：

```
任务 1:
First task Running!

任务 2:
Second task Running!
```

但是，实际的输出信息如下：

任务1:

任务2:
Second task Running!
Second task Running!

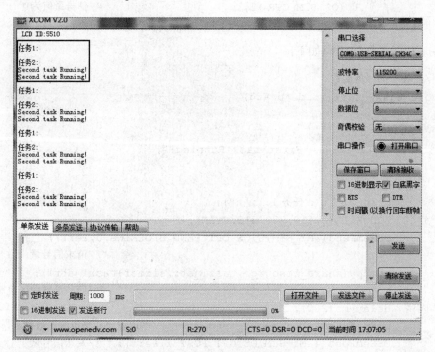

图 13.1 串口调试助手的输出信息 1

分析源码:在任务 1 向 share_resource 复制数据"First task Running!"后,因为 delay_ms() 函数使系统进行了任务切换,任务 2 开始运行。这时,任务 2 又向 share_resource 复制了数据"Second task Running!",任务 2 也因为 delay_ms()函数发生任务切换,任务 1 接着运行。但是,这时 share_resource 已经修改为"Second task Running!",因此输出与预计结果不一致,从而导致错误的发生。这就是多任务共享资源区带来的问题。所以,在任务访问共享资源区时要对其进行保护。

13.3 使用信号量访问共享资源区实验

在例 13-1 中对于 share_resource 的访问并没有进行保护,从而导致错误的发生,本节使用信号量来进行共享资源区的访问。

13.3.1 实验程序设计

【例 13-2】 在例 13-1 的基础上使用信号量来访问共享资源区。
本实验部分源码如下,完整的工程详见"例 10-2 UCOSIII 使用信号量共享资源区"。
这里定义一个信号量:

```
OS_SEM MY_SEM;                              //定义一个信号量,用于访问共享资源
```

在开始任务 start_task()中调用 OSSemCreate()函数创建一个信号量，代码如下：

```
//创建一个信号量
OSSemCreate ((OS_SEM*    )&MY_SEM,              //指向信号量
             (CPU_CHAR* )"MY_SEM",              //信号量名称
             (OS_SEM_CTR )1,                    //信号量值为 1
             (OS_ERR*    )&err);
```

任务 1 和任务 2 的代码如下：

```
//任务 1 的任务函数
void task1_task(void *p_arg)
{
    OS_ERR err;
    u8 task1_str[]="First task Running!";
    while(1)
    {
        printf("\r\n 任务 1:\r\n");
        LCD_Fill(0,110,239,319,CYAN);
        OSSemPend(&MY_SEM,0,OS_OPT_PEND_BLOCKING,0,&err);
                                               //请求信号量              ①
        memcpy(share_resource,task1_str,sizeof(task1_str));
                                               //向共享资源区复制数据
        delay_ms(200);
        printf("%s\r\n",share_resource);//串口输出共享资源区数据
        OSSemPost (&MY_SEM,OS_OPT_POST_1,&err);    //发送信号量          ②
        LED0=~LED0;
        OSTimeDlyHMSM(0,0,1,0,OS_OPT_TIME_PERIODIC,&err); //延时 1s
    }
}

//任务 2 的任务函数
void task2_task(void *p_arg)
{
    OS_ERR err;
    u8 task2_str[]="Second task Running!";
    while(1)
    {
        printf("\r\n 任务 2:\r\n");
        LCD_Fill(0,110,239,319,BROWN);
        OSSemPend(&MY_SEM,0,OS_OPT_PEND_BLOCKING,0,&err);
                                               //请求信号量              ③
        memcpy(share_resource,task2_str,sizeof(task2_str));
                                               //向共享资源区复制数据
        delay_ms(200);
        printf("%s\r\n",share_resource);//串口输出共享资源区数据
        OSSemPost (&MY_SEM,OS_OPT_POST_1,&err);    //发送信号量          ④
        LED1 = ~LED1;
```

```
        OSTimeDlyHMSM(0,0,1,0,OS_OPT_TIME_PERIODIC,&err); //延时 1s
    }
}
```

程序中标注①～④处的内容介绍如下：

① 任务 1 要访问共享资源 share_resource，因此调用函数 OSSemPend()来请求信号量。

② 任务 1 使用完共享资源 share_resource，调用 OSSemPost()函数释放信号量。

③ 同①不再赘述。

④ 同②不再赘述。

13.3.2　实验程序运行结果

代码编译完成后下载到开发板上观察和分析实验现象，这里借助串口调试助手来分析任务 1 和任务 2 对于共享资源的使用情况。串口调试助手的输出信息如图 13.2 所示。

图 13.2　串口调试助手的输出信息 2

从图 13.2 中可以看出，串口按照设定的来输出信息，共享资源区并没有被其他任务随意修改。

13.4　任务同步实验

信号量现在更多地被用来实现任务的同步及任务和 ISR 的同步。信号量用于任务同步如图 13.3 所示。

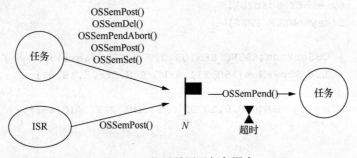

图 13.3　信号量用于任务同步

图 13.3 中用一面小旗子代表信号量，小旗子旁边的数值 N 为信号量计数值，表示发布信号量的次数累积值，ISR 可以多次发布信号量，发布的次数会记录为 N。一般情况下，N 的初始值是 0，表示事件还没有发生。在初始化时，也可以将 N 的初值设为大于零的某个值，表示初始情况下可用信号量的数量。

等待信号量的任务旁边的小沙漏表示等待任务可以设定超时时间。超时后该任务会等待一定时间，如果在这段时间内没有等到信号量，μC/OS-III就会将任务置于就绪表中，并返回错误码。

13.4.1　实验程序设计

【例 13-3】 创建 3 个任务，开始任务用于创建其他两个任务和一个初始值为 0 的信号量，任务 2 必须征得任务 1 的同意才能执行一次操作。

任务 1、任务 2 之间显然存在一个任务同步的问题，在两个任务之间设置一个初值为 0 的信号量来实现两个任务的合作。任务 1 通过发信号量表示同意与否，任务 2 一直请求信号量，当信号量大于 1 时任务 2 才能执行其后的操作。本实验部分源码如下，完整的工程详见"例 10-3　UCOSIII 使用信号量进行任务同步"。

定义一个信号量，用于任务同步。

```
    OS_SEM SYNC_SEM;                            //定义一个信号量，用于任务同步
```

需要调用函数 **OSSemCreate()** 创建一个信号量，这个信号量的初始值为 0，如下：

```
//创建一个信号量
OSSemCreate ((OS_SEM*      ) &SYNC_SEM,
            (CPU_CHAR*     )"SYNC_SEM",
            (OS_SEM_CTR    )0,
            (OS_ERR*       ) &err);
```

任务 1 和任务 2 是本次实验的重点，这两个任务的任务函数如下：

```
//任务 1 的任务函数
void task1_task(void *p_arg)
{
    u8 key;
    OS_ERR err;
    while(1)
    {
        key = KEY_Scan(0);                                    //扫描按键
        if(key==WKUP_PRES)
        {
            OSSemPost(&SYNC_SEM,OS_OPT_POST_1,&err);          //发送信号量 ①
            LCD_ShowxNum(150,111,SYNC_SEM.Ctr,3,16,0);        //显示信号量值②
        }
        OSTimeDlyHMSM(0,0,0,10,OS_OPT_TIME_PERIODIC,&err); //延时 10ms
    }
}


//任务 2 的任务函数
```

```
void task2_task(void *p_arg)
{
    u8 num;
    OS_ERR err;
    while(1)
    {
        //请求信号量
        OSSemPend(&SYNC_SEM,0,OS_OPT_PEND_BLOCKING,0,&err);          ③
        num++;
        LCD_ShowxNum(150,111,SYNC_SEM.Ctr,3,16,0);          //显示信号量值
        LCD_Fill(6,131,233,313,lcd_discolor[num%14]);          //刷屏
        LED1=~LED1;
        OSTimeDlyHMSM(0,0,1,0,OS_OPT_TIME_PERIODIC,&err);   //延时 1s
    }
}
```

程序中标注①～③处的内容介绍如下：

① 在按下 **KEY_UP** 键后调用 OSSemPost()函数发送一次信号量。

② 信号量 SYNC_SEM 的字段 Ctr 用来记录信号量值，每调用一次 OSSemPost()函数 Ctr 字段就会加 1，这里将 Ctr 的值显示在 LCD 上，以观察 Ctr 的变化。

③ 任务 2 请求信号量 SYNC_SEM，如果得到信号量，会执行任务 2 下面的代码；如果没有得到信号量，会一直阻塞函数。在调用函数 OSSemPend()请求信号量成功后，SYNC_SEM 的字段 Ctr 会减 1，直到为 0。在任务 2 中也将信号量 SYNC_SEM 的字段 Ctr 显示在 LCD 上，以观察其变化。

13.4.2　实验程序运行结果

代码编译完成后下载到开发板上观察和分析实验现象，新建的信号量 SYNC_SEM 的初始值为 0，在开机以后任务 2 会由于请求不到信号量而阻塞，此时 LCD 界面如图 13.4 所示。

从图 13.4 中可以看出，由于信号量 SYNC_SEM 的初始值为 0，因此 SYNC_SEM 的信号量值显示为 0，并且任务 2 阻塞。当按下 **KEY_UP** 键后，会发送信号量，SYNC_SEM 的值就会变化（增加），多按几次 **KEY_UP** 键，LCD 界面如图 13.5 所示。

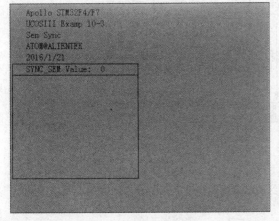

图 13.4　开机 LCD 界面

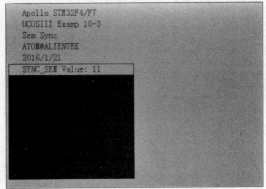

图 13.5　发送多次信号量后的 LCD 界面

从图 13.5 中可以看出，此时信号量 SYNC_SEM 的值为 11，说明任务 2 可以请求 11 次信号量 SYNC_SEM。任务 2 每隔 1s 就会请求一次信号量 SYNC_SEM，直到 SYNC_SEM 的信号量值为 0。由于任务 2 请求不到信号量，因此任务 2 就会阻塞，此时 LCD 界面如图 13.6 所示。

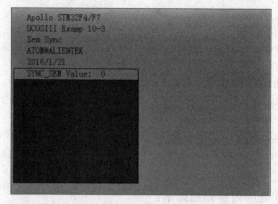

图 13.6　信号量减小为 0 的 LCD 界面

信号量值减小到 0，任务 2 阻塞。当再次按下 KEY_UP 键时，任务 2 又会接着"运行"，读者可以自行尝试。

13.5　优先级反转

优先级反转在可剥夺内核中是非常常见的，在实时系统中不允许出现这种现象，因为这样会破坏任务的预期顺序，可能导致严重的后果，图 13.7 为优先级反转示意图。

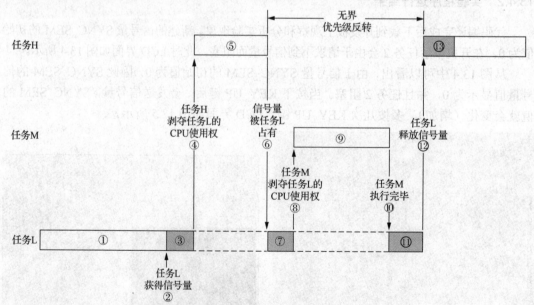

图 13.7　优先级反转示意图

图 13.7 中标注①～⑬处说明如下：

① 任务 H 和任务 M 处于挂起状态，等待某一事件的发生，任务 L 正在运行。

② 某一时刻任务 L 要访问共享资源，此时它必须先获得对应该资源的信号量。

③ 任务 L 获得信号量并开始使用该共享资源。

④ 由于任务 H 优先级高，它等待的事件发生后便剥夺了任务 L 的 CPU 使用权。

⑤ 任务 H 开始运行。

⑥ 任务 H 运行过程中也要使用任务 L 正在使用的资源，由于该资源的信号量还被任务 L 占用，任务 H 只能进入挂起状态，等待任务 L 释放该信号量。

⑦ 任务 L 继续运行。

⑧ 由于任务 M 的优先级高于任务 L，当任务 M 等待的事件发生后，任务 M 剥夺了任务 L 的 CPU 使用权。

⑨ 任务 M 处理该处理的事。

⑩ 任务 M 执行完毕后，将 CPU 使用权归还给任务 L。

⑪ 任务 L 继续运行。

⑫ 任务 L 完成所有的工作并释放信号量，至此，由于有一个高优先级的任务在等待这个信号量，故内核做任务切换。

⑬ 任务 H 得到该信号量并运行。

在这种情况下，任务 H 的优先级实际上降到了任务 L 的优先级水平。因为任务 H 要一直等待直到任务 L 释放其占用的那个共享资源。任务 M 剥夺了任务 L 的 CPU 使用权，任务 H 的情况更加恶化，这样就相当于任务 M 的优先级高于任务 H，导致优先级反转。

13.6　优先级反转实验

13.6.1　实验程序设计

【例 13-4】　创建 4 个任务，开始任务用于创建 1、2 和 3 这 3 个任务，其还创建了一个初始值为 1 的信号量 TEST_SEM，任务 1 和任务 3 都请求信号量 TEST_SEM，其中任务优先级从高到低分别为 1、2、3。

本实验部分源码如下，完整的工程详见"例 10-4　UCOSIII 优先级反转"。

首先要定义一个信号量，代码如下：

```
OS_SEM    TEST_SEM;                    //定义一个信号量
```

在任务 start_task 中创建了一个初始值为 1 的信号量 TEST_SEM，代码如下：

```
//创建一个信号量
OSSemCreate ((OS_SEM*      )&TEST_SEM,
            (CPU_CHAR*  )"TEST_SEM",
            (OS_SEM_CTR )1,            //信号量初始值为1
            (OS_ERR*     )&err);
```

high_task()、middle_task()和 low_task()这 3 个任务函数是本次实验的重点。这 3 个任务函数的代码如下：

```
//高优先级任务的任务函数
void high_task(void *p_arg)
```

```
{
    u8 num;
    OS_ERR err;
    CPU_SR_ALLOC();
    POINT_COLOR = BLACK;
    OS_CRITICAL_ENTER();
    LCD_DrawRectangle(5,110,115,314);                              //画一个矩形
    LCD_DrawLine(5,130,115,130);                                   //画线
    POINT_COLOR = BLUE;
    LCD_ShowString(6,111,110,16,16,"High Task");
    OS_CRITICAL_EXIT();
    while(1)
    {
        OSTimeDlyHMSM(0,0,0,500,OS_OPT_TIME_PERIODIC,&err);//延时500ms
        num++;
        printf("high task Pend Sem\r\n");
        OSSemPend(&TEST_SEM,0,OS_OPT_PEND_BLOCKING,0,&err);   //请求信号量  ①
        printf("high task Running!\r\n");
        LCD_Fill(6,131,114,313,lcd_discolor[num%14]);          //填充区域
        LED1 = ~LED1;
        OSSemPost(&TEST_SEM,OS_OPT_POST_1,&err);                 //释放信号量  ②
        OSTimeDlyHMSM(0,0,0,500,OS_OPT_TIME_PERIODIC,&err);//延时500ms
    }
}

//中等优先级任务的任务函数
void middle_task(void *p_arg)
{
    u8 num;
    OS_ERR err;
    CPU_SR_ALLOC();
    POINT_COLOR = BLACK;
    OS_CRITICAL_ENTER();
    LCD_DrawRectangle(125,110,234,314);                           //画一个矩形
    LCD_DrawLine(125,130,234,130);                                //画线
    POINT_COLOR = BLUE;
    LCD_ShowString(126,111,110,16,16,"Middle Task");
    OS_CRITICAL_EXIT();
    while(1)
    {
        num++;
        printf("middle task Running!\r\n");
        LCD_Fill(126,131,233,313,lcd_discolor[13-num%14]);   //填充区域
        LED0=~LED0;
        OSTimeDlyHMSM(0,0,1,0,OS_OPT_TIME_PERIODIC,&err);   //延时1s
    }
```

```
    }

    //低优先级任务的任务函数
    void low_task(void *p_arg)
    {
        static u32 times;
        OS_ERR err;
        while(1)
        {
            OSSemPend(&TEST_SEM,0,OS_OPT_PEND_BLOCKING,0,&err);//请求信号量   ③
            printf("low task Running!\r\n");
            for(times=0;times<20000000;times++)                            ④
            {
                OSSched();                                    //发起任务调度
            }
            OSSemPost(&TEST_SEM,OS_OPT_POST_1,&err);          //释放信号量 ⑤
            OSTimeDlyHMSM(0,0,1,0,OS_OPT_TIME_PERIODIC,&err); //延时 1s
        }
    }
```

程序中标注①～⑤处的内容介绍如下：

① high_task 任务请求信号量 TEST_SEM。

② high_task 任务释放信号量 TEST_SEM。

③ low_task 任务请求信号量 TEST_SEM。

④ 这里用来模拟 low_task 任务长时间占用信号量 TEST_SEM。

⑤ low_task 任务释放信号量 TEST_SEM。

13.6.2　实验程序运行结果

代码编译完成后下载到开发板上观察和分析实验现象,下载完后 LCD 界面如图 13.8
所示。

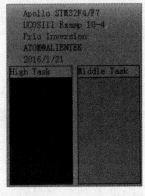

图 13.8　下载完成后 LCD 界面

从 LCD 上不容易看出优先级反转的现象,可以通过串口方便地观察优先级反转,串口
输出如图 13.9 所示。

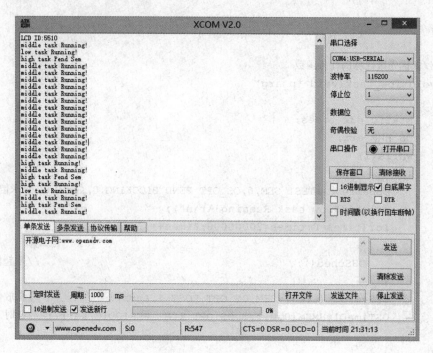

图 13.9　串口输出

为了方便分析，将串口输出复制出来，具体如下：

```
LCD ID:5510
middle task Running!
low task Running!
high task Pend Sem                    ①
                                      ②
middle task Running!                  ③
middle task Running!
middle task Running!
middle task Running!
middle task Running!
middle task Running!
middle task Running!
middle task Running!
middle task Running!
middle task Running!
middle task Running!
middle task Running!
middle task Running!
middle task Running!
high task Running!                    ④
middle task Running!
high task Pend Sem
high task Running!
low task Running!
middle task Running!
high task Pend Sem
```

具体说明如下：

① low_task 任务获得信号量 TEST_SEM 开始运行。

② high_task 请求信号量 TEST_SEM，但是，此时信号量 TEST_SEM 被任务 low_task 占用，因此 high_task 需一直等待，直到 low_task 任务释放信号量 TEST_SEM。

③ 由于 high_task 没有获到信号量 TEST_SEM，只能一直等待，加粗部分代码中 high_task 没有运行，而 middle_task 一直在运行，给人的感觉就是 middle_task 的任务优先级高于 high_task，这就是优先级反转。

④ high_task 任务因为获得信号量 TEST_SEM 而运行。

从例 13-4 中可以看出，当一个低优先级任务和一个高优先级任务同时使用同一个信号量，而系统中还有其他中等优先级任务时，如果低优先级任务获得了信号量，那么高优先级的任务就会处于等待状态，但是，中等优先级的任务可以打断低优先级任务而先于高优先级任务运行（此时高优先级的任务在等待信号量，不能运行），这时就出现了优先级反转的现象。

13.7　互斥信号量

为了避免优先级反转，μC/OS-Ⅲ支持一种特殊的二进制信号量，即互斥信号量，用它可以解决优先级反转问题，如图 13.10 所示。

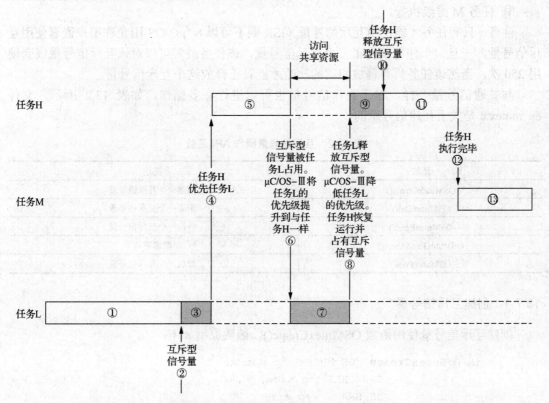

图 13.10　使用互斥信号量访问共享资源

图 13.10 中①～⑬说明如下：

① 任务 H 与任务 M 处于挂起状态，等待某一事件的发生，任务 L 正在运行中。

② 某一时刻任务 L 要访问共享资源，此时它必须先获得对应资源的互斥信号量。

③ 任务 L 获得互斥信号量并开始使用该共享资源。

④ 由于任务 H 优先级高，它等待的事件发生后便剥夺了任务 L 的 CPU 使用权。

⑤ 任务 H 开始运行。

⑥ 任务 H 运行过程中也要使用任务 L 正在使用的资源，考虑任务 L 正在占用资源，μC/OS-III 会将任务 L 的优先级升至同任务 H 一样，使任务 L 能继续执行而不被其他中等优先级的任务打断。

⑦ 任务 L 以任务 H 的优先级继续运行，此时任务 H 并没有运行，这是因为该任务在等待任务 L 释放互斥信号量。

⑧ 任务 L 完成所有的任务，并释放互斥信号量，μC/OS-III 会自动将任务 L 的优先级恢复到提升之前的值，然后 μC/OS-III 会将互斥信号量给正在等待的任务 H。

⑨ 任务 H 获得互斥信号量开始执行。

⑩ 任务 H 不再需要访问共享资源，释放互斥信号量。

⑪ 由于没有更高优先级的任务需要执行，任务 H 继续执行。

⑫ 任务 H 完成所有工作，并等待某一事件发生，此时 μC/OS-III 开始运行在任务 H 或任务 L 运行过程中已经就绪的任务 M。

⑬ 任务 M 继续执行。

注意，只有任务才能使用互斥信号量（ISR 则不可以），μC/OS-III 允许用户嵌套使用互斥信号量，一旦一个任务获得了一个互斥信号量，该任务最多可以对该互斥信号量嵌套使用 250 次，当然该任务只有释放相同的次数才能真正释放这个互斥信号量。

与普通信号量一样，对于互斥信号量也可以进行许多操作，如表 13.2 所示，文件 os_mutex.c 是关于互斥信号量的。

表 13.2　互斥信号量操作 API 函数

函数	描述
OSMutexCreate()	创建一个互斥信号量
OSMutexDel()	删除一个互斥信号量
OSMutexPend()	等待一个互斥信号量
OSMutexPendAbort()	取消等待
OSMutexPost()	释放一个互斥信号量

13.7.1　创建互斥信号量

创建互斥信号量使用函数 OSMutexCreate()，函数原型如下：

```
void OSMutexCreate (OS_MUTEX *p_mutex,
                    CPU_CHAR *p_name,
                    OS_ERR   *p_err)
```

*p_mutex：指向互斥信号量控制块。互斥信号量必须由用户应用程序进行实际分配，可以使用如下所示代码。

```
OS_MUTEX    MyMutex;
```

*p_name：互斥信号量的名称。

*p_err：调用此函数后返回的错误码。

13.7.2 请求互斥信号量

当一个任务需要对资源进行独占式访问时，可以使用函数 OSMutexPend()，如果该互斥信号量正在被其他任务使用，那么 μC/OS-Ⅲ会将请求这个互斥信号量的任务放置在这个互斥信号量的等待表中。任务会一直等待，直到这个互斥信号量被释放，或达到设定的超时时间为止。如果在设定的超时时间到达之前信号量被释放，μC/OS-Ⅲ将会恢复所有等待这个信号量的任务中优先级最高的任务。

注意，如果占用该互斥信号量的任务比当前申请该互斥信号量的任务优先级低，OSMutexPend()函数会将占用该互斥信号量的任务的优先级提升到和当前申请任务的优先级一样。在占用该互斥信号量的任务释放该互斥信号量后，其恢复到之前的优先级。OSMutexPend()函数原型如下：

```
void OSMutexPend (OS_MUTEX    *p_mutex,
                  OS_TICK     timeout,
                  OS_OPT      opt,
                  CPU_TS      *p_ts,
                  OS_ERR      *p_err)
```

*p_mutex：指向互斥信号量。

timeout：指定等待互斥信号量的超时时间（时钟节拍数），如果在指定的时间内互斥信号量没有释放，则允许任务恢复执行。该值设置为 0，表示任务会一直等待下去，直到信号量被释放。

opt：用于选择是否使用阻塞模式。OS_OPT_PEND_BLOCKING 指定互斥信号量被占用时，任务挂起等待该互斥信号量。OS_OPT_PEND_NON_BLOCKING 指定当互斥信号量被占用时，直接返回任务。

注意，当设置为 OS_OPT_PEND_NON_BLOCKING 时，timeout 参数没有意义，应该设置为 0。

*p_ts：指向一个时间戳，记录发送、终止或删除互斥信号量的时刻。

*p_err：用于保存调用此函数后返回的错误码。

13.7.3 发送互斥信号量

可以通过调用函数 OSMutexPost()来释放互斥信号量。只有调用过函数 OSMutexPend()获取互斥信号量，才需要调用 OSMutexPost()函数来释放这个互斥信号量。函数原型如下：

```
void OSMutexPost (OS_MUTEX *p_mutex,
                  OS_OPT    opt,
                  OS_ERR    *p_err)
```

*p_mutex：指向互斥信号量。

opt：指定是否进行任务调度操作。OS_OPT_POST_NONE 不指定特定的选项，

OS_OPT_POST_NO_SCHED 禁止在本函数内执行任务调度操作。

    *p_err：保存调用此函数返回的错误码。

13.8　互斥信号量实验

13.8.1　实验程序设计

    在例 13-4 中使用了信号量导致优先级反转发生，本节将信号量换成互斥信号量。本实验部分源码如下，完整的工程详见"例 10-5　UCOSIII 互斥信号量"。

    首先定义一个互斥信号量：

```
OS_MUTEX TEST_MUTEX;                                    //定义一个互斥信号量
```

在 start_task 任务中创建一个互斥信号量 TEST_MUTES。

```
//创建一个互斥信号量
OSMutexCreate((OS_MUTEX*  )&TEST_MUTEX,
              (CPU_CHAR* )"TEST_MUTEX",
              (OS_ERR*      )&err);
```

high_task、middle_task 和 low_task 这 3 个任务的任务函数如下：

```
//高优先级任务的任务函数
void high_task(void *p_arg)
{
    u8 num;
    OS_ERR err;
    CPU_SR_ALLOC();
    POINT_COLOR = BLACK;
    OS_CRITICAL_ENTER();
    LCD_DrawRectangle(5,110,115,314);                    //画一个矩形
    LCD_DrawLine(5,130,115,130);                         //画线
    POINT_COLOR = BLUE;
    LCD_ShowString(6,111,110,16,16,"High Task");
    OS_CRITICAL_EXIT();
    while(1)
    {
        OSTimeDlyHMSM(0,0,0,500,OS_OPT_TIME_PERIODIC,&err);//延时500ms
        num++;
        printf("high task Pend Sem\r\n");
        OSMutexPend (&TEST_MUTEX,0,\                       //请求互斥信号量        ①
                    OS_OPT_PEND_BLOCKING,0,&err);
        printf("high task Running!\r\n");
        LCD_Fill(6,131,114,313,lcd_discolor[num%14]);    //填充区域
        LED1 = ~LED1;
        OSMutexPost(&TEST_MUTEX,OS_OPT_POST_NONE,&err);//释放互斥信号量  ②
        OSTimeDlyHMSM(0,0,0,500,OS_OPT_TIME_PERIODIC,&err);//延时500ms
```

```
    }
}

//中等优先级任务的任务函数
void middle_task(void *p_arg)
{
    u8 num;
    OS_ERR err;
    CPU_SR_ALLOC();
    POINT_COLOR = BLACK;
    OS_CRITICAL_ENTER();
    LCD_DrawRectangle(125,110,234,314);           //画一个矩形
    LCD_DrawLine(125,130,234,130);                //画线
    POINT_COLOR = BLUE;
    LCD_ShowString(126,111,110,16,16,"Middle Task");
    OS_CRITICAL_EXIT();
    while(1)
    {
        num++;
        printf("middle task Running!\r\n");
        LCD_Fill(126,131,233,313,lcd_discolor[13-num%14]);//填充区域
        LED0=~LED0;
        OSTimeDlyHMSM(0,0,1,0,OS_OPT_TIME_PERIODIC,&err); //延时 1s
    }
}

//低优先级任务的任务函数
void low_task(void *p_arg)
{
    static u32 times;
    OS_ERR err;
    while(1)
    {
        OSMutexPend (&TEST_MUTEX,0,\              //请求互斥信号量        ③
                OS_OPT_PEND_BLOCKING,0,&err);
        printf("low task Running!\r\n");
        for(times=0;times<20000000;times++)                            ④
        {
            OSSched();                           //发起任务调度
        }
        OSMutexPost(&TEST_MUTEX,\                                       ⑤
                OS_OPT_POST_NONE,&err);          //释放互斥信号量
        OSTimeDlyHMSM(0,0,1,0,OS_OPT_TIME_PERIODIC,&err); //延时 1s
    }
}
```

程序中标注①~⑤处的内容介绍如下：
① high_task 任务请求互斥信号量 TEST_MUTEX。

② high_task 任务释放互斥信号量 TEST_MUTEX。

③ low_task 任务请求互斥信号量 TEST_MUTEX。

④ 这里用来模拟 low_task 任务长时间占用互斥信号量 TEST_MUTEX。

⑤ low_task 任务释放互斥信号量 TEST_MUTEX。

13.8.2　实验程序运行结果

代码编译完成后下载到开发板上观察和分析实验现象，下载完后 LCD 界面如图 13.11 所示。

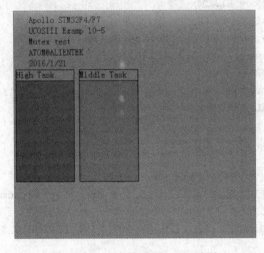

图 13.11　下载完成后 LCD 界面

串口输出信息如图 13.12 所示。

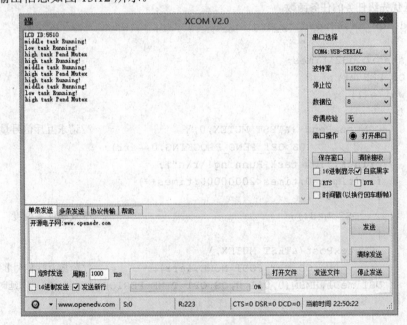

图 13.12　串口输出信息

为了方便分析，将串口调试助手中的数据复制出来，具体如下：

```
LCD ID:5510
middle task Running!                    ①
low task Running!                       ②
high task Pend Mutex                    ③
high task Running!                      ④
middle task Running!
high task Pend Mutex
high task Running!
middle task Running!
low task Running!
high task Pend Mutex
```

具体说明如下：

① middle_task 任务运行。

② low_task 获得互斥信号量运行。

③ high_task 请求信号量，此时会等待 low_task 任务释放互斥信号量。但是，middle_task 不会运行，因为 low_task 正在使用互斥信号量，low_task 任务优先级暂时提升到了高优先级（比 middle_task 任务优先级高），所以 middle_task 任务不能打断 low_task 任务的运行。

④ high_task 任务获得互斥信号量而运行。

从上面的分析可以看出，互斥信号量有效地抑制了优先级反转现象的发生。

13.9　任务内嵌信号量

前面使用信号量时都需要先创建一个信号量，在 μC/OS-Ⅲ中每个任务都有自己的内嵌信号量，这种功能不仅能够简化代码，还比使用独立的信号量更有效。任务信号量是直接内嵌在 μC/OS-Ⅲ中的，任务信号量相关代码在 os_task.c 中。任务内嵌信号量相关函数如表 13.3 所示。

表 13.3　任务内嵌信号量相关函数

函数名	描述
OSTaskSemPend()	等待任务内嵌信号量
OSTaskSemPendAbort()	取消等待任务内嵌信号量
OSTaskSemPost()	发布任务内嵌信号量
OSTaskSemSet()	强行设置任务内嵌信号量计数

13.9.1　等待任务内嵌信号量

等待任务内嵌信号量使用函数 OSTaskSemPend()，其允许一个任务等待由其他任务或 ISR 直接发送的信号，使用过程基本和独立的信号量相同。函数原型如下：

```
OS_SEM_CTR OSTaskSemPend ( OS_TICK timeout,
                           OS_OPT  opt,
```

```
                              CPU_TS    *p_ts,
                              OS_ERR    *p_err)
```

timeout：如果在指定的节拍数内没有收到信号量，任务就会因为等待超时而恢复运行，如果 timeout 为 0，任务会一直等待，直到收到信号量。

opt：用于选择是否使用阻塞模式。OS_OPT_PEND_BLOCKING 指定互斥信号量被占用时，任务挂起等待该互斥信号量。OS_OPT_PEND_NON_BLOCKING 指定当互斥信号量被占用时，直接返回任务。

注意，当设置为 OS_OPT_PEND_NON_BLOCKING 时，timeout 参数无意义，应该设置为 0。

*p_ts：指向一个时间戳，记录发送、终止或删除互斥信号量的时刻。

*p_err：调用此函数后返回的错误码。

13.9.2 发布任务信号量

OSTaskSemPost()可以通过一个任务的内嵌信号量向某个任务发送一个信号量。函数原型如下：

```
    OS_SEM_CTR  OSTaskSemPost (OS_TCB    *p_tcb,
                               OS_OPT    opt,
                               OS_ERR    *p_err)
```

*p_tcb：指向要用信号量通知的任务的 OS-TCB，当设置为 NULL 时可以向自己发送信号量。

opt：指定是否进行任务调度操作。OS_OPT_POST_NONE 不指定特定的选项，OS_OPT_POST_NO_SCHED 禁止在本函数内执行任务调度操作。

*p_err：调用此函数后返回的错误码。

13.10　任务内嵌信号量实验

13.10.1　实验程序设计

【例 13-5】 创建 3 个任务，任务 start_task 用于创建另外两个任务，任务 task1_task 主要用于扫描按键，当检测到 KWY_UP 键按下后向任务 task2_task 发送一个任务信号量。任务 task2_task 请求任务信号量，当获得任务信号量时更新一次屏幕指定区域的背景颜色。

task1_task 和 task2_task 之间显然也涉及一个任务同步的问题，它们之间使用 task2_task 任务内嵌的信号量来进行同步，完整的工程详见"例 10-6　UCOSIII 任务内嵌信号量"。

由于使用任务内嵌信号量，不需要创建信号量，task1_task 和 task2_task 两个任务的任务函数如下：

```
//任务 1 的任务函数
void task1_task(void *p_arg)
{
    u8 key;
    u8 num;
```

```
    OS_ERR err;
    while(1)
    {
        key=KEY_Scan(0);                    //扫描按键
        if(key==WKUP_PRES)
        {
            OSTaskSemPost(&Task2_TaskTCB,                              ①
            OS_OPT_POST_NONE,&err);      //使用系统内建信号量向任务 2 发送信号量
            LCD_ShowxNum(150,111,Task2_TaskTCB.SemCtr,3,16,0);//显示信号量值
        }
        num++;
        if(num==50)
        {
            num=0;
            LED0=~LED0;
        }
        OSTimeDlyHMSM(0,0,0,10,OS_OPT_TIME_PERIODIC,&err);//延时 10ms
    }
}


//任务 2 的任务函数
void task2_task(void *p_arg)
{
    u8 num;
    OS_ERR err;
    while(1)
    {
        OSTaskSemPend(0,OS_OPT_PEND_BLOCKING,0,&err);                 ②
                                    //请求任务内嵌的信号量
        num++;
        LCD_ShowxNum(150,111,Task2_TaskTCB.SemCtr,3,16,0);
                                    //显示任务内嵌信号量值
        LCD_Fill(6,131,233,313,lcd_discolor[num%14]);       //刷屏
        LED1=~LED1;
        OSTimeDlyHMSM(0,0,1,0,OS_OPT_TIME_PERIODIC,&err);//延时 1s
    }
}
```

程序中标注①、②处的内容介绍如下：

① 调用函数 OSTaskSemPost()向任务 task2_task 发送一个任务信号量。

② 任务 task2_task 一直请求任务信号量。

13.10.2　实验程序运行结果

代码编译完成后下载到开发板上观察和分析实验现象，由于任务 task2_task 内嵌信号量初始值为 0，因此在开机后任务 task2_task 会由于请求不到信号量而阻塞，此时 LCD 界面如图 13.13 所示。

当按下 KEY_UP 键后会发送信号量，task2_task 任务内嵌信号量的值发生变化（增加），发送多次信号量后的 LCD 界面如图 13.14 所示。

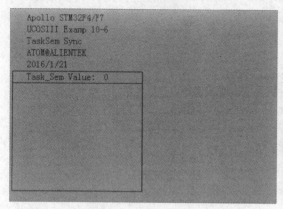 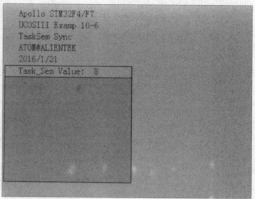

图 13.13　开机 LCD 界面（task2_task 阻塞）　　　图 13.14　发送多次信号量后的 LCD 界面

从图 13.14 中可以看出，此时 task2_task 任务内嵌信号量的值为 8，说明 task2_task 任务可以请求 8 次任务内嵌信号量。任务 task2_task 每隔 1s 就会请求一次内嵌信号量，直到任务内嵌信号量的值为 0。此时，task2_task 会因为请求不到信号量而阻塞，如图 13.15 所示。

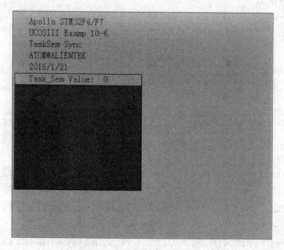

图 13.15　信号量减小为 0

task2_task 内嵌信号量的值减小到 0，任务 task2_task 阻塞。当再次按下 KEY_UP 键时，task2_task 又会继续"运行"，读者可以自行尝试。

第 14 章 μC/OS–Ⅲ 消息传递

有时一个任务要和另外一个或几个任务进行"交流",这个"交流"是指消息的传递,又称任务间通信。在 μC/OS-Ⅲ 中,消息可以通过消息队列作为中介发布给任务,也可以直接发布给任务。本章介绍 μC/OS-Ⅲ 中的消息传递。

14.1 消息队列

消息一般包含指向数据的指针、表明数据长度的变量和记录消息发布时刻的时间戳。其中,指针可以指向一块数据区或一个函数。消息的内容必须一直保持可见性,这是因为发布数据采用的是引用传递(指针传递)而不是值传递,即发布的数据本身不产生数据。

在 μC/OS-Ⅱ 中有消息邮箱和消息队列,但在 μC/OS-Ⅲ 中只有消息队列。消息队列是由用户创建的内核对象,数量不受限制。图 14.1 展示了用户可以对消息队列进行的操作。

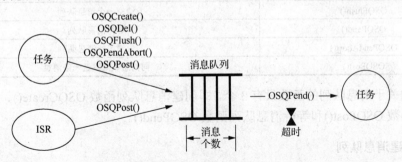

图 14.1 用户可以对消息队列进行的操作

从图 14.1 中可以看出,ISR 只能使用 OSQPost() 函数。在 μC/OS-Ⅲ 中,对于消息队列的读取既可以采用先进先出(first in first out,FIFO)的方式,又可以采用后进先出(last in first out,LIFO)的方式。当一个任务或 ISR 需要向任务发送一条紧急消息时,LIFO 机制非常有用。采用 LIFO 方式发布的消息会绕过其他已经位于消息队列中的消息而最先传递给该任务。

图 14.1 中接收消息任务旁边的小沙漏表示任务可以指定一个超时时间,如果任务在这段时间内没有接收消息,系统会唤醒任务,并且返回一个错误码提示超时。此时,任务是因为接收消息超时而被唤醒的,不是因为接收了消息。如果将这个超时时间指定为 0,任务会一直等待,直到接收消息。

消息队列中有一个列表,它记录了所有正在等待获得消息的任务。如图 14.2 所示,多个任务可以在一个消息队列中等待,当一条消息被发布到队列中时,最高优先级的等待任务将获得该消息,发布方也可以向消息队列中所有等待的任务广播一条消息。

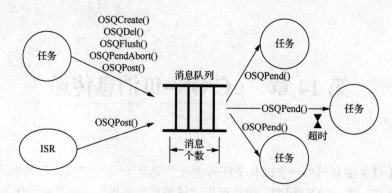

图 14.2 多个任务在等待一个消息队列

14.2 消息队列相关函数

有关消息队列的 API 函数如表 14.1 所示。

表 14.1 有关消息队列的 API 函数

函数	描述
OSQCreate()	创建一个消息队列
OSQDel()	删除一个消息队列
OSQFlush()	清空一个消息队列
OSQPend()	等待消息队列
OSQPendAbort()	取消等待消息队列
OSQPost()	向消息队列发送一条消息

常用的关于消息队列的函数只有 3 个，即创建消息队列函数 OSQCreate()、向消息队列发送消息函数 OSQPost() 和等待消息队列函数 OSQPend()。

14.2.1 创建消息队列

OSQCreate() 函数用来创建一个消息队列。消息队列使任务或 ISR 可以向一个或多个任务发送消息。该函数原型如下：

```
void OSQCreate (OS_Q        *p_q,
                CPU_CHAR    *p_name,
                OS_MSG_QTY  max_qty,
                OS_ERR      *p_err)
```

*p_q：指向一个消息队列，消息队列的存储空间必须由应用程序分配，采用如下语句定义一个消息队列。

```
OS_Q  Msg_Que;
```

*p_name：消息队列的名称。

max_qty：指定消息队列的长度，必须大于 0。当然，如果 OS_MSGs 缓冲池中没有足够多的 OS_MSGs 可用，发送消息将会失败，并且返回相应的错误码，指明当前没有可用的 OS_MSGs。

*p_err：保存调用此函数后返回的错误码。

14.2.2　等待消息队列

当一个任务要从消息队列中接收一条消息时，需要使用函数 OSQPend()。当任务调用这个函数时，如果消息队列中有至少一条消息，这些消息会返回给函数调用者。函数原型如下：

```
void *OSQPend (OS_Q                    *p_q,
               OS_TICK                 timeout,
               OS_OPT                  opt,
               OS_MSG_SIZE             *p_msg_size,
               CPU_TS                  *p_ts,
               OS_ERR                  *p_err)
```

*p_q：指向一个消息队列。

timeout：等待消息的超时时间，如果在指定的时间内没有接收消息，任务会被唤醒，继续运行。这个参数也可以设置为 0，表示任务将一直等待下去，直到接收消息。

opt：用来选择是否使用阻塞模式，有两个选项可以选择。OS_OPT_PEND_BLOCKING 表示如果没有任何消息存在，则阻塞任务，一直等待，直到接收消息。OS_OPT_PEND_NON_BLOCKING 表示如果消息队列没有任何消息，则任务直接返回。

*p_msg_size：指向一个变量用来表示接收的消息长度（字节数）。

*p_ts：指向一个时间戳，表明接收消息的时间。如果这个指针被赋值为 NULL，说明用户没有要求时间戳。

*p_err：用来保存调用此函数后返回的错误码。

如果消息队列中没有任何消息，并且参数 opt 为 OS_OPT_PEND_NON_BLOCKING，调用 OSQPend()函数的任务就会被挂起，直到接收消息或超时。如果有消息发送给消息队列，但是同时有多个任务在等待这个消息，那么 μC/OS-III 将恢复等待中的最高优先级的任务。

14.2.3　向消息队列发送消息

可以通过函数 OSQPost()向消息队列发送消息，如果消息队列是满的，函数 OSQPost()会立刻返回，并且返回一个特定的错误代码。该函数原型如下：

```
void OSQPost (OS_Q          *p_q,
              void            *p_void,
              OS_MSG_SIZE     msg_size,
              OS_OPT          opt,
              OS_ERR          *p_err)
```

如果有多个任务在等待消息队列，那么优先级最高的任务将获得这个消息。如果等待消息的任务优先级比发送消息的任务优先级高，系统会执行任务调度，等待消息的任务立即恢复运行，而发送消息的任务被挂起。可以通过 opt 设置消息队列是 FIFO 还是 LIFO。

如果有多个任务在等待消息队列的消息，OSQPost()函数可以设置仅将消息发送给等待任务中优先级最高的任务（opt 设置为 OS_OPT_POST_FIF 或 OS_OPT_POST_LIFO），也可以将消息发送给所有等待的任务（opt 设置为 OS_OPT_POST_ALL）。如果 opt 设置为 OS_OPT_POST_NO_SCHED，在发送完消息后会进行任务调度。

*p_q：指向一个消息队列。

*p_void：指向实际发送的内容，p_void 是一个执行 void 类型的指针，其具体含义由用户程序决定。

msg_size：设定消息的大小，单位为字节数。

opt：用来选择消息发送操作的类型，基本的类型可以有下面 4 种。

1）OS_OPT_POST_ALL 将消息发送给所有等待该消息队列的任务，需要和选项 OS_OPT_POST_FIFO 或 OS_OPT_POST_LIFO 配合使用。

2）OS_OPT_POST_FIFO 待发送消息保存在消息队列的末尾。

3）OS_OPT_POST_LIFO 待发送消息保存在消息队列的开头。

4）OS_OPT_POST_NO_SCHED 禁止在本函数内执行任务调度。

可以使用上面 4 种基本类型来组合出其他几种类型：

OS_OPT_POST_FIFO + OS_OPT_POST_ALL。

OS_OPT_POST_LIFO + OS_OPT_POST_ALL。

OS_OPT_POST_FIFO + OS_OPT_POST_NO_SCHED。

OS_OPT_POST_LIFO + OS_OPT_POST_NO_SCHED。

OS_OPT_POST_FIFO + OS_OPT_POST_ALL + OS_OPT_POST_NO_SCHED。

OS_OPT_POST_LIFO + OS_OPT_POST_ALL + OS_OPT_POST_NO_SCHED。

*p_err：用来保存调用此函数后返回的错误码。

14.3 消息队列实验

14.3.1 实验程序设计

【例 14-1】 设计一个应用程序，该程序有 4 个任务、两个消息队列和一个定时器。任务 start_task 用于创建另外 3 个任务。main_task 任务为主任务，用于检测按键，并且将按键的值通过消息队列 KEY_Msg 发送给任务 Keyprocess_task。main_task 任务还用于检测消息队列 DATA_Msg 的总大小和剩余空间大小，并控制 LED0 的闪烁。Keyprocess_task 任务获取 KEY_Msg 内的消息，根据不同的消息做出相应的处理。

定时器 1 的回调函数 tmr1_callback()通过消息队列 DATA_Msg 将定时器 1 的运行次数作为信息发送给任务 msgdis_task，该任务将 DATA_Msg 中的消息显示在 LCD 上。

本实验关键代码如下，实验完整工程见"例 11-1 UCOSIII 消息传递"。

定义两个消息队列和一个定时器及相关的宏，代码如下：

```
/////////////////////消息队列/////////////////////
#define KEYMSG_Q_NUM   1      //按键消息队列的数量
#define DATAMSG_Q_NUM  4      //发送数据的消息队列的数量
OS_Q KEY_Msg;                 //定义一个消息队列用于按键消息传递，模拟消息邮箱
OS_Q DATA_Msg;                //定义一个消息队列用于发送数据
/////////////////////定时器/////////////////////
u8 tmr1sta=0;                 //标记定时器的工作状态
```

```
    OS_TMR tmr1;                                //定义一个定时器
```

结构体 **OS_Q** 用来描述消息队列，其中有一个字段 MsgQ。MsgQ 也是一个结构体，其中的字段 NbrEntriesSize 和 NbrEntries 用来记录消息队列总大小和已经使用的大小，两者之差就是消息队列剩余空间大小。函数 check_msg_queue()用来检测消息队列 DATA_Msg 的总空间大小和剩余空间大小。函数代码如下：

```
//查询 DATA_Msg 消息队列中的总队列数量和剩余队列数量
void check_msg_queue(u8 *p)
{
    u8 msgq_remain_size;                        //消息队列剩余空间大小
    msgq_remain_size = DATA_Msg.MsgQ.NbrEntriesSize-DATA_Msg.MsgQ.NbrEntries;
    p = mymalloc(SRAMIN,20);                     //申请内存
    //显示 DATA_Msg 消息队列总大小
    sprintf((char*)p,"Total Size:%d",DATA_Msg.MsgQ.NbrEntriesSize);
    LCD_ShowString(10,190,100,16,16,p);
    sprintf((char*)p,"Remain Size:%d",msgq_remain_size);//DATA_Msg 剩余空间大小
    LCD_ShowString(10,230,100,16,16,p);
    myfree(SRAMIN,p);                            //释放内存
}
```

上面虽然定义了两个消息队列和一个定时器，但是此时还不能使用，需要调用 OSQCreate()和 OSTmrCreate()这两个函数来创建消息队列和定时器。在任务 start_task 中创建这两个消息队列和定时器，代码如下：

```
//开始任务函数
void start_task(void *p_arg)
{
    OS_ERR err;
    CPU_SR_ALLOC();
    p_arg = p_arg;
    CPU_Init();
#if OS_CFG_STAT_TASK_EN > 0u
    OSStatTaskCPUUsageInit(&err);               //统计任务
#endif

#ifdef CPU_CFG_INT_DIS_MEAS_EN                   //如果使能了测量中断关闭时间
    CPU_IntDisMeasMaxCurReset();
#endif

#if OS_CFG_SCHED_ROUND_ROBIN_EN                  //当使用时间片轮转时
    //使能时间片轮转调度功能，时间片长度为 1 个系统时钟节拍，即 1×5=5ms
    OSSchedRoundRobinCfg(DEF_ENABLED,1,&err);
#endif
    OS_CRITICAL_ENTER();                         //进入临界代码区
    //创建消息队列 KEY_Msg
    OSQCreate ( (OS_Q*        )&KEY_Msg,         //消息队列              ①
                (CPU_CHAR*    )"KEY Msg",        //消息队列名称
```

```
                        (OS_MSG_QTY   )KEYMSG_Q_NUM,          //消息队列长度设置为1
                        (OS_ERR*      )&err);                 //错误码
        //创建消息队列 DATA_Msg
        OSQCreate ((OS_Q*          )&DATA_Msg,                              ②
                   (CPU_CHAR*       )"DATA Msg",
                   (OS_MSG_QTY      )DATAMSG_Q_NUM,
                   (OS_ERR*         )&err);
        //创建定时器1
        OSTmrCreate((OS_TMR*            )&tmr1,              //定时器1            ③
                    (CPU_CHAR*     )"tmr1",                 //定时器名称
                    (OS_TICK       )0,                      //0ms
                    (OS_TICK       )50,                     //50×10=500ms
                    (OS_OPT        )OS_OPT_TMR_PERIODIC,    //周期模式
                    (OS_TMR_CALLBACK_PTR)tmr1_callback,     //定时器1回调函数
                    (void*          )0,                     //参数为0
                    (OS_ERR*       )&err);                  //返回的错误码
        ...

                                                            //为了节省篇幅此处省略
                                                            //创建任务的代码

        ...
        OS_CRITICAL_EXIT();                                 //退出临界代码区
        OSTaskDel((OS_TCB*)0,&err);                         //删除 start_task 任务
    }
```

程序中标注①～③处的内容介绍如下：

① 调用函数 OSQCreate()创建一个消息队列 KEY_Msg。KEY_Msg 队列长度为1，用来模拟 μC/OS-III中的消息邮箱。

② 调用函数 OSQCreate()创建一个消息队列 DATA_Msg，队列长度为4。

③ 调用函数 OSTmrCreate()创建一个定时器 tmr1。tmr1 为周期定时器，定时周期为 500ms。

```
    //定时器1的回调函数
    void tmr1_callback(void *p_tmr,void *p_arg)
    {
        u8 *pbuf;
        static u8 msg_num;
        OS_ERR err;
        pbuf = mymalloc(SRAMIN,10);                        //申请10字节
        if(pbuf)                                            //申请内存成功
        {
            msg_num++;
            sprintf((char*)pbuf,"ALIENTEK %d",msg_num);
            //发送消息
            OSQPost((OS_Q*        )&DATA_Msg,
                    (void*         )pbuf,
                    (OS_MSG_SIZE  )10,
                    (OS_OPT        )OS_OPT_POST_FIFO,
```

```
                        (OS_ERR*       )&err);
            if(err != OS_ERR_NONE)
            {
                myfree(SRAMIN,pbuf);                    //释放内存
                OSTmrStop(&tmr1,OS_OPT_TMR_NONE,0,&err); //停止定时器1
                tmr1sta = !tmr1sta;
                LCD_ShowString(10,150,100,16,16,"TMR1 STOP! ");
            }
        }
    }
}
//主任务的任务函数
void main_task(void *p_arg)
{
    u8 key,num;
    OS_ERR err;
    u8 *p;
    while(1)
    {
        key = KEY_Scan(0);                              //扫描按键
        if(key)
        {
            //发送消息
            OSQPost((OS_Q*         )&KEY_Msg,
                    (void*         )&key,
                    (OS_MSG_SIZE   )1,
                    (OS_OPT        )OS_OPT_POST_FIFO,
                    (OS_ERR*       &err);
        }
        num++;
        if(num%10==0)  check_msg_queue(p);//检查 DATA_Msg 消息队列的容量
        if(num==50)
        {
            num=0;
            LED0=~LED0;
        }
        OSTimeDlyHMSM(0,0,0,10,OS_OPT_TIME_PERIODIC,&err);//延时 10ms
    }
}
//按键处理任务的任务函数
void Keyprocess_task(void *p_arg)
{
    u8 num;
    u8 *key;
    OS_MSG_SIZE size;
    OS_ERR err;
    while(1)
    {
        //请求消息 KEY_Msg
```

```
            key=OSQPend((OS_Q*          )&KEY_Msg,
                        (OS_TICK        )0,
                        (OS_OPT         )OS_OPT_PEND_BLOCKING,
                        (OS_MSG_SIZE* )&size,
                        (CPU_TS*        )0,
                        (OS_ERR*        )&err);
        switch(*key)
        {
            case WKUP_PRES:             //KEY_UP 控制 LED1
                LED1=~LED1;
                break;
            case KEY2_PRES:             //KEY2 控制蜂鸣器
                BEEP=~BEEP;
                break;
            case KEY0_PRES:             //KEY0 刷新 LCD 背景
                num++;
                LCD_Fill(126,111,233,313,lcd_discolor[num%14]);
                break;
            case KEY1_PRES:             //KEY1 控制定时器 1
                tmr1sta=!tmr1sta;
                if(tmr1sta)
                {
                    OSTmrStart(&tmr1,&err);
                    LCD_ShowString(10,150,100,16,16,"TMR1 START!");
                }
                else
                {
                    OSTmrStop(&tmr1,OS_OPT_TMR_NONE,0,&err); //停止定时器 1
                    LCD_ShowString(10,150,100,16,16,"TMR1 STOP! ");
                }
                break;
        }
    }
}
//显示消息队列中的消息
void msgdis_task(void *p_arg)
{
    u8 *p;
    OS_MSG_SIZE size;
    OS_ERR err;
    while(1)
    {
        //请求消息
        p=OSQPend((OS_Q*          )&DATA_Msg,
                  (OS_TICK        )0,
                  (OS_OPT         )OS_OPT_PEND_BLOCKING,
                  (OS_MSG_SIZE*)&size;
                  (CPU_TS*        )0,
```

```
            (OS_ERR*      )&err);
        LCD_ShowString(5,270,100,16,16,p);
        myfree(SRAMIN,p);              //释放内存
        OSTimeDlyHMSM(0,0,1,0,OS_OPT_TIME_PERIODIC,&err); //延时 1s
    }
}
```

上面代码有 4 个函数：tmr1_callback()、main_task()、Keyprocess_task()和 msgdis_task()。

tmr1_callback()函数是定时器 1 的回调函数，在 start_task 任务中创建了一个周期定时器 tmr1，定时周期为 500ms。在 tmr1 的回调函数 tmr1_callback()中通过函数 OSQPost()向消息队列 DATA_Msg 发送消息，这里向消息队列发送数据采用 FIFO 方式，若发送失败，释放相应的内存并关闭定时器。

main_task()函数为主任务的任务函数，其不断扫描按键的键值，将键值发到消息队列 KEY_Msg，这里向消息队列发送数据采用 FIFO 方式。main_task 任务还要每隔 100ms 检测一次消息队列 DATA_Msg 的总大小和剩余空间大小并显示在 LCD 上，最后还要控制 LED0 的闪烁，提示系统正在运行。

Keyprocess_task()为按键处理任务的任务函数，在 main_task 任务中将按键值发送到了消息队列 KEY_Msg。在本函数中调用 OSQPend()函数从消息队列 KEY_Msg 中获取消息，即按键值，然后根据不同的键值做出相应的处理。KEY_UP 控制 LED1，KEY2 控制蜂鸣器，KEY0 用来控制刷新 LCD 右下部分的背景颜色，KEY1 控制 tmr1 的开关。

msgdis_task()通过调用 OSQPend()函数获得消息队列 DATA_Msg 中的数据，并将获得的消息显示在 LCD 上。

14.3.2　实验程序运行结果

代码编译完成后下载到开发板上观察和分析实验现象，此时的 LCD 初始界面如图 14.3 所示。

从图 14.3 中可以看出，DATA_Msg 的总大小为 4，与创建 DATA_Msg 消息队列时的设置一致。此时定时器 1 并没有启动，因此消息队列 DATA_Msg 的剩余空间大小也为 4，右下方框中的 LCD 背景为白色，当按下 KEY0 键时就会刷新右下方框中的背景，如图 14.4 所示。

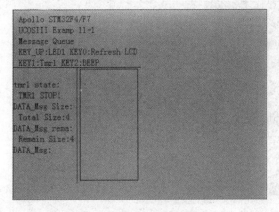

图 14.3　LCD 初始界面

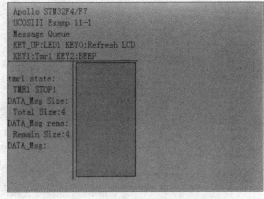

图 14.4　按下 KEY0 键后的 LCD 界面

从图 14.4 中可以看出，当按下 KEY0 键后右下部分的 LCD 背景就会被刷新为其他颜色（这里的黄色为多次按下 KEY0 键后的效果）。按下 KEY1 键开启定时器 1，定时器 1 的回调函数就会每隔 500ms 向消息队列 DATA_Msg 中发送一条消息，如图 14.5 所示。

从图 14.5 中可以看出，此时消息队列 DATA_Msg 还剩下 1 个可用空间，定时器 1 会一直向 DATA_Msg 发送消息，直到消息队列 DATA_Msg 满了，就会关闭定时器 1，停止发送，如图 14.6 所示。

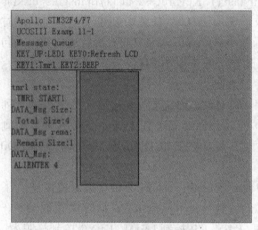 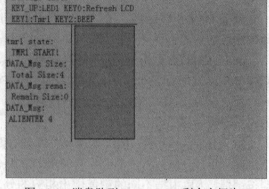

图 14.5　开启定时器 1　　　　　　　　图 14.6　消息队列 DATA_Msg 剩余空间为 0

从图 14.6 中可以看出，此时消息队列 DATA_Msg 剩余空间为 0，那么定时器 1 的回调函数再次调用函数 OSQPost()向消息队列 DATA_Msg 发送数据时会发送失败。此时，err 为 OS_ERR_MSG_POOL_EMPTY，提示消息队列满了。err 不等于 OS_ERR_NONE，会关闭定时器 1，停止向 DATA_Msg 中发送数据，除非再次手动开启定时器 1，即按下 KEY1 键。注意，在图 14.6 中显示消息队列 DATA_Msg 的剩余空间为 0，但是 tmr1 是开启状态，这里并没有错误，是因为此时关闭定时器 1 的程序未及时执行，请读者仔细观察 LCD 会发现这个关闭的瞬间。

消息队列 DATA_Msg 中剩余空间为 0，定时器 1 关闭，但是此时任务 msgdis_task 仍能够接收消息，并且在 LCD 上显示，而且消息队列 DATA_Msg 的剩余空间大小会增大，直到等于 DATA_Msg 的总大小才会停止，如图 14.7 所示。

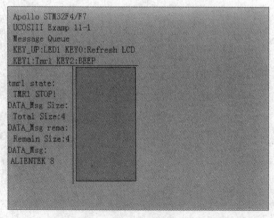

图 14.7　msgdis_task 任务停止运行

这是因为虽然定时器 1 关闭了，没有数据发送到消息队列 DATA_Msg 中，但是此时 DATA_Msg 中有未处理的数据，因此 msgdis_task 任务会一直运行，直到处理完 DATA_Msg 中的所有数据，每处理一个数据，DATA_Msg 的剩余空间就会加 1。在处理完所有数据后，DATA_Msg 剩余空间大小等于总大小。

按下 KEY1 键会改变 LED1 的状态，按下 KEY2 键会开关蜂鸣器，读者可以尝试操作，至于消息队列 KEY_Msg，请读者自行分析。

14.4　任务内嵌消息队列

和任务信号量一样，μC/OS-Ⅲ中每个任务也都有其内嵌消息队列，用户不需要使用外部的消息队列即可直接向任务发布消息。这个特性不仅简化了代码，还比使用外部消息队列更加有效，任务内嵌消息队列相关函数在文件 os_task.c 中定义。任务内嵌消息队列是可选项，如果要使用任务内嵌消息队列，则宏 OS_CFG_TASK_Q_EN 必须置 1。任务内嵌消息队列相关函数如表 14.2 所示。

表 14.2　任务内嵌消息队列相关函数

函数名	描述
OSTaskQPend()	等待消息
OSTaskQPendAbort()	取消等待消息
OSTaskQPost()	向任务发送一条消息
OSTaskQFlush()	清空任务的消息队列

14.4.1　等待任务内嵌消息

函数 OSTaskQPend()用来请求消息，该函数让任务直接接收从其他任务或 ISR 中发送来的消息，不需要经过中间消息队列。函数原型如下：

```
void *OSTaskQPend (OS_TICK          timeout,
                   OS_OPT           opt,
                   OS_MSG_SIZE      *p_msg_size,
                   CPU_TS           *p_ts,
                   OS_ERR           *p_err)
```

timeout：等待消息的超时时间，如果在指定的时间没有接收消息，任务会被唤醒，继续运行。这个参数也可以设置为 0，表示任务将一直等待，直到接收消息。

opt：用来选择是否使用阻塞模式，有两个选项。OS_OPT_PEND_BLOCKING 表示如果没有任何消息存在，阻塞任务，一直等待，直到接收消息。OS_OPT_PEND_NON_BLOCKING 表示如果消息队列没有任何消息，任务直接返回。

*p_msg_size：指向存放消息大小的变量。

*p_ts：指向一个时间戳，表明接收消息的时间。如果这个指针被赋值为 NULL，说明用户没有要求时间戳。

*p_err：用来保存调用此函数后返回的错误码。

14.4.2 发送任务内嵌消息

函数 OSTaskQPost() 可以通过一个任务的内嵌消息队列向这个任务发送一条消息，同外置的消息队列一样，一条消息就是一个指针。函数原型如下：

```
void OSTaskQPost (OS_TCB          *p_tcb,
                  void            *p_void,
                  OS_MSG_SIZE     msg_size,
                  OS_OPT          opt,
                  OS_ERR          *p_err)
```

*p_tcb：指向接收消息的任务的 OS-TCB，可以通过指定一个 NULL 指针或该函数调用者的 OS-TCB 地址来向该函数的调用者自己发送一条消息。

*p_void：发送给一个任务的消息。

msg_size：指定发送消息的大小（字节数）。

opt：指定发送操作的类型，LIFO 和 FIFO 只能选择其中一个。OS_OPT_POST_FIFO 表示将待发送消息保存在消息队列的末尾，OS_OPT_POST_LIFO 表示将待发送消息保存在消息队列的开头。

上面两个选项可以与下面选项一起使用。

OS_OPT_POST_NO_SCHED 表示指定该选项时，在发送后不会进行任务调度，因此，该函数的调用者还可以继续运行。

*p_err：用来保存调用此函数后返回的错误码。

14.5 任务内嵌消息队列实验

14.5.1 实验程序设计

【例 14-2】设计一个应用程序，该程序有 3 个任务和一个定时器。任务 start_task 用于创建另外两个任务。main_task 任务为主任务，用于检测按键，当检测到按键 KWY_UP 按下时，开启或关闭定时器 1。另外，main_task 任务还用于检测 msgdis_task 任务内嵌消息队列的总大小和剩余空间大小，并控制 LED0 的闪烁。

定时器 1 的回调函数 tmr1_callback 通过任务 msgdis_task 的内嵌消息队列将定时器 1 的运行次数作为信息发送给任务 msgdis_task，任务 msgdis_task 将其自带队列中的消息显示在 LCD 上。

本实验关键代码如下，实验完整工程见"例 11-2 UCOSIII 任务内建消息队列"。

若要使用任务 msgdis_task 的内嵌消息队列，那么在创建任务 msgdis_task 时需要指定内嵌消息队列的大小。其大小通过一个宏来设定：

```
#define TASK_Q_NUM 4                    //任务内嵌消息队列的长度
```

msgdis_task 任务是在 start_task 任务中创建的，start_task 的任务函数如下：

```
//开始任务函数
void start_task(void *p_arg)
```

```
{
    OS_ERR err;
    CPU_SR_ALLOC();
    p_arg = p_arg;
    CPU_Init();
#if OS_CFG_STAT_TASK_EN > 0u
    OSStatTaskCPUUsageInit(&err);    //统计任务
#endif

#ifdef CPU_CFG_INT_DIS_MEAS_EN      //如果使能了测量中断关闭时间
    CPU_IntDisMeasMaxCurReset();
#endif

#if OS_CFG_SCHED_ROUND_ROBIN_EN    //当使用时间片轮转时
    //使能时间片轮转调度功能, 设置默认的时间片长度
    OSSchedRoundRobinCfg(DEF_ENABLED,1,&err);
#endif

    OS_CRITICAL_ENTER();                    //进入临界代码区
    //创建定时器 1
    OSTmrCreate((OS_TMR*          )&tmr1,    //定时器 1
                (CPU_CHAR *  )"tmr1",    //定时器名称
                (OS_TICK     )0,       //0ms
                (OS_TICK     )50,      //50×10=500ms
                (OS_OPT      )OS_OPT_TMR_PERIODIC,  //周期模式
                (OS_TMR_CALLBACK_PTR)tmr1_callback,//定时器 1 回调函数
                (void*           )0,     //参数为 0
                (OS_ERR*         )&err); //返回的错误码
    //创建主任务
    OSTaskCreate((OS_TCB *     )&Main_TaskTCB,
                (CPU_CHAR*    )"Main task",
                (OS_TASK_PTR )main_task,
                (void*       )0,
                (OS_PRIO     )MAIN_TASK_PRIO,
                (CPU_STK*    )&MAIN_TASK_STK[0],
                (CPU_STK_SIZE)MAIN_STK_SIZE/10,
                (CPU_STK_SIZE)MAIN_STK_SIZE,
                (OS_MSG_QTY  )0,
                (OS_TICK     )0,
                (void*       )0,
                (OS_OPT      )OS_OPT_TASK_STK_CHK|OS_OPT_TASK_STK_CLR,
                (OS_ERR *    )&err);
    //创建 MSGDIS 任务
    OSTaskCreate((OS_TCB *      )&Msgdis_TaskTCB,
                (CPU_CHAR*     )"Msgdis task",
                (OS_TASK_PTR   )msgdis_task,
                (void*         )0,
                (OS_PRIO       )MSGDIS_TASK_PRIO,
```

```
                        (CPU_STK*         )&MSGDIS_TASK_STK[0],
                        (CPU_STK_SIZE     )MSGDIS_STK_SIZE/10,
                        (CPU_STK_SIZE     )MSGDIS_STK_SIZE,
                        (OS_MSG_QTY       )TASK_Q_NUM,         ①
                        (OS_TICK          )0,
                        (void*            )0,
                        (OS_OPT           )OS_OPT_TASK_STK_CHK|\
                                           OS_OPT_TASK_STK_CLR| \
                                           OS_OPT_TASK_SAVE_FP,
                        (OS_ERR *         )&err);
    OS_CRITICAL_EXIT();                        //退出临界代码区
    OSTaskDel((OS_TCB*)0,&err);                //删除 start_task 任务自身
}
```

程序中标注①处内容介绍如下：由于要使用任务 msgdis_task 的内嵌消息队列，在创建任务 msgdis_task 时需要设置任务 msgdis_task 内嵌消息队列的大小，即函数 OSTaskCreate() 的参数 q_size。

软件定时器 1 的回调函数、任务函数 main_task 和 msgdis_task 代码如下：

```
//定时器 1 的回调函数
void tmr1_callback(void *p_tmr,void *p_arg)
{
    u8 *pbuf;
    static u8 msg_num;
    OS_ERR err;
    pbuf = mymalloc(SRAMIN,10);        //申请 10 字节
    if(pbuf)                           //申请内存成功
    {
        msg_num++;
        sprintf((char*)pbuf,"ALIENTEK %d",msg_num);
        //发送消息
        OSTaskQPost((OS_TCB*       )&Msgdis_TaskTCB,//向任务 Msgdis 发送消息 ①
                    (void*         )pbuf,
                    (OS_MSG_SIZE   )10,
                    (OS_OPT        )OS_OPT_POST_FIFO,
                    (OS_ERR*       )&err);
        if(err != OS_ERR_NONE)
        {
            myfree(SRAMIN,pbuf);       //释放内存
            OSTmrStop(&tmr1,OS_OPT_TMR_NONE,0,&err);//停止定时器 1
            tmr1sta=!tmr1sta;
            LCD_ShowString(40,150,100,16,16,"TMR1 STOP! ");
        }
    }
}

//主任务的任务函数
void main_task(void *p_arg)
```

```
    {
        u8 key,num;
        OS_ERR err;
        u8 *p;
        while(1)
        {
            key=KEY_Scan(0);                    //扫描按键
            if(key==WKUP_PRES)
            {
                tmr1sta=!tmr1sta;
                if(tmr1sta)
                {
                    OSTmrStart(&tmr1,&err);
                    LCD_ShowString(40,150,100,16,16,"TMR1 START!");
                }
                else
                {
                    OSTmrStop(&tmr1,OS_OPT_TMR_NONE,0,&err); //停止定时器1
                    LCD_ShowString(40,150,100,16,16,"TMR1 STOP! ");
                }
            }
            num++;
            if(num%10==0) check_msg_queue(p); //检查 DATA_Msg 消息队列的容量
            if(num==50)
            {
                num=0;
                LED0=~LED0;
            }
            OSTimeDlyHMSM(0,0,0,10,OS_OPT_TIME_PERIODIC,&err);//延时 10ms
        }
    }


    //显示消息队列中的消息
    void msgdis_task(void *p_arg)
    {
        u8 *p;
        OS_MSG_SIZE size;
        OS_ERR err;
        while(1)
        {
            //请求消息
            p=OSTaskQPend((OS_TICK        )0,                               ②
                    (OS_OPT          )OS_OPT_PEND_BLOCKING,
                    (OS_MSG_SIZE*    )&size,
                    (CPU_TS*         )0,
                    (OS_ERR*         )&err );
            LCD_ShowString(40,270,100,16,16,p);
            myfree(SRAMIN,p);                   //释放内存
```

```
    OSTimeDlyHMSM(0,0,1,0,OS_OPT_TIME_PERIODIC,&err);//延时 1s
    }
}
```

程序中标注①、②处介绍如下：

① 定时器 1 回调函数中向任务 msgdis_task 的内嵌消息队列中发送消息。

② 任务 msgdis_task 从自身自带的消息队列中请求消息。

14.5.2 实验程序运行结果

代码编译完成下载到开发板上观察和分析实验现象，LCD 初始界面如图 14.8 所示。

从图 14.8 中可以看出，任务 msgdis_task 内嵌消息队列的总大小为 4，与设置一致。此时定时器 1 并没有启动，因此内消息队列的剩余空间大小也为 4。 按下 KEY_UP 键开启定时器 1，则定时器 1 的回调函数会每隔 500ms 向消息队列中任务 msgdis_task 的内嵌消息队列中发送一条消息，如图 14.9 所示。

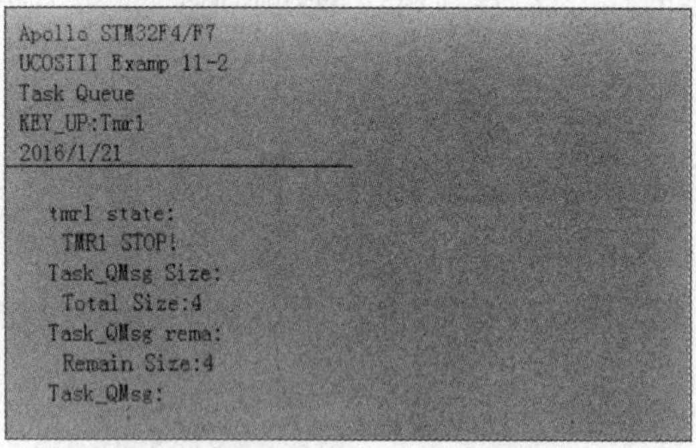

图 14.8　LCD 初始界面 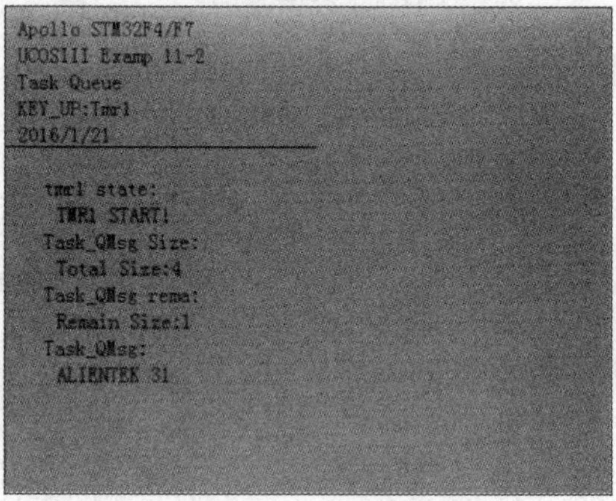   图 14.9　开启定时器 1

从图 14.9 中可以看出，此时消息队列还剩下 1 个可用空间，定时器 1 仍会一直向消息队列发送消息，直到消息队列满，关闭定时器 1，停止发送，如图 14.10 所示。

从图 14.10 中可以看出，此时任务内嵌消息队列剩余空间为 0，定时器 1 的回调函数中再次调用函数 OSTaskQPost() 向任务 msgdis_task 的内嵌消息队列发送数据会发送失败。此时 err 为 OS_ERR_MSG_POOL_EMPTY，提示消息队列满了。因为 err 不等于 OS_ERR_NONE，所以关闭定时器 1，停止向消息队列中发送数据，除非再次手动开启定时器 1，即按下 KEY1 键。

读者可能会注意到，消息队列中剩余空间为 0，定时器 1 关闭，但是此时任务 msgdis_task 仍能够接收消息，并在 LCD 上显示，而且任务 msgdis_task 内嵌消息队列的剩余空间会增大，直到恢复为总大小后停止，如图 14.11 所示。

这是因为虽然定时器 1 关闭了，没有数据发送到消息队列，但是此时消息队列中仍有未处理的数据。因此，msgdis_task 任务会一直运行，直到处理完消息队列中的所有数据，每处理一个数据，任务 msgdis_task 内嵌消息队列的空闲空间大小就会加 1，当处理完所有的数据，空闲空间大小等于总大小。

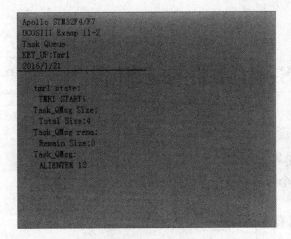

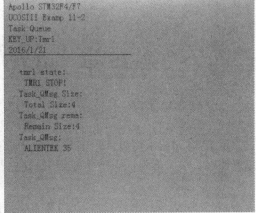

图 14.10　任务内嵌消息队列剩余空间为 0　　　　　图 14.11　msgdis_task 任务停止运行

第 15 章   μC/OS–III 事件标志组

第 13 章介绍了可以使用信号量来完成任务同步，本章介绍另外一种任务同步的方法，即事件标志组。事件标志组主要用来解决一个任务和多个事件之间的同步。

15.1   事件标志组

有时一个任务可能需要和多个事件同步，此时需要使用事件标志组（图 15.1）。事件标志组与任务之间有两种同步机制："或"同步和"与"同步。任何一个事件发生，任务都被同步机制设置为"或"同步；需要所有事件都发生，任务才会被同步机制设置为"与"同步。

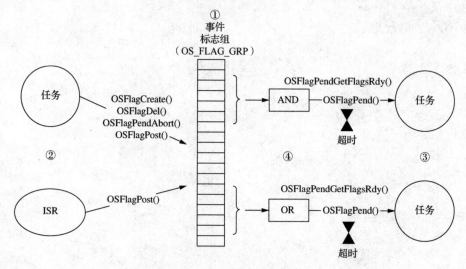

图 15.1   事件标志组

图 15.1 中①～④介绍如下：

① 在 μC/OS-III 中事件标志组是 OS_FLAG_GRP，在 os.h 文件中有定义，事件标志组中也包含一串任务，这些任务都在等待事件标志组中的部分（或全部）事件标志被置 1 或清零，在使用之前，必须创建事件标志组。

② 任务和 ISR 都可以发布事件标志，但是，只有任务可以创建、删除事件标志组及取消其他任务对事件标志组的等待。

③ 任务可以通过调用函数 OSFlagPend() 等待事件标志组中的任意一个事件标志。调用函数 OSFlagPend() 后可以设置一个超时时间，如果过了该时间请求的事件仍未发布，则任务重新进入就绪态。

④ 可以设置同步机制为"或"同步还是"与"同步。

μC/OS-Ⅲ中关于事件标志组的 API 函数如表 15.1 所示。一般情况下，只使用 OSFlagCreate()、OSFlagPend()和 OSFlagPost()这 3 个函数。

表 15.1　μC/OS-Ⅲ中关于事件标志组的 API 函数

函数	描述
OSFlagCreate()	创建事件标志组
OSFlagDel()	删除事件标志组
OSFlagPend()	等待事件标志组
OSFlagPendAbort()	取消等待事件标志组
OSFlagPendGetFlagsRdy()	获取使任务就绪的事件标志
OSFlagPost()	向事件标志组发布标志

15.2　事件标志组相关函数

15.2.1　创建事件标志组

在使用事件标志组之前，需要调用函数 OSFlagCreate()创建一个事件标志组。函数原型如下：

```
void OSFlagCreate (OS_FLAG_GRP    *p_grp,
                   CPU_CHAR       *p_name,
                   OS_FLAGS       flags,
                   OS_ERR         *p_err)
```

*p_grp：指向事件标志组，事件标志组的存储空间需要应用程序进行分配，可以按照下面的例子来定义一个事件标志组。

```
OS_FLAG_GRP EventFlag;
```

*p_name：事件标志组的名称。

flags：定义事件标志组的初始值。

*p_err：用来保存调用此函数后返回的错误码。

15.2.2　等待事件标志组

等待一个事件标志组需要调用函数 OSFlagPend()。函数原型如下：

```
OS_FLAGS OSFlagPend (OS_FLAG_GRP    *p_grp,
                     OS_FLAGS       flags,
                     OS_TICK        timeout,
                     OS_OPT         opt,
                     CPU_TS         *p_ts,
                     OS_ERR         *p_err)
```

OSFlagPend()允许将事件标志组中事件标志的"与或"组合状态设置为任务的等待条件。任务的等待条件可以是标志组中任意一个标志置位或清零，也可以是所有事件标志都置位或清零。如果任务等待的事件标志组不满足设置的条件，那么该任务被置为挂起状态，直到等待的事件标志组满足条件、指定的超时时间到、事件标志被删除或另一个任务终止了该任务的挂起状态。

*p_grp：指向事件标志组。

flags：bit 序列，任务需要等待事件标志组的哪个位就把这个序列对应的位置 1，根据设置，这个序列可以是 8bit、16bit 或 32bit。例如，任务需要等待时间标志组的 bit0 和 bit1（无论是等待置位还是清零）flags 的值为 0x03。

timeout：指定等待事件标志组的超时时间（时钟节拍数）。如果在指定的超时时间内所等待的一个或多个事件没有发生，任务恢复运行。如果此值设置为 0，任务将一直等待，直到一个或多个事件发生。

opt：决定任务等待的条件是所有标志置位、所有标志清零、任意一个标志置位或任意一个标志清零。具体定义如下。

OS_OPT_PEND_FLAG_CLR_ALL 表示等待事件标志组所有位清零。

OS_OPT_PEND_FLAG_CLR_ANY 表示等待事件标志组中任意一个标志清零。

OS_OPT_PEND_FLAG_SET_ALL 表示等待事件标志组中所有位置位。

OS_OPT_PEND_FLAG_SET_ANY 表示等待事件标志组中任意一个标志置位。

上面 4 个选项可以和下面 3 个选项一起使用。

OS_OPT_PEND_FLAG_CONSUME 用来设置是否继续保留该事件标志的状态。

OS_OPT_PEND_NON_BLOCKING 表示标志组不满足条件时不挂起任务。

OS_OPT_PEND_BLOCKING 表示标志组不满足条件时挂起任务。

注意，选项 OS_OPT_PEND_FLAG_CONSUME 的使用方法，如果希望任务等待事件标志组的任意一个标志置位，并在满足条件后将对应的标志清零，可以搭配使用选项 OS_OPT_PEND_FLAG_CONSUME。

*p_ts：指向一个时间戳，记录了发送、终止和删除事件标志组的时刻。如果为这个指针赋值 NULL，函数的调用者将不会收到时间戳。

*p_err：用来保存调用此函数后返回的错误码。

15.2.3 向事件标志组发布标志

调用函数 OSFlagPost() 可以对事件标志组进行置位或清零。函数原型如下：

```
OS_FLAGS  OSFlagPost ( OS_FLAG_GRP  *p_grp,
                       OS_FLAGS      flags,
                       OS_OPT        opt,
                       OS_ERR       *p_err)
```

一般情况下，需要进行置位或清零的标志由一个掩码确定（参数 flags）。OSFlagPost() 修改完事件标志后，将检查并使那些等待条件已经满足的任务进入就绪态。该函数可以对已经置位或清零的标志进行重复置位和清零操作。

*p_grp：指向事件标志组。

flags：决定对哪些位清零和置位。当 opt 参数为 OS_OPT_POST_FLAG_SET 时，参数 flags 中置位的位在事件标志组中对应的位也将被置位。当 opt 为 OS_OPT_POST_FLAG_

CLR 时，参数 flags 中置位的位在事件标志组中对应的位将被清零。

opt：决定对标志位的操作，有以下两个选项。

OS_OPT_POST_FLAG_SET 表示对标志位进行置位操作。

OS_OPT_POST_FLAG_CLR 表示对标志位进行清零操作。

*p_err：保存调用此函数后返回的错误码。

15.3　事件标志组实验

15.3.1　实验程序设计

【例 15-1】　设计一个程序，只有按下 KEY0 和 KEY1（不需要同时按下）后任务 flagsprocess_task 才能执行。

分析上面的程序设计要求，可以使用事件标志组来实现，按下 KEY0 键和 KEY1 键作为两个不同的事件，只有这两个事件都发生才能执行任务 flagsprocess_task。实验代码如下，实验完整工程见"例 12-1　UCOSIII 事件标志组"。

```
#include "sys.h"
#include "delay.h"
#include "usart.h"
#include "led.h"
#include "lcd.h"
#include "sram.h"
#include "malloc.h"
#include "beep.h"
#include "key.h"
#include "includes.h"

//任务优先级
#define START_TASK_PRIO 3
//任务堆栈大小
#define START_STK_SIZE 128
//任务控制块
OS_TCB StartTaskTCB;
//任务堆栈
CPU_STK START_TASK_STK[START_STK_SIZE];
//任务函数
void start_task(void *p_arg);

//任务优先级
#define MAIN_TASK_PRIO 4
//任务堆栈大小
#define MAIN_STK_SIZE 128
//任务控制块
OS_TCB Main_TaskTCB;
//任务堆栈
CPU_STK MAIN_TASK_STK[MAIN_STK_SIZE];
```

```
void main_task(void *p_arg);

//任务优先级
#define FLAGSPROCESS_TASK_PRIO 5
//任务堆栈大小
#define FLAGSPROCESS_STK_SIZE 128
//任务控制块
OS_TCB Flagsprocess_TaskTCB;
//任务堆栈
CPU_STK FLAGSPROCESS_TASK_STK[FLAGSPROCESS_STK_SIZE];
//任务函数
void flagsprocess_task(void *p_arg);

//LCD 刷屏时使用的颜色
int lcd_discolor[14]={WHITE, BLACK, BLUE, BRED,
                GRED, GBLUE, RED, MAGENTA,
                GREEN, CYAN, YELLOW,BROWN,
                BRRED, GRAY};

/////////////////////事件标志组/////////////////////////
#define KEY0_FLAG 0x01
#define KEY1_FLAG 0x02
#define KEYFLAGS_VALUE 0x00
OS_FLAG_GRP EventFlags;                 //定义一个事件标志组

//加载主界面
void ucos_load_main_ui(void)
{
    POINT_COLOR = RED;
    LCD_ShowString(30,10,200,16,16,"Apollo STM32F4/F7");
    LCD_ShowString(30,30,200,16,16,"UCOSIII Examp 12-1");
    LCD_ShowString(30,50,200,16,16,"Event Flags");
    LCD_ShowString(30,70,200,16,16,"ATOM@ALIENTEK");
    LCD_ShowString(30,90,200,16,16,"2016/1/21");
    POINT_COLOR = BLACK;
    LCD_DrawRectangle(5,130,234,314); //画矩形
    POINT_COLOR = BLUE;
    LCD_ShowString(30,110,220,16,16,"Event Flags Value:0");
}

//主函数
int main(void)
{
    OS_ERR err;
    CPU_SR_ALLOC();
    Stm32_Clock_Init(360,25,2,8);       //设置时钟, 180MHz
    HAL_Init();                         //初始化 HAL 库
    delay_init(180);                    //初始化延时函数
```

```
    uart_init(115200);                  //初始化 UART
    LED_Init();                         //初始化 LED
    KEY_Init();                         //初始化按键
    PCF8574_Init();                     //初始化 PCF8574
    SDRAM_Init();                       //初始化 SDRAM
    LCD_Init();                         //初始化 LCD
    my_mem_init(SRAMIN);                //初始化内部内存池
    ucos_load_main_ui();                //加载主 UI

    OSInit(&err);                       //初始化 μC/OS-Ⅲ
    OS_CRITICAL_ENTER();                //进入临界代码区
    //创建开始任务
    OSTaskCreate((OS_TCB *    )&StartTaskTCB,       //任务控制块
                 (CPU_CHAR*   )"start task",        //任务名称
                 (OS_TASK_PTR )start_task,          //任务函数
                 (void*       )0,     //传递给任务函数的参数
                 (OS_PRIO     )START_TASK_PRIO,     //任务优先级
                 (CPU_STK*    )&START_TASK_STK[0],  //任务堆栈基地址
                 (CPU_STK_SIZE)START_STK_SIZE/10,   //任务堆栈深度限位
                 (CPU_STK_SIZE)START_STK_SIZE,      //任务堆栈大小
                 (OS_MSG_QTY  )0,     //任务内部消息队列能够接收的最大消息数目
                                      //为 0 时禁止接收消息
                 (OS_TICK     )0,     //使能时间片轮转时的时间片长度为 0,默认长度
                 (void*       )0,     //用户补充的存储区
                 (OS_OPT      )OS_OPT_TASK_STK_CHK|OS_OPT_TASK_STK_CLR|\
                  OS_OPT_TASK_SAVE_FP,
                 (OS_ERR*     )&err); //存储该函数错误时的返回值
    OS_CRITICAL_EXIT();                 //退出临界代码区
    OSStart(&err);                      //开启 μC/OS-Ⅲ
}

//开始任务函数
void start_task(void *p_arg)
{
    OS_ERR err;
    CPU_SR_ALLOC();
    p_arg = p_arg;

    #if OS_CFG_SCHED_ROUND_ROBIN_EN
    //当使用时间片轮转时,使能时间片轮转调度功能,设置默认的时间片长度
        OSSchedRoundRobinCfg(DEF_ENABLED,1,&err);
    #endif

    OS_CRITICAL_ENTER();                //进入临界代码区
    //创建一个事件标志组
    OSFlagCreate((OS_FLAG_GRP* )&EventFlags,    //指向事件标志组
                 (CPU_CHAR*   )"EventFlags",    //名称
                 (OS_FLAGS    )KEYFLAGS_VALUE,  //事件标志组初始值
```

```
                         (OS_ERR*      )&err);//错误码
        //创建主任务
        OSTaskCreate((OS_TCB *      )&Main_TaskTCB,
                     (CPU_CHAR*   )"Main task",
                     (OS_TASK_PTR )main_task,
                     (void*       )0,
                     (OS_PRIO     )MAIN_TASK_PRIO,
                     (CPU_STK*    )&MAIN_TASK_STK[0],
                     (CPU_STK_SIZE)MAIN_STK_SIZE/10,
                     (CPU_STK_SIZE)MAIN_STK_SIZE,
                     (OS_MSG_QTY )0,
                     (OS_TICK     )0,
                     (void*       )0,
                     (OS_OPT      )OS_OPT_TASK_STK_CHK|OS_OPT_TASK_STK_CLR|\
                      OS_OPT_TASK_SAVE_FP,
                     (OS_ERR*     )&err);
        //创建FLAGSPROCCESS任务
        OSTaskCreate((OS_TCB*      )&Flagsprocess_TaskTCB,
                     (CPU_CHAR*   )"Flagsprocess task",
                     (OS_TASK_PTR )flagsprocess_task,
                     (void*       )0,
                     (OS_PRIO     )FLAGSPROCESS_TASK_PRIO,
                     (CPU_STK*    )&FLAGSPROCESS_TASK_STK[0],
                     (CPU_STK_SIZE)FLAGSPROCESS_STK_SIZE/10,
                     (CPU_STK_SIZE)FLAGSPROCESS_STK_SIZE,
                     (OS_MSG_QTY )0,
                     (OS_TICK     )0,
                     (void*       )0,
                     (OS_OPT      )OS_OPT_TASK_STK_CHK|OS_OPT_TASK_STK_CLR|\
                      OS_OPT_TASK_SAVE_FP,
                     (OS_ERR*     )&err);
    OS_CRITICAL_EXIT();                  //退出临界代码区
    OSTaskDel((OS_TCB*)0,&err);          //删除start_task任务自身
}


//主任务的任务函数
void main_task(void *p_arg)
{
    u8 key,num;
    OS_FLAGS flags_num;
    OS_ERR err;
    while(1)
    {
        key = KEY_Scan(0);               //扫描按键
        if(key == KEY0_PRES)
        {
            //向事件标志组EventFlags发送标志
            flags_num=OSFlagPost((OS_FLAG_GRP*)&EventFlags,
```

```
                                (OS_FLAGS      )KEY0_FLAG,
                                (OS_OPT        )OS_OPT_POST_FLAG_SET,
                                (OS_ERR*       )&err);
            LCD_ShowxNum(174,110,flags_num,1,16,0);
            printf("事件标志组 EventFlags 的值:%d\r\n",flags_num);
        }
        else if(key == KEY1_PRES)
        {
            //向事件标志组 EventFlags 发送标志
            flags_num=OSFlagPost((OS_FLAG_GRP*)&EventFlags,
                                (OS_FLAGS      )KEY1_FLAG,
                                (OS_OPT        )OS_OPT_POST_FLAG_SET,
                                (OS_ERR*       )&err);
            LCD_ShowxNum(174,110,flags_num,1,16,0);
            printf("事件标志组 EventFlags 的值:%d\r\n",flags_num);
        }
        num++;
        if(num==50)
        {
            num=0;
            LED0=~LED0;
        }
        OSTimeDlyHMSM(0,0,0,10,OS_OPT_TIME_PERIODIC,&err);//延时 10ms
    }
}


//事件标志组处理任务
void flagsprocess_task(void *p_arg)
{
    u8 num;
    OS_ERR err;
    while(1)
    {
        //等待事件标志组
        OSFlagPend((OS_FLAG_GRP*)&EventFlags,
                (OS_FLAGS      )KEY0_FLAG+KEY1_FLAG,
                (OS_TICK       )0,
                (OS_OPT        )OS_OPT_PEND_FLAG_SET_ALL+OS_OPT_PEND_
                    FLAG_CONSUME,
                (CPU_TS*        )0,
                (OS_ERR*        )&err);
        num++;
        LED1=~LED1;
        LCD_Fill(6,131,233,313,lcd_discolor[num%14]);
        printf("事件标志组 EventFlags 的值:%d\r\n",EventFlags.Flags);
        LCD_ShowxNum(174,110,EventFlags.Flags,1,16,0);
    }
}
```

　　要实现例 15-1 所述的功能，首先需要定义事件标志组，并且定义 KEY0 和 KEY1 的掩码，以及事件标志组的初始值。

　　函数 ucos_load_main_ui()为主界面，主要用于在 LCD 上显示一些提示信息。main()函数为主函数，主要用于初始化外设和 μC/OS-Ⅲ，并新建一个 start_task 任务。

　　start_task 任务中创建了一个事件标志组 EventFlags 和两个任务：main_task 和 flagsprocess_task。

　　main_task()函数为主任务的任务函数，主要用于获取按键值。如果按下 KEY0 键，则调用 OSFlagPost()向事件标志组 EventFlags 发布标志 KEY0_FLAG；如果按下 KEY1 键，则向事件标志组 EventFlags 发布标志 KEY1_FLAG。在 main_task()函数中每调用一次 OSFlagPost()就在 LCD 上显示事件标志组 EventFlags 的当前值并通过串口输出这个值，可以通过这个值的变化来观察事件标志组各个事件产生的过程。

　　flagsprocess_task()函数为事件标志组处理任务的任务函数，其一直等待事件标志组 EventFlags 中相应的事件发生，当等待的事件发生时，刷新 LCD 下方方框的背景颜色，并控制 LED1 反转。

15.3.2　实验程序结果分析

　　代码编译完成后下载到开发板上观察和分析实验现象，LCD 初始界面如图 15.2 所示。

　　从图 15.2 中可以看出，此时事件标志组 EventFlags 为 0，即没有任何事件发生，因此 LCD 下方方框内的背景颜色为淡蓝色，当按下 KEY0 键时，LCD 界面如图 15.3 所示。

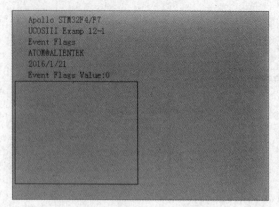

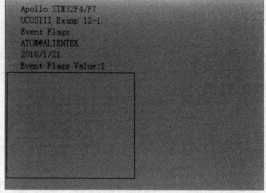

图 15.2　LCD 初始界面　　　　　　　　　　图 15.3　按下 KEY0 键后的 LCD 界面

　　从图 15.3 中可以看出，此时事件标志组 EventFlags 的值为 1，因为按下 KEY0 键，所以 EventFlags 的 bit0 置 1。但是，此时 KEY1 键没有按下，因此下方方框内的背景仍为白色。此时，再按下 KEY1 键，LCD 界面如图 15.4 所示。

　　从图 15.4 中可以看出，此时 EventFlags 的值为 0，这是因为按下 KEY1 键，任务 flagsprocess_task 等待的事件发生，刷新一次下方方框内背景，并且 LED1 会反转。在调用函数 OSFlagPend()时设置了参数 opt 为 OS_OPT_PEND_FLAG_SET_ALL 和 OS_OPT_PEND_FLAG_CONSUME，故清除相应的标志，此时事件标志组的值为 0。

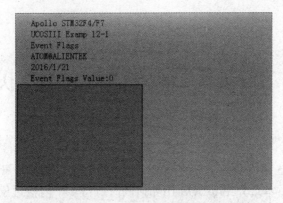

图 15.4　按下 KEY1 键后的 LCD 界面

　　注意，在按下 KEY1 键的一瞬间事件标志组 EventFlags 的值应该为 3，但是很快会被任务函数 flagsprocess_task()刷新显示为 0，这个过程非常快，在 LCD 上是看不出来的，可以通过串口调试助手来观察，如图 15.5 所示。

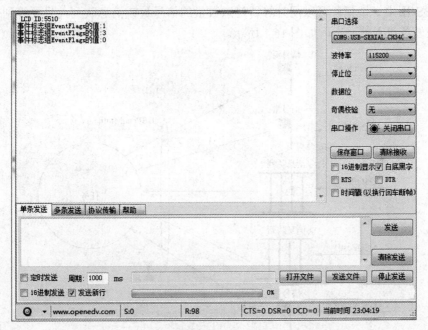

图 15.5　串口调试助手界面

　　从图 15.5 所示的串口调试助手界面可以看出，按下 KEY0 键后 EventFlags 为 1，再按下 KEY1 键，EventFlags 值为 3，这样任务 flagsprocess_task 等待的事件都发生了，该任务执行后，EventFlags 的值变为 0。

第 16 章 μC/OS-Ⅲ同时等待多个内核对象

在第 13 章~第 15 章中讲解了任务如何等待单个对象,如信号量、互斥信号量、消息队列和事件标志组等。本章介绍 μC/OS-Ⅲ如何同时等待多个内核对象。注意,μC/OS-Ⅲ只支持同时等待多个信号量和消息队列,不支持同时等待多个事件标志组和互斥信号量。

16.1　同时等待多个内核对象

μC/OS-Ⅲ中一个任务可以同时等待任意数量的信号量或消息队列,只要等到任意一个就会使该任务进入就绪态,如图 16.1 所示。

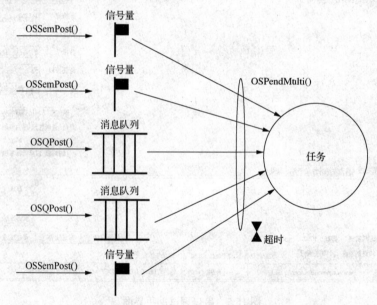

图 16.1　任务等待多个内核对象

在图 16.1 中,任务通过调用函数 OSPendMulti()来等待多个内核对象,可以设定一个等待超时,如果在指定的时间内没有发布一个内核对象,应返回一个错误码,表示等待超时。

16.2　OSPendMulti()函数

函数 OSPendMulti()用来等待多个内核对象。调用 OSPendMulti()时,如果这些对象中有多个可用,应将所有可用的信号量和消息都返回给调用者;如果没有任何对象可用,

OSPendMulti()将挂起当前任务，直到以下任一情况发生：

1）对象变为可用。

2）到达设定的超时时间。

3）一个或多个任务被删除或终止。

4）一个或多个对象被删除。

如果一个对象变为可用，并且有多个任务在等待这个对象，μC/OS-Ⅲ将恢复优先级最高的任务。函数 OSPendMulti()的原型如下：

```
OS_OBJ_QTY OSPendMulti ( OS_PEND_DATA   *p_pend_data_tbl,
                         OS_OBJ_QTY     tbl_size,
                         OS_TICK        timeout,
                         OS_OPT         opt,
                         OS_ERR         *p_err)
```

*p_pend_data_tbl：指向 OS_PEND_DATA 表的指针，调用者通过该表来查询函数的调用结果。调用该函数时首先必须初始化 OS_PEND_DATA 表中每个元素的 PendObjPtr，使各个指针指向被等待的对象。

tbl_size：表 p_pend_data_tbl 的大小，即所等待的内核对象数量。

timeout：设定一个等待超时时间（时钟节拍数）。用来设置任务等待对象发送的时间，如果为 0，表示这个任务将一直等待，直到对象被发送。

opt：选择是否使用阻塞模式，有两个选项。

OS_OPT_PEND_BLOCKING 表示如果没有任何消息存在，则阻塞任务，一直等待，直到接收消息。

OS_OPT_PEND_NON_BLOCKING 表示如果消息队列没有任何消息，则任务直接返回。

*p_err：用来保存调用此函数后返回的错误码。

16.3 同时等待多个内核对象实验

16.3.1 实验程序设计

【例 16-1】 设计一个应用程序，该程序有 3 个任务、两个信号量和一个消息队列。开始任务用于创建其他两个任务、两个信号量和一个消息队列。任务 1 用于检测按键，检测到按键 KEY1 被按下，则发送信号量 1；检测到按键 KEY2 被按下，则发送信号量 2；检测到按键 KEY_UP 被按下，则发送消息队列。另外，任务 1 还用来控制 LED0 的闪烁。任务 2 用调用函数 OSPendMulti()来同时等待两个信号量和一个消息队列。

本实验部分源码如下，实验完整工程见"例 13-1 UCOSIII 同时等待多个内核对象"。

```
//任务 1 的任务函数
void task1_task(void *p_arg)
{
    u8 key;
    OS_ERR err;
    u8 num;
    u8 *pbuf;
```

```
static u8 msg_num;
pbuf=mymalloc(SRAMIN,10);                          //申请内存
while(1)
{
    key = KEY_Scan(0);                             //扫描按键
    switch(key)
    {
        case KEY1_PRES:
            OSSemPost(&Test_Sem1,OS_OPT_POST_1,&err);//发送信号量1    ①
            break;
        case KEY0_PRES:
            OSSemPost(&Test_Sem2,OS_OPT_POST_1,&err);//发送信号量2    ②
        case WKUP_PRES:
            msg_num++;
            sprintf((char*)pbuf,"ALIENTEK %d",msg_num);

            //发送消息
            OSQPost((OS_Q*          )&Test_Q,                        ③
                    (void*          )pbuf,
                    (OS_MSG_SIZE )10,
                    (OS_OPT         )OS_OPT_POST_FIFO,
                    (OS_ERR*        )&err);
            break;
    }
    num++;
    if(num==50)
    {
        num=0;
        LED0=~LED0;
    }
    OSTimeDlyHMSM(0,0,0,10,OS_OPT_TIME_PERIODIC,&err);//延时10ms
}
}

//等待多个内核对象的任务函数
void multi_task(void *p_arg)
{
    u8 num;
    OS_ERR err;
    OS_OBJ_QTY index;
    OS_PEND_DATA pend_multi_tbl[CORE_OBJ_NUM];                        ④
    pend_multi_tbl[0].PendObjPtr=(OS_PEND_OBJ*)&Test_Sem1;           ⑤
    pend_multi_tbl[1].PendObjPtr=(OS_PEND_OBJ*)&Test_Sem2;
    pend_multi_tbl[2].PendObjPtr=(OS_PEND_OBJ*)&Test_Q;

    while(1)
    {
        index=OSPendMulti((OS_PEND_DATA*  )pend_multi_tbl,           ⑥
```

```
                              (OS_OBJ_QTY      )CORE_OBJ_NUM, //内核数量
                              (OS_TICK         )0,
                              (OS_OPT          )OS_OPT_PEND_BLOCKING,
                              (OS_ERR*         )&err);
            LCD_ShowNum(147,111,index,1,16);  //显示当前有几个内核对象准备好
            num++;
            LCD_Fill(6,131,233,313,lcd_discolor[num%14]);//刷屏
            LED1=~LED1;
            OSTimeDlyHMSM(0,0,1,0,OS_OPT_TIME_PERIODIC,&err);//延时 1s
        }
    }
```

程序中标注①~⑥处介绍如下：

① 发送信号量 Test_Sem1。

② 发送信号量 Test_Sem2。

③ 发送消息队列 Test_Q。

④ 定义一个 OS_PEND_DATA 类型的数组 pend_multi_tbl[]，数组大小为内核对象数量。

⑤ 在函数 OSPendMulti()中调用 pend_multi_tbl[]数组之前必须初始化数组中的每一个元素，让数组中每一个元素的 PendObjPtr 指向被等待的内核对象。

⑥ 调用函数 OSPendMulti()同时等待多个内核对象。

16.3.2　实验程序结果分析

代码编译完成后下载到开发板上观察和分析实验现象，LCD 初始界面如图 16.2 所示。

当按下 KEY0 键、KEY1 键和 KEY_UP 键中的一个或多个时（不是同时按下），任务 multi_task 就会获得一个或多个内核对象，此时 LCD 指定区域的背景颜色改变，并且会显示此时得到的内核对象数目，如图 16.3 所示。

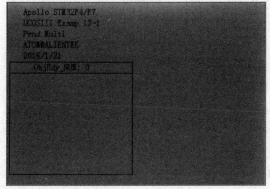

图 16.2　LCD 初始界面

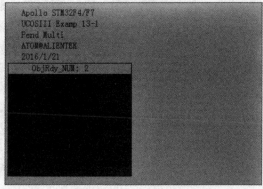

图 16.3　获得多个内核对象

从图 16.3 中可以看出，此时 ObjRdy_NUM 为 2，说明同时有两个内核对象获得。

第 17 章　µC/OS–Ⅲ存储管理

对于一个操作系统来说，存储管理是其必备的功能，在 µC/OS-Ⅲ中也有存储管理模块。使用存储管理模块可以动态地分配和释放内存，高效地使用内存资源。本章介绍 µC/OS-Ⅲ存储管理的知识。

17.1　存储管理简介

存储管理是一个操作系统必备的系统模块，在使用 Visual C++或 Visual Studio 学习 C 语言时会使用 malloc()和 free()这两个函数来申请和释放内存。在使用 Keil MDK 编写 STM32 程序时，也可以使用 malloc()和 free()来申请和释放内存。但是，这样的操作会将原来的大块内存逐渐分割成很多个小块内存，产生大量的内存碎片，最终导致应用不能申请到大小合适的连续内存，因此不建议使用。

µC/OS-Ⅲ提供了自己的动态内存方案，其将存储空间分成区和块，一个存储区有数个固定大小的块组成，如图 17.1 所示。

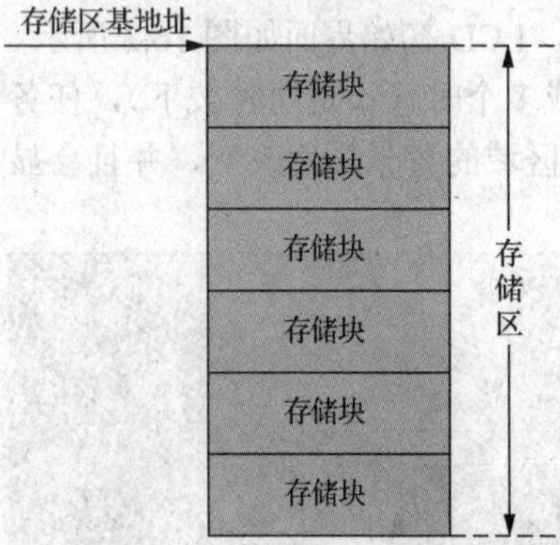

图 17.1　存储区和存储块

一般存储区是固定的，在程序中可以用数组来表示，如 u8 buffer[20][10]表示一个有 20 个存储块，每个存储块 10 字节的存储区。如果定义的存储区在程序运行期间一直有效，那么存储区内存也可以使用 malloc()来分配。在创建存储区后，应用程序就可以获得固定大小的存储块。

在实际使用中，用户可以根据应用程序对内存需求的不同建立多个存储区，每个存储区中有不同大小、不同数量的存储块，应用程序可以根据所需内存的不同从不同的存储区中申请内存，使用完成后释放内存到相应的存储区即可。

17.2　存储区创建

在使用存储管理功能之前，要创建存储区。在创建存储区之前先了解一个重要的结构体，即存储区控制块 OS_MEM。该结构体如下（取消与调试有关的变量）：

```
struct OS_MEM
{
    OS_OBJ_TYPE    Type;        //类型，必须为 OS_OBJ_TYPE_MEM
    void           *AddrPtr;    //指向存储区起始地址
    CPU_CHAR       *NamePtr;    //指向存储区名称
```

```
    void          *FreeListPtr;    //指向空闲存储块
    OS_MEM_SIZE   BlkSize;         //存储区中存储块大小，单位为字节
    OS_MEM_QTY    NbrMax;          //存储区中总存储块数
    OS_MEM_QTY    NbrFree;         //存储区中空闲存储块数
};
```

创建存储区时使用函数 **OSMemCreate()**，函数原型如下：

```
    void OSMemCreate (OS_MEM        *p_mem,
                      CPU_CHAR      *p_name,
                      void          *p_addr,
                      OS_MEM_QTY    n_blks,
                      OS_MEM_SIZE   blk_size,
                      OS_ERR        *p_err)
```

OSMemCreate()函数用于创建一个存储区，其参数介绍如下：

*p_mem：指向存储区控制块地址，一般有用户程序定义一个 **OS_MEM** 结构体。

*p_name：指向存储区的名称，可以为存储区命名。

*p_addr：存储区所有存储空间基地址。

n_blks：存储区中存储块个数。

blk_size：存储块大小。

*p_err：返回的错误码。

OSMemCreate()函数的源码如下：

```
    void OSMemCreate (OS_MEM                *p_mem,
                      CPU_CHAR              *p_name,
                      void                  *p_addr,
                      OS_MEM_QTY            n_blks,
                      OS_MEM_SIZE           blk_size,
                      OS_ERR                *p_err)
    {
    #if OS_CFG_ARG_CHK_EN > 0u
        CPU_DATA                  align_msk;
    #endif
        OS_MEM_QTY                i;
        OS_MEM_QTY                loops;
        CPU_INT08U                *p_blk;
        void                      **p_link;
        CPU_SR_ALLOC();

    #ifdef OS_SAFETY_CRITICAL
        if (p_err == (OS_ERR *)0) {
            OS_SAFETY_CRITICAL_EXCEPTION();
            return;
        }
    #endif

    #ifdef OS_SAFETY_CRITICAL_IEC61508
        if (OSSafetyCriticalStartFlag == DEF_TRUE) {
```

```
            *p_err = OS_ERR_ILLEGAL_CREATE_RUN_TIME;
             return;
        }
    #endif

    #if OS_CFG_CALLED_FROM_ISR_CHK_EN > 0u
        if (OSIntNestingCtr > (OS_NESTING_CTR)0) {                    ①
            *p_err = OS_ERR_MEM_CREATE_ISR;
             return;
        }
    #endif

    #if OS_CFG_ARG_CHK_EN > 0u
        if (p_addr == (void *)0) {                                   ②
            *p_err = OS_ERR_MEM_INVALID_P_ADDR;
             return;
        }
        if (n_blks < (OS_MEM_QTY)2) {                                ③
            *p_err = OS_ERR_MEM_INVALID_BLKS;
             return;
        }
        if (blk_size < sizeof(void *)) {                             ④
            *p_err = OS_ERR_MEM_INVALID_SIZE;
             return;
        }
        align_msk = sizeof(void *) - 1u;
        if (align_msk > 0) {
            if (((CPU_ADDR)p_addr & align_msk) != 0u){               ⑤
                *p_err = OS_ERR_MEM_INVALID_P_ADDR;
                 return;
            }
            if ((blk_size & align_msk) != 0u) {                      ⑥
                *p_err = OS_ERR_MEM_INVALID_SIZE;
                 return;
            }
        }
    #endif

p_link = (void **)p_addr;                                            ⑦
p_blk = (CPU_INT08U *)p_addr;                                        ⑧
    loops = n_blks - 1u;                                             ⑨
    for (i = 0u; i < loops; i++) {                                   ⑩
        p_blk += blk_size;                                           ⑪
      *p_link = (void *)p_blk;                                       ⑫
         p_link = (void **)(void *)p_blk;                            ⑬
    }                                                                ⑭
    *p_link= (void *)0;                                             ⑮

    OS_CRITICAL_ENTER();
    p_mem->Type = OS_OBJ_TYPE_MEM;                                   ⑯
```

```
    p_mem->NamePtr = p_name;                               ⑰
    p_mem->AddrPtr = p_addr;                               ⑱
    p_mem->FreeListPtr = p_addr;                           ⑲
    p_mem->NbrFree = n_blks;                               ⑳
    p_mem->NbrMax = n_blks;                                ㉑
    p_mem->BlkSize = blk_size;                             ㉒
    #if OS_CFG_DBG_EN > 0u
        OS_MemDbgListAdd(p_mem);
    #endif
    OSMemQty++;                                            ㉓
    OS_CRITICAL_EXIT_NO_SCHED();
    *p_err = OS_ERR_NONE;
}
```

程序中标注①～㉓处介绍如下：

① 判断 OSIntNestingCtr 是否大于 0。如果大于 0,说明在中断中调用函数 OSMemCreate() 来创建存储区。此时，返回错误码 OS_ERR_MEM_CREATE_ISR,表明中断中不能调用函数 OSMemCreate()来创建存储区。

② 存储区空间基地址不能为 0 ,否则地址无效，返回错误码 OS_ERR_MEM_INVALID_P_ADDR。

③ 存储区中存储块数量 n_blks 最小为2。

④ 每个存储块大小不小于一个指针大小，在 Keil MDK 中一个指针大小为 4 字节，因此每个存储块大小要大于 4 字节。

⑤ 判断存储区空间基地址是否4字节对齐,存储区的存储空间基地址必须4字节对齐。

⑥ 存储区中每个存储块的大小要为 4 的倍数。

⑦～⑭ 将存储区中的存储块连成一个空闲存储块链表。每个存储块中保存下一个存储块的地址，因此在④中规定了每个存储块要大于 4 字节。这是因为每个存储块至少要保存一个地址，而一个地址为 4 字节。

⑮ 空闲存储块链表中最后一个存储块指向0。

⑯～㉒ 初始化结构体 OS_MEM 中的成员变量。

㉓ 创建存储区成功后，记录存储区数量的全局变量 OSMemQty 加 1。

调用函数 OSMemCreate()创建的存储区如图 17.2 所示。

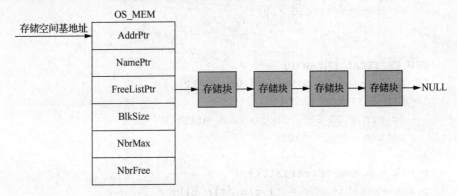

图 17.2　调用函数 OSMemCreate()创建的存储区

17.3　存储块的使用

调用函数 OSMemCreate()创建好存储区后即可使用新建的存储块了。

17.3.1　内存申请

使用函数 OSMemGet()来获取存储块，函数原型如下：

```
void *OSMemGet (OS_MEM              *p_mem,
                OS_ERR              *p_err)
```

函数 OSMemGet()用来从指定的存储区中获取存储块，供应用程序使用。

*p_mem： 要使用的存储区。

*p_err： 返回的错误码。

函数的返回值为获取的存储块地址。

OSMemGet()函数源码如下：

```
void *OSMemGet (OS_MEM *p_mem,
                OS_ERR  *p_err)
{
    void    *p_blk;
    CPU_SR_ALLOC();

    #ifdef OS_SAFETY_CRITICAL
        if (p_err == (OS_ERR *)0) {
            OS_SAFETY_CRITICAL_EXCEPTION();
            return ((void *)0);
        }
    #endif

    #if OS_CFG_ARG_CHK_EN > 0u
        if (p_mem == (OS_MEM *)0) {                            ①
            *p_err  = OS_ERR_MEM_INVALID_P_MEM;
            return ((void *)0);
        }

    CPU_CRITICAL_ENTER();
    if (p_mem->NbrFree == (OS_MEM_QTY)0) {                     ②
        CPU_CRITICAL_EXIT();
        *p_err = OS_ERR_MEM_NO_FREE_BLKS;
        return ((void *)0);
    }
    p_blk = p_mem->FreeListPtr;                                ③
    p_mem->FreeListPtr = *(void **)p_blk;                      ④
    p_mem->NbrFree--;                                         ⑤
```

```
        CPU_CRITICAL_EXIT();
        *p_err = OS_ERR_NONE;
        return (p_blk);                                              ⑥
    }
```

程序中标注①～⑥处介绍如下：

① 判断存储区 p_mem 是否存在，不存在则返回错误码 OS_ERR_MEM_ INVALID_ P_MEM。

② 判断存储区中是否还有空闲的存储块，若无，则返回错误码 OS_ERR_MEM_ NO_FREE_BLKS。

③ 如果还有剩余存储块，则取出空闲存储块链表中第一个存储块供用户程序使用。

④ 在③中已经使用了空闲存储块链表中的第一个存储块，空闲存储块链表头 FreeListPtr 需要更新，指向下一个存储块。

⑤ 因为应用程序申请了一个存储块，所以剩余存储块数量减1。

⑥ 向应用程序返回申请到的存储块。

从上面的分析中可以看出 μC/OS-III 自带内存管理函数的局限性，每次申请内存时用户要先估计所申请的内存是否会超过存储区中存储块的大小。例如，创建了一个有 10 个存储块，每个存储块大小为 100 字节的存储区 buffer。这时，应用程序需要申请一个 10 字节的内存，可以使用函数 OSMemGet()从存储区 buffer 中申请一个存储块。但是，每个存储块有 100 字节，应用程序只使用其中的 10 字节，剩余的 90 字节会浪费。

但是，假设在程序的其他地方需要申请一个 150 字节的内存，而存储区 buffer 的每个存储块只有 100 字节，显然存储区 buffer 不能满足程序的需求。那么，是否可以在存储区中连续申请两个 100 字节的存储块呢？通过阅读函数 OSMemGet()发现，其未提供此功能，在申请内存时该函数每次只取指定存储区的一个存储块。如果要申请 150 字节的内存必须新建一个每个存储块至少有 150 字节的存储区。

通过上面的分析可以看出，μC/OS-III 的内存管理功能少、灵活性差，不能申请指定大小的内存块。使用过 ALIENTEK 的 STM32F429 开发板的用户应知道 ALIENTEK 实现了内存的动态使用，允许申请任意大小的内存空间。

17.3.2　内存释放

17.3.1 节介绍了内存的申请，本节介绍内存的释放。在 μC/OS-III 中内存的释放可以使用函数 OSMemPut()来完成，函数原型如下：

```
    void OSMemPut (OS_MEM    *p_mem,
                   void       *p_blk,
                   OS_ERR     *p_err)
```

函数 OSMemPut()用于释放内存，并将申请到的存储块还给指定的存储区。

*p_mem：指向存储区控制块，即要接收存储块的那个存储区。

*p_blk：指向存储块，要归还的存储块。

*p_err：返回的错误码。

OSMemPut()函数的源码如下：

```
void OSMemPut (OS_MEM    *p_mem,
               void       *p_blk,
               OS_ERR     *p_err)
{
    CPU_SR_ALLOC();
    #ifdef OS_SAFETY_CRITICAL
       if (p_err == (OS_ERR *)0) {
           OS_SAFETY_CRITICAL_EXCEPTION();
           return;
       }
    #endif

    #if OS_CFG_ARG_CHK_EN > 0u
       if (p_mem == (OS_MEM *)0) {                    ①
           *p_err = OS_ERR_MEM_INVALID_P_MEM;
           return;
       }
       if (p_blk == (void *)0) {                      ②
           *p_err = OS_ERR_MEM_INVALID_P_BLK;
           return;
       }
    #endif

    CPU_CRITICAL_ENTER();
    if (p_mem->NbrFree >= p_mem->NbrMax) {            ③
        CPU_CRITICAL_EXIT();
       *p_err = OS_ERR_MEM_FULL;
        return;
    }
    *(void **)p_blk = p_mem->FreeListPtr;             ④
    p_mem->FreeListPtr = p_blk;                       ⑤
    p_mem->NbrFree++;                                 ⑥
    CPU_CRITICAL_EXIT();
    *p_err = OS_ERR_NONE;
}
```

程序中标注①～⑥处介绍如下：

① 检查存储区是否存在，不存在则返回错误码 OS_ERR_MEM_INVALID_P_MEM。

② 检查存储块是否存在，不存在则返回错误码 OS_ERR_MEM_INVALID_P_BLK。

③ 检查存储区空闲存储块数量是否大于存储区总存储块数量，若大于，则返回错误码 OS_ERR_MEM_FULL。

④ 将要归还的存储块添加到空闲存储块链表中，这里是添加到表头的位置。存储块中会保存下一个空闲存储块的地址，因此这里向存储块 p_blk 中写入下一个空闲存储块地址。

⑤ 将归还的存储块添加到空闲存储链表中后需要更新 FreeListPtr。

⑥ 存储区中可用存储块数量加 1。

17.4　存储管理实验

17.4.1　实验程序设计

【**例 17-1**】　设计一个程序，创建两个存储区，这两个存储区分别创建在 STM32F429 的内部 RAM 和外部 SDRAM 中，通过开发板上的按键来申请和释放内存。

分析上面程序设计要求，创建两个存储区 INTERNAL_MEM 和 EXTERNAL_MEM。INTERNAL_MEM 使用 STM32F429 内部 RAM，EXTERNAL_MEM 使用外部 SRDAM。按下 KEY_UP 键，从 INTERNAL_MEM 中申请一块内存；按下 KEY1 键，将申请到的内存释放给 INTERNAL_MEM。按下 KEY2 键，从 EXTERNAL_MEM 中申请一块内存；按下 KEY0 键，将内存释放给 EXTERNAL_MEM。实验完整工程见"例 14-1　UCOSIII 内存管理"。

定义存储区的存储空间，代码如下：

```
OS_MEM INTERNAL_MEM;                    //定义一个存储区
#define INTERNAL_MEM_NUM 5             //存储区中存储块数量
#define INTERNAL_MEMBLOCK_SIZE 100
//每个存储块大小，一个指针变量占用 4 字节，所以块的大小要为 4 的倍数
//必须大于一个指针变量(4 字节)占用的空间，否则存储块创建不成功
//存储区的内存池，使用内部 RAM
__align(4) CPU_INT08U Internal_RamMemp[INTERNAL_MEM_NUM]\
        [INTERNAL_MEMBLOCK_SIZE];

OS_MEM EXTERNAL_MEM;                     //定义一个存储区
#define EXTRENNAL_MEM_NUM 5            //存储区中存储块数量
#define EXTERNAL_MEMBLOCK_SIZE 100   //每个存储块大小

//存储区的内存池，使用外部 SDRAM
__align(32) volatile CPU_INT08U External_RamMemp[EXTRENNAL_MEM_NUM]\
        [EXTERNAL_MEMBLOCK_SIZE]  __attribute__((at(0x68000000)));
```

上面定义了两个存储区：INTERNAL_MEM 和 EXTERNAL_MEM。另外，还定义了这两个存储区的存储空间。

在 main()函数中创建了两个存储区，代码如下：

```
//主函数
int main(void)
{
    OS_ERR err;
    CPU_SR_ALLOC();
    Stm32_Clock_Init(360,25,2,8);     //设置时钟，180MHz
    HAL_Init();                        //初始化 HAL 库
    delay_init(180);                   //初始化延时函数
    uart_init(115200);                 //初始化 UART
    LED_Init();                        //初始化 LED
```

```
        KEY_Init();                                  //初始化按键
        PCF8574_Init();                              //初始化 PCF8574
        SDRAM_Init();                                //初始化 SDRAM
        LCD_Init();                                  //初始化 LCD
        ucos_load_main_ui();                         //加载主 UI
        OSInit(&err);                                //初始化 μC/OS-III
        OS_CRITICAL_ENTER();                         //进入临界代码区
        //创建一个存储分区
        OSMemCreate((OS_MEM*     )&INTERNAL_MEM,            //存储区控制块        ①
                    (CPU_CHAR*   )"Internal Mem",           //存储区名称
                    (void*       )&Internal_RamMemp[0][0],//存储空间基地址
                    (OS_MEM_QTY  )INTERNAL_MEM_NUM,         //存储块数量
                    (OS_MEM_SIZE )INTERNAL_MEMBLOCK_SIZE,//存储块大小
                    (OS_ERR*     )&err);  //错误码
        //创建一个存储分区
        OSMemCreate((OS_MEM*     )&EXTERNAL_MEM,                               ②
                    (CPU_CHAR*   )"External Mem",
                    (void*       )&External_RamMemp[0][0],
                    (OS_MEM_QTY  )EXTRENNAL_MEM_NUM,
                    (OS_MEM_SIZE )EXTERNAL_MEMBLOCK_SIZE,
                    (OS_ERR*     )&err);
        //创建开始任务
        OSTaskCreate((OS_TCB*      )&StartTaskTCB,          //任务控制块
                     (CPU_CHAR*    )"start task",            //任务名称
                     (OS_TASK_PTR)start_task,               //任务函数
                     (void*       )0,        //传递给任务函数的参数
                     (OS_PRIO     )START_TASK_PRIO,         //任务优先级
                     (CPU_STK*    )&START_TASK_STK[0],      //任务堆栈基地址
                     (CPU_STK_SIZE)START_STK_SIZE/10,       //任务堆栈深度限位
                     (CPU_STK_SIZE)START_STK_SIZE,          //任务堆栈大小
                     (OS_MSG_QTY  )0,        //任务内部消息队列能够接收的最大消息数目
                                            //为 0 时禁止接收消息
                     (OS_TICK     )0,        //当使能时间片轮转时的时间片长度
                                            //为 0 时表示默认长度
                    (void*        )0,        //用户补充的存储区
                    (OS_OPT       )OS_OPT_TASK_STK_CHK|OS_OPT_TASK_STK_CLR|\
                    OS_OPT_TASK_SAVE_FP,
                    (OS_ERR *     )&err);   //存放该函数错误时的返回值
        OS_CRITICAL_EXIT();                          //退出临界代码区
        OSStart(&err);                               //开启 μC/OS-III
    }
```

程序中标注①、②处的介绍如下：

① 创建存储区 INTERNAL_MEM，存储区使用 STM32F429 内部 RAM，共有 5 个存储块，每个存储块 100 字节。

② 创建存储区 EXTERNAL_MEM，存储区使用 STM32F429 外部 SDRAM，共有 5 个存储块，每个存储块 100 字节。

另外，还有两个任务函数，即 main_task()和 memmanage_task()。它们的代码如下：

```
//主任务的任务函数
void main_task(void *p_arg)
{
    u8 key,num;
    static u8 internal_memget_num;
    static u8 external_memget_num;
    CPU_INT08U *internal_buf;
    CPU_INT08U *external_buf;
    OS_ERR err;
    while(1)
    {
        key = KEY_Scan(0);                      //扫描按键                ①
        switch(key)
        {
            case WKUP_PRES:                     //按下 KEY_UP 键
                internal_buf=OSMemGet((OS_MEM*   )&INTERNAL_MEM,        ②
                            (OS_ERR*    )&err);
                printf("internal_buf 内存申请之后的地址为:%#x\r\n",
                    (u32)(internal_buf));
                if(err == OS_ERR_NONE)          //内存申请成功          ③
                {
                    LCD_ShowString(30,180,200,16,16,"Memory Get success! ");
                    internal_memget_num++;
                    POINT_COLOR = BLUE;
                    sprintf((char*)internal_buf,"INTERNAL_MEM Use %d times",\
                    internal_memget_num);
                    LCD_ShowString(30,196,200,16,16,internal_buf);
                    POINT_COLOR = RED;
                }
                if(err == OS_ERR_MEM_NO_FREE_BLKS) //内存块不足
                {
                    LCD_ShowString(30,180,200,16,16,"INTERNAL_MEM Empty! ");
                }
                break;
            case KEY1_PRES:
                if(internal_buf != NULL)         //释放内存
                {
                    OSMemPut((OS_MEM*    )&INTERNAL_MEM,//释放内存        ④
                            (void*      )internal_buf,
                            (OS_ERR*    )&err);
                    printf("internal_buf 内存释放之后的地址为:%#x\r\n",
                        (u32)(internal_buf));
                    LCD_ShowString(30,180,200,16,16,"Memory Put success! ");
                }
                break;
            case KEY2_PRES:
```

```
                    external_buf=OSMemGet((OS_MEM*    )&EXTERNAL_MEM,          ⑤
                                  (OS_ERR*    )&err);
              printf("external_buf 内存申请之后的地址为:%#x\r\n",
                    (u32)(external_buf));
              if(err == OS_ERR_NONE)                    //内存申请成功
              {
                  LCD_ShowString(30,260,200,16,16,"Memory Get success!  ");
                  external_memget_num++;
                  POINT_COLOR = BLUE;
                  sprintf((char*)external_buf,"EXTERNAL_MEM Use %d times",\
                          external_memget_num);
                  LCD_ShowString(30,276,200,16,16,external_buf);
                  POINT_COLOR = RED;
              }
              if(err == OS_ERR_MEM_NO_FREE_BLKS)     //内存块不足
              {
                  LCD_ShowString(30,260,200,16,16,"EXTERNAL_MEM Empty!  ");
              }
              break;
        case KEY0_PRES:
              if(external_buf != NULL)                  //释放内存
              {
                  OSMemPut((OS_MEM*    )&EXTERNAL_MEM,//释放内存          ⑥
                         (void*        )external_buf,
                         (OS_ERR*      )&err);
                  printf("external_buf 内存释放之后的地址为:%#x\r\n",
                        (u32)(external_buf));
                  LCD_ShowString(30,260,200,16,16,"Memory Put success!   ");
              }
              break;
      }
      num++;
      if(num==50)
      {
          num=0;
          LED0=~LED0;
      }
      OSTimeDlyHMSM(0,0,0,10,OS_OPT_TIME_PERIODIC,&err);//延时 10ms
   }
}

//内存管理任务
void memmanage_task(void *p_arg)
{
   OS_ERR err;
   LCD_ShowString(5,164,200,16,16,"Total:  Remain:");
   LCD_ShowString(5,244,200,16,16,"Total:  Remain:");
   while(1)
```

```
    {
            POINT_COLOR = BLUE;
            LCD_ShowxNum(53,164,INTERNAL_MEM.NbrMax,1,16,0);
            LCD_ShowxNum(125,164,INTERNAL_MEM.NbrFree,1,16,0);
            LCD_ShowxNum(53,244,EXTERNAL_MEM.NbrMax,1,16,0);
            LCD_ShowxNum(125,244,EXTERNAL_MEM.NbrFree,1,16,0);
            POINT_COLOR = RED;
            OSTimeDlyHMSM(0,0,0,100,OS_OPT_TIME_PERIODIC,&err);//延时 100ms
    }
}
```

程序中标注①～⑥处介绍如下：

① 调用函数 KEY_Scan()获取按键值。

② 按下 KEY_UP 键调用函数 OSMemGet()从 INTERNAL_MEM 中申请一块内存，指针 internal_buf 指向申请到的内存。

③ 内存申请成功后打印出 internal_buf 的地址。申请到内存以后可以使用这段内存，在这段内存中写入指定的字符串。

④ 按下 KEY1 键释放内存，并打印出释放内存后的 internal_buf 地址。

⑤ 同②作用相同，只是从存储区 EXTERNAL_MEM 中申请内存。

⑥ 同③作用相同。

memmanage_task()任务函数用于检测存储区 INTERNAL_MEM 和 EXTERNAL_MEM 的总存储块数和空闲存储块数量，并且显示到 LCD 上。

17.4.2　实验程序结果分析

代码编译完成后下载到开发板上观察和分析实验现象，LCD 初始界面如图 17.3 所示。

从图 17.3 可以看出，INTERNAL_MEM 和 EXTERNAL_MEM 两个存储区都有 5 个存储块，此时还剩余 5 个。按下 KEY_UP 和 KEY2 键即可申请内存。内存申请成功的 LCD 界面如图 17.4 所示。串口调试助手输出 internal_buf 和 external_buf 申请的地址，如图 17.4 所示。

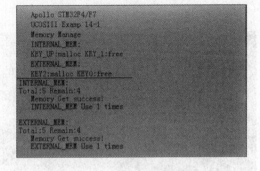

图 17.3　LCD 初始界面　　　　　　　图 17.4　内存申请成功的 LCD 界面

从图 17.4 中可以看出，分别从 INTERNAL_MEM 和 EXTERNAL_MEM 这两个存储区中申请了一个存储块，此时这两个区域均还有 4 个存储块可用。

内存申请成功后，internal_buf 的地址为 0x200009a0，external_buf 的地址为 0xC0800000，

如图 17.5 所示。可以看出，internal_buf 在 STM32F429 内部 RAM 中，external_buf 在 STM32F429 的外部 SDRAM 中。按下 KEY1 键和 KEY0 键即可释放内存，如图 17.6 所示。

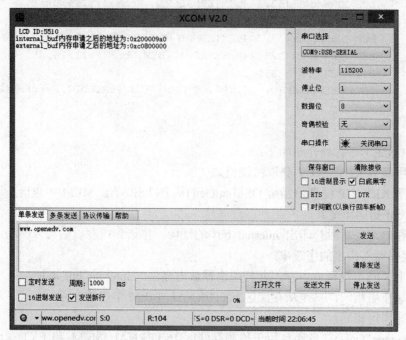

图 17.5 内存申请成功的串口调试助手输出信息

从图 17.6 中可以看出，释放内存后，INTERNAL_MEM 和 EXTERNAL_MEM 这两个存储区的空闲存储块又恢复到了 5 个。

如果一直申请内存，但内存不释放，则当申请 5 次以后，存储区会变空，导致无法再申请到内存，如图 17.7 所示。注意，只有一直为 internal_buf 和 external_buf 申请内存，才会导致"内存泄漏"。

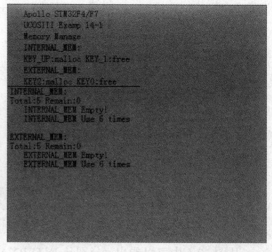

图 17.6 释放内存

图 17.7 存储区变空

参 考 文 献

广州市星翼电子科技，阿波罗 STM32F429 开发板[EB/OL]. [2017-09-01]. http://www.alientek.com/productinfo/714626.html.

意法半导体公司，STM32F4××中文参考手册[EB/OL].（2015-07-27）[2017-09-01].https://www.stmcu.com.cn/Designresource/
 design_resource_detail/file/484714/lang/ZH/token/d2702bce43fe6787298013d52f30b766.

张洋，刘军，严汉宇，等，2015. 原子教你玩 STM32 库函数版[M]. 2 版. 北京：北京航空航天大学出版社.

参考文献

[1] ...
[2] ...
[3] ...